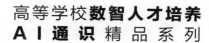

高等学校**数智**人才培养
AI通识精品系列

大数据
与人工智能导论

| 通识课版 |

林子雨◎编著

INTRODUCTION TO
BIG DATA AND ARTIFICIAL
INTELLIGENCE

人民邮电出版社
北 京

图书在版编目（CIP）数据

大数据与人工智能导论：通识课版 / 林子雨编著. --
北京 ： 人民邮电出版社，2025. -- （高等学校数智人才
培养 AI 通识精品系列）. -- ISBN 978-7-115-65696-4

Ⅰ. TP274；TP18

中国国家版本馆 CIP 数据核字第 2024EY0865 号

内 容 提 要

作为通识类课程教材，本书紧紧围绕通识教育核心理念，系统介绍大数据、人工智能、云计算、物联网、区块链、元宇宙等技术的相关知识，旨在培养学生的大数据思维和人工智能思维。全书共 9 章，内容包括大数据概述、大数据技术、大数据应用、大数据基础知识、人工智能、大模型：人工智能的前沿、AIGC 应用与实践、新兴数字技术、新兴数字技术的伦理问题。为了避免陷入空洞的理论介绍，本书在很多章节融入丰富的案例，这些案例来自我们生活的数字时代，具有代表性和说服力，能够让学生直观感受相应理论的具体内涵。

本书可作为高等学校人工智能通识、大数据通识、大学计算机通识教育等课程的教材，也可作为对大数据和人工智能感兴趣的读者的参考书。

◆ 编　著　林子雨
　　责任编辑　孙　澍
　　责任印制　陈　犇

◆ 人民邮电出版社出版发行　北京市丰台区成寿寺路 11 号
　　邮编　100164　电子邮件　315@ptpress.com.cn
　　网址　https://www.ptpress.com.cn
　　涿州市京南印刷厂印刷

◆ 开本：787×1092　1/16
　　印张：16.25　　　　　　　　2025 年 2 月第 1 版
　　字数：433 千字　　　　　　2025 年 3 月河北第 2 次印刷

定价：59.80 元

读者服务热线：(010)81055256　印装质量热线：(010)81055316
反盗版热线：(010)81055315

数字时代是一个信息爆炸的时代，以数字技术为核心，通过数字化信息快速传递、共享、处理和存储，推动着社会生产方式、生活方式和治理方式的变革。进入数字时代以后，数据成为重要的生产要素，数字化转型成为发展的必然趋势，数字经济成为继农业经济、工业经济之后的一种新的经济发展形态。党的二十大报告明确指出"加快发展数字经济，促进数字经济和实体经济深度融合"。

大数据和人工智能是数字时代的两大颠覆性技术，备受人们关注。大数据和人工智能无处不在，金融、汽车、零售、餐饮、电信、能源、政务、医疗、体育、娱乐等在内的社会各行各业，都融入了二者的印迹，大数据和人工智能对人类的社会生产和生活产生了重大而深远的影响。对于一个国家而言，能否紧紧抓住大数据和人工智能发展机遇，快速形成核心技术和应用参与新一轮的全球化竞争，将直接影响未来若干年世界范围内各国科技力量博弈的格局。

在全国从事大数据和人工智能专业教学的老师的共同努力下，目前已经诞生了一大批优秀的大数据和人工智能专业系列教材，较好地满足了大数据和人工智能新兴专业对教材的紧迫需求。但是，在通识教材方面，目前还处于紧缺状态。笔者所在的厦门大学数据库实验室，是全国有影响力的大数据教学团队，每年有很多来自全国各地的教师来到厦门大学与我们开展交流。与此同时，我们也积极走出去，到全国各地学习其他高校的大数据和人工智能课程和教材的建设经验。通过大量的交流我们了解到，国内高校对于开设大数据与人工智能于一体的通识课程存在很大的需求，但是苦于缺乏适合的教材。目前已有教材，只能满足大数据通识教育需求或人工智能通识教育需求，无法兼顾大数据通识教育和人工智能通识教育两种需求。为了让更多高校能够把大数据与人工智能通识课程建设得更好，笔者在大量调研和学习的基础上，编著了本书，可以同时支持大数据通识教育和人工智能通识教育两种需求。

本书共9章，详细阐述了具有数字素养的综合型人才所需要的相关知识储备。第1章介绍了数据、大数据时代、大数据的发展历程、大数据发展战略、大数据的概念、大数据的影响、大数据的应用、大数据产业、大数据与数字经济、大数据与5G、大数据与新质生产力；第2章介绍大数据技术，包括数据采集与预处理、数据存储和管理、数据处理与分析、数据可视化、数据安全和隐私保护等；第3章介绍大数据应用，包括大数据在互联网、生物医学、物流、城市管理、金融、汽车电信、能源等领域；第4章介绍大数据基础知识，包括大数据思维、数据共享、数据开放、大数据交易、大数据安全和大数据治理等；第5章介绍什么是人工智能、人工智能的发展历程、人工智能的要素、人工智能关键技术、人工智能应用、人工智能产业、人工智能和大数据的关系；第6章介绍大模型：人工智能的前沿，包括大模型概述及大模型产品、基本原理、特点、分类、成本、应用领域及大模型的对人们工作和生活的影响、挑战与未来发展；第7章介绍AIGC应用与实践；第8章介绍新兴数字技术，并阐述大数据与这些技术之间的关系；第9章介绍新兴数字技术的伦理问题，重点介绍大数据伦理和人工智能伦理，同时简要介绍元宇宙和区块链的伦理问题。

本书面向高校各个专业的学生，可以作为通识类课程教材。本书由林子雨执笔，在撰写过程中，厦门大学计算机科学与技术系硕士研究生周风林、吉晓函、刘浩然、周宗涛、黄万嘉、曹基民等做了大量辅助性工作，在此，向这些同学的辛苦付出表示衷心的感谢。同时，感谢夏小云老师在本书知识体系规划和书稿校对过程中的辛苦付出。

作者创建了高校大数据公共课程服务平台，发布教材信息、教学资源及勘误信息，本书在该平台的访问链接为 http://dblab.xmu.edu.cn/post/bigdata-ai-introduction/。

本书在撰写过程中，参考了大量网络资料、图书资料，对相关知识进行了系统梳理，选择性地把一些重要知识纳入本书，在此对这些资料的作者表示感谢。由于笔者能力有限，本书难免存在不足之处，望广大读者不吝赐教。

林子雨

厦门大学数据库实验室

2024 年 12 月

目录 CONTENTS

第 3 章
大数据应用

第 4 章
大数据基础知识

第 **5** 章
人工智能

第 **6** 章
大模型：人工智能的前沿

第 **7** 章

AIGC 应用与实践

第 **8** 章

新兴数字技术

第**9**章
新兴数字技术的伦理问题

第 **1** 章

大数据概述

大数据时代的开启，带来了信息技术的巨大变革，并深刻影响着社会生产和人们生活的方方面面。全球范围内，世界各国政府均高度重视大数据技术的研究和产业发展，纷纷把大数据上升为国家战略加以重点推进。此外，企业和学术机构纷纷加大技术、资金和人员投入，加强对大数据关键技术的研发与应用，以期在"第三次信息化浪潮"中占得先机、引领市场。大数据已经不是"水中月、镜中花"，它的影响力和作用力正迅速触及社会的每个角落，所到之处，或是颠覆，或是提升，让人们深切感受到了大数据实实在在的威力。

本章介绍数据、大数据时代、大数据的发展历程、大数据发展战略、大数据的概念、大数据的影响、大数据的应用、大数据产业、大数据与数字经济、大数据与5G技术等内容。

1.1 数据

本节介绍数据的概念、数据类型、数据组织形式、数据生命周期、数据的使用、数据的价值、数据爆炸、数商、从数据到数据要素和数据生产力等。

1.1.1 数据的概念

数据是指对客观事件进行记录并可以被鉴别的符号，是对客观事物的性质、状态以及相互关系等进行记载的物理符号或这些物理符号的组合，是可识别的、抽象的符号。数据和信息是两个不同的概念，信息是较为宏观的概念，它由数据的有序排列组合而成，可传达给读者某个概念方法等；而数据是构成信息的基本单位，离散的数据没有任何实用价值。

数据有很多种，比如数字、文字、图像、声音等。随着人类社会信息化进程的加快，我们在日常生产和生活中不断产生大量的数据。数据已经渗透到当今每一个行业和业务职能领域，成为重要的生产要素，从创新到所有决策，数据推动着企业的发展，并使得各级组织的运营更为高效，可以这样说，数据将成为每个企业获取核心竞争力的关键要素。数据资源已经和物质资源、人力资源一样，成为国家的重要战略资源，影响着国家和社会的安全、稳定与发展，因此，数据也被称为"未来的石油"（见图1-1）。

图1-1 数据是"未来的石油"

1.1.2 数据类型

常见的数据类型包括文本、图片、音频、视频等。

（1）文本：文本数据是指不能参与算术运算的任何字符，也称为字符型数据。在计算机中，文本数据一般保存在文本文件中。文本文件是一种由若干行字符构成的计算机文件，常见格式包括ASCII、MIME和TXT等。

（2）图片：图片数据是指由图形、图像等构成的平面媒体。在计算机中，图片数据一般用图片格式的文件来保存。图片的格式很多，大体可以分为点阵图和矢量图两大类，我们常用的BMP、JPG等格式的图片属于点阵图，而Flash动画制作软件所生成的SWF等格式的文件和Photoshop图像处理软件所生成的PSD等格式的图片属于矢量图。

（3）音频：数字化的声音数据就是音频数据。在计算机中，音频数据一般用音频文件来保存。音频文件是指存储声音内容的文件，把音频文件用一定的音频程序打开，就可以还原以前录下的声音。音频文件的格式很多，包括CD、WAV、MP3、MID、WMA、RM等。

（4）视频：视频数据是指连续的图像序列。在计算机中，视频数据一般用视频文件来保存。视频文件常见的格式包括MPEG-4、AVI、DAT、RM、MOV、ASF、WMV、DIVX等。

1.1.3　数据组织形式

计算机系统中的数据组织形式主要有两种，即文件和数据库。

（1）文件：计算机系统中的很多数据都是以文件形式存在的，比如一个Word文件、一个文本文件、一个网页文件、一个图片文件等。一个文件的名称包含主名和扩展名，扩展名用来表示文件的类型，比如文本文档、图片、音频、视频等。在计算机中，文件是由文件系统负责管理的。

（2）数据库：计算机系统中另一种非常重要的数据组织形式就是数据库，今天，数据库已经成为计算机软件开发的基础和核心，数据库在人力资源管理、固定资产管理、制造业管理、电信管理、销售管理、售票管理、银行管理、股市管理、教学管理、图书馆管理、政务管理等领域发挥着至关重要的作用。从1968年IBM公司推出第一个大型商用数据库管理系统IMS开始到现在，数据库已经经历了层次数据库、网状数据库、关系数据库和NoSQL数据库等多个发展阶段。关系数据库仍然是目前的主流数据库，大多数商业应用系统都构建在关系数据库的基础之上。但是，随着Web 2.0的兴起，非结构化数据迅速增加，目前人类社会产生的数字内容中约有90%是非结构化数据，因此，能够更好地支持非结构化数据管理的NoSQL数据库应运而生。

1.1.4　数据生命周期

数据都存在一个生命周期，数据生命周期是指数据从创建、修改、发布利用到归档/销毁的整个过程。在不同的阶段，数据的利用价值也会不同。为了充分发挥存储设备和数据的价值，需要对数据生命周期进行认真分析，在不同阶段对数据采用不同的数据存储管理方式。

数据生命周期管理工作包括以下几个方面。

• 对数据进行自动分类，分离出有效的数据，对不同类型的数据制定不同的管理策略，并及时清理无用的数据。

• 构建分层的存储系统，满足不同类型的数据在不同生命周期阶段的存储要求，对关键数据进行数据备份保护，对处于生命周期末期的数据进行归档并保存到适合长期保存数据的存储设备中。

• 根据不同的数据管理策略，实施自动分层数据管理，即自动把不同生命周期阶段的数据存放在适合的存储设备上，提高数据可用性和管理效率。

1.1.5　数据的使用

我们的身边存在各种各样的数据，那么，如何把数据变得可用呢？

第一步：数据清洗。任何数据分析计划的第一步都是数据清洗，也就是把数据转换成可用的状态。这个过程需要借助工具实现数据转换，比如UNIX工具awk、XML（eXtensible Markup Language，可扩展标记语言）解析器和机器学习库等；此外，脚本语言，比如Perl和Python，也可以在这个过程发挥重要的作用。一旦完成数据清洗，后续就要开始关注数据的质量。对于来源众多、类型多样的数据而言，数据缺失和语义模糊等问题是不可避免的，必须采取相应措施有效解决这些问题。

第二步：数据管理。数据经过清洗以后，被存放到数据库系统中进行管理和使用。从20世纪70年代到21世纪前十年，关系数据库一直是占据主流地位的数据库管理系统，它以规范化的行和列形式保存数据，并提供SQL（Structure Query Language，结构查询语言）语句进行各种查询操作，同时支持事务一致性功能，很好地满足了各种商业应用需求，因此，长期占据市场垄断地位。但是，随着Web 2.0应用的不断发展，非结构化数据开始迅速增加，关系数据库擅长管理结构化数据，对于大规模非结构化数据的管理则显得力不从心，暴露了很多难以克服的问题。NoSQL数据库（非关系数据库）的出现，有效满足了对非结构化数据进行管理的市场需求，并由于其本身的特点得到了非常迅速的发展。

第三步：数据分析。存储数据是为了更好地分析数据，分析数据需要借助于数据挖掘和机器学习算法，同时需要使用相关的大数据处理与分析技术。谷歌（Google）提出了面向大规模数据分析的分布式编程模型MapReduce，Hadoop对其进行了开源实现。MapReduce将复杂的、运行于大规模集群上的并行计算过程高度地抽象到了两个函数——Map和Reduce。一个MapReduce作业通常会把输入的数据集切分为若干独立的数据块，由Map任务以完全并行的方式处理它们，大大提高了数据分析的速度。此外，构建统计模型对于数据分析也十分重要。统计是数据分析的重要方式，在众多开源的统计分析工具中，R语言和它的综合类库CRAN非常重要。为了能够让数据说话，使得分析结果更容易被人理解，还需要对分析结果进行可视化。可视化对于数据分析来说是一项非常重要的工作，如果需要找出数据到底差在哪里，就需要通过可视化帮助人们进行直观理解，继而找出问题所在。

这里以数据仓库为例演示数据在企业中的使用方法。很多企业为了支持决策分析会构建数据仓库（其体系架构见图1-2），其中会存放大量的历史数据，这些数据来自不同的数据源，利用ETL（Extract Transformation Load，抽取、转换、加载）工具加载到数据仓库中，并且不会发生更新，技术人员可以利用数据挖掘和OLAP（Online Analytical Processing，联机分析处理）系统从这些静态历史数据中找到对企业有价值的信息。

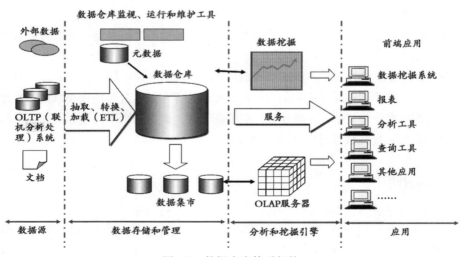

图1-2　数据仓库体系架构

1.1.6 数据的价值

数据的根本价值在于为人们找出答案。数据往往都是为了某个特定的目的而被收集的，而数据的价值对于数据收集者而言，都是显而易见的。数据的价值是不断被人发现的。在过去，一旦数据利用完成，往往就会被删除，一方面是由于过去的存储技术落后，人们需要删除旧数据来存储新数据；另一方面则是人们没有认识到数据的潜在价值。比如，在淘宝或者京东搜索并购买一件衣服，当输入关键字（如性别、颜色、布料、款式）后，消费者很容易就会找到自己心仪的产品，当购买行为结束过后，这些数据就会被消费者删除。但是，对于这些购物网站，它们会记录和整理购买数据，当海量的购买数据被收集过后，它们就可以预测未来即将流行的产品的特征，这就是数据价值的再发现。

数据的价值不会因为不断被使用而消减，反而会因为不断重组而产生更大的价值。比如，将一个地区的物价、地价走势、高档轿车的销售数量、二手房转手的频率、出租车密度等各种不相关的数据整合到一起，可以更加精准地预测该地区房价走势，这种方式已经被国外很多房地产网站采用。而这些被整合起来的数据，并不妨碍下一次被使用而重新整合。也就是说，数据没有因为被使用一次或两次而造成价值的衰减，反而会在不同的领域产生更多的价值。基于以上数据的价值特性，各类收集来的数据都应当被尽可能长时间地保存下来，同时也应当在一定条件下与全社会分享，并产生价值，因为数据的潜在价值往往是收集者不可想象的。当今世界已经逐步产生了一种认识，在大数据时代以前，最有价值的商品是石油，而今天和未来则是数据。目前占有大量数据的大公司，每个季度的利润总和可高达数十亿美元，并在继续快速增加，这都是数据价值的最好佐证。因此，要实现大数据时代思维方式的转变，就必须正确认识数据的价值，数据已经具备了资本的属性，可以用来创造经济价值。

1.1.7 数据爆炸

人类进入信息社会以后，数据以自然方式增长，其产生不以人的意志为转移。据统计，从 1986 年开始到 2010 年的 25 年里，全球数据的数量增长了约 100 倍，今后的数据量增长速度将更快，我们正生活在一个"数据爆炸"的时代。当前，世界上只有约 25% 的设备是联网的，在联网设备中大约 80% 是计算机和手机，而随着 5G 时代的全面开启，将有更多的用户成为网民，汽车、家用电器、生产机器等各种设备也将连入互联网。随着 Web 2.0 和移动互联网的快速发展，人们已经可以随时随地、随心所欲地通过微博、微信、抖音等发布各种信息。以后，随着物联网的推广和普及，各种传感器和摄像头将遍布我们工作和生活的各个角落，这些设备每时每刻都会自动产生大量数据。综上所述，可以看出人类社会正经历第二次数据爆炸（如果把印刷在纸上的文字和图形也看作数据的话，那么，人类历史上第一次数据爆炸发生在造纸术和印刷术发明的时期），各种数据产生速度之快，产生数量之大，已经远远超出人类可以控制的范围，数据爆炸成为大数据时代的鲜明特征。

在数据爆炸的今天，人类一方面对知识充满渴求，另一方面为数据的复杂特征所困扰。数据爆炸对科学研究提出了更高的要求，需要人类设计出更加灵活高效的数据存储、处理和分析工具来应对大数据时代的挑战，由此，必将带来云计算、数据仓库、数据挖掘等技术和应用的提升或者根本性改变。在存储效率（存储技术）领域，需要实现低成本的大规模分布式存储；在网络效率（网络技术）方面，需要实现及时响应的用户体验；在数据中心方面，需要开发更加绿色、节能的新一代数据中心，在有效面对大数据处理需求的同时，实现提升资源利用率、降低系统能耗的目标。面对数据爆炸的大数据时代，我们人类不再从容！

1.1.8 数商

所谓"商"，是指对人类某种特定能力的度量。智商主要表现为一个人逻辑分析水平的高低，情商则用来衡量一个人管理自己和他人情绪的能力。

大数据先锋思想家、前阿里巴巴集团副总裁涂子沛借助相关研究成果，在《数商》一书中创造性地提出了一个新概念——"数商"。数据是土壤，是基础设施，更是基本生产要素，数商则是衡量现代人类是否具备数据意识、思维、习惯和数据分析能力的重要尺度，它衡量的是数据化时代的生存逻辑。

今天的社会，正在发生一场巨大的变迁，要从以文字为中心变成以数据为中心。数据是一种新的资源，它可以释放出新的能量，这种能量对人和世界会产生新的作用力。在数据爆炸的今天，搜集数据、分析数据、应用数据来指导决策的能力将越发重要。对这种能力高低的衡量就是数商。数商是衡量数据优势大小高低的一个体系，它是智能时代的一个新的"商"，是对使用数据、驾驭数据能力的衡量，它包括记录数据、整理数据、组织数据、保存数据、搜索数据、洞察数据以及控制数据等各方面的能力。

高数商者十分重视数据，因为数据是进行统计、计算、科研和技术设计的依据。数据既是证据，也是解决问题的基础。巧妇难为无米之炊，数据就是"米"，数据是新文明的新基因，掌握它就是掌握新文明的密码。高数商者的十大原则如下。

（1）勤于记录，善于记录，敢于记录：勤是习惯，善是方法/工具，敢是勇气。很多人不愿意、害怕面对自己的记录，所以"敢"也是一个问题。

（2）善于分析：简单地分析、定量分析，以一定的次序、格式或者图表呈现数据，分析就会有很大的改进。

（3）实"数"求是：从数据当中寻找因果关系和规律，让数据成为"感觉的替代品"，这是数据分析的最终使命。

（4）知道未来是一种演化，是多种可能性的分布，用概率来辅助个人决策。

（5）通过做实验收集数据，寻找真正的因果关系。

（6）学会用幸存者偏差分析社会现象。

（7）用数据破解生活中的隐性知识。

（8）反对混沌、差不多以及神秘主义的文化。

（9）掌握聪明搜索的一系列技巧。

（10）掌握SQL、Python等数据新世界的"金刚钻"。

修炼数商，是智能时代的新潮流。这是人类社会发展到一个新的阶段，自然而然产生的新要求。要想成为一个高数商的人，要善于让数据成为"感觉的替代品"，即让数据帮助我们感觉自己的身体和周围的世界，让大脑直接处理数据，而不仅仅是直接处理情感和欲望。我们可以通过训练来提高数据在大脑中的地位，就像反复练习可以强化我们的肌肉一样，基于数据的反复练习也可以强化我们大脑中的"数据肌肉"，形成基于数据的反射思维，就能在更多的情境中让情感让位，主动使用数据，从而做出正确的判断和决策。大部分人做不到，你能做到，这就是高数商带来的竞争性优势。

1.1.9 从数据到数据要素

从数据到数据要素，这是一个数据价值不断提升的过程。数据是原始的、无直接应用价值的信息。数据可以为任何形式，包括文本、图片、音频等。在未经过任何处理或分析之前，数据本身并没有什么价值。然而，随着技术的发展和人们对数据价值认识的加深，数据开始被视为一种资源，可以进行整理、组织、分析和挖掘。在这个过程中，数据逐渐被赋予了新的价值，成了一种可以被利用的资源。

在这个基础上，数据要素的概念应运而生。数据要素是指那些经过确权、登记，明确其资产属性的数据。这些数据不仅具有可量化、可定价、可流通、可交易、可使用、可监管的特点，而且可以被投入具体的生产应用中，为各个细分的应用场景提供支持。

因此，从数据到数据要素，是一个价值不断提升的过程。在这个过程中，数据的价值不仅得到了认可和挖掘，而且在不断地被提升和扩展。同时，这也为数字经济和数字化转型提供了强大的驱动力。2020年4月，中共中央、国务院发布《关于构建更加完善的要素市场化配置体制机制的意见》，正式将"数据要素"列为五大生产要素之一，与土地要素、劳动力要素、资本要素、技术要素并列。我国数据要素市场不断扩大，有数据显示，2021年，我国数据要素市场规模达815亿元。

2023年11月25日，国家数据局局长刘烈宏在2023全球数商大会开幕式上表示，国家数据局将围绕发挥数据要素乘数作用，与相关部门一道研究实施"数据要素 ×"行动。2023年12月31日，国家数据局等部门制定发布了《"数据要素 ×"三年行动计划（2024—2026年）》。实施"数据要素 ×"行动的目的在于：发挥我国超大规模市场、海量数据资源、丰富应用场景等多重优势，推动数据要素与劳动力、资本等要素协同，以数据流引领技术流、资金流、人才流、物资流，突破传统资源要素约束，提高全要素生产率；促进数据多场景应用、多主体复用，培育基于数据要素的新产品和新服务，实现知识扩散、价值倍增，开辟经济增长新空间；加快多元数据融合，以数据规模扩张和数据类型丰富，促进生产工具创新升级，催生新产业、新模式，培育经济发展新动能。

数据具有规模报酬递增、非竞争性、低成本复制的特点，作用于不同主体，与不同要素结合，可产生不同程度的倍增效应。从微观看，数据作用于劳动者，便于人们学习、使用先进的知识和技术，提升人力资源素质，提高劳动生产效率；数据作用于资本，可以辅助投融资决策，更好地推动金融服务实体经济；数据作用于技术，可以重塑创新范式，促进先进技术的传播扩散，带动全社会生产力水平提升。从宏观看，数据作用于经济，可以优化资源配置，促进生产方式变革，提升经济发展的效率与质量；数据作用于治理，可以推进政府管理和社会治理模式创新，实现政府决策科学化、社会治理精准化、公共服务高效化。

通过在各行业、各领域加快数据的开发利用，能够提高各类要素协同效率，找到资源配置"最优解"，突破产出边界，创造新产业新业态，实现推动经济发展的乘数效应。具体表现为以下3个方面。

（1）以"协同"实现全局优化，提升产业运行效率，增强产业核心竞争力。通过从数据中挖掘出有效信息作用于其他要素，改造提升传统要素投入产出效率，以数据流引领物资流、人才流、技术流、资金流，找到企业、行业、产业在要素资源约束下的"最优解"，提高全要素生产率，可解决过去解决不了的难题，实现过去创造不了的价值。比如，通过打通制造业产业链数据，可实现供应链上下游零部件厂与主机厂的高效协同研发制造，有效缩短研发周期，降低供应链成本，创造更高质量、更好性能的高性价比产品。

（2）以"复用"扩展生产可能性边界，释放数据新价值，拓展经济增长新空间。一份数据可由多个主体复用，将在不同场景创造多样化的价值增量。与此同时，数据在使用中一般不会损耗，反而"越用越好"，突破传统资源要素约束条件下的产出极限，拓展新的经济增量。比如，医疗健康数据用于临床诊断，可以帮助医生更精准地治疗疾病；应用于医学研究和药物开发，可加速新药上市、提高治愈率；应用于医保行业，可实现定制化保险和精确定价，带动医疗健康产品和服务升级。

（3）以"融合"推动量变产生质变，催生新应用、新业态，培育经济发展新动能。数据规模越大、种类越多，产生的信息和知识就越多，创造价值的空间就越大。不同类型、不同维度的数据聚合后，还可能从量变引发质变，获得意料之外的价值。

1.1.10　数据生产力

数据不仅对人类生产生活产生了深刻影响，而且成为人类生产生活的内在组成部分，是人类社会生产要素和生产力的新形态。2020年7月，数据生产力（Data Productivity）成为大数据战略重点实验室全国科学技术名词审定委员会研究基地收集审定的第一批108条大数据新词之一，经全国科学技术名词审定委员会批准试用。

在数字化时代，数据作为关键生产要素正在引发新型社会经济形态的变革，带动数据生产力的快速发展。作为人类生产力更高层次的延续，数据生产力以数据为基础和核心，从经验型数据和理论型数据发展到数字化数据，标志着人类生产方式依次从以土地为起点、以劳动为起点和以资本为起点向以数据为起点深入发展。

有关数据生产力这一新兴概念的学术研究目前尚处于起步阶段。基于不同的分析视角，学者们对数据生产力内涵的界定不尽相同，目前尚未形成统一的话语体系。

1.2　大数据时代

第三次信息化浪潮涌动，大数据时代全面开启。人类社会信息科技的发展为大数据时代的到来提供了技术支撑，而数据产生方式的变革是促进大数据时代到来至关重要的因素。

1.2.1　三次信息化浪潮

根据IBM前首席执行官郭士纳的观点，IT（Information Technology，信息技术）领域每隔15年就会迎来一次重大变革（也称为信息化浪潮）。1980年前后，个人计算机开始普及，使得计算机走入企业和千家万户，大大提高了社会生产力，也使人类迎来了第一次信息化浪潮，Intel、IBM、苹果、微软、联想等企业是这个时期的代表企业。随后，在1995年前后，人类开始全面进入互联网时代，互联网的普及把世界变成"地球村"，每个人都可以自由徜徉于信息的海洋，由此，人类迎来了第二次信息化浪潮，这个时期也缔造了雅虎、谷歌、阿里巴巴、百度等互联网企业。时隔15年，在2010年前后，云计算、大数据、物联网的快速发展，拉开了第三次信息化浪潮的大幕，大数据时代到来，涌现出了亚马逊、字节跳动等一批新的市场标杆企业。三次信息化浪潮见表1-1。

表1-1　三次信息化浪潮

信息化浪潮	发生时间	标志	解决的问题	代表企业
第一次信息化浪潮	1980年前后	个人计算机	信息处理	Intel、AMD、IBM、苹果、微软、联想、戴尔、惠普等
第二次信息化浪潮	1995年前后	互联网	信息传输	雅虎、谷歌、阿里巴巴、百度、腾讯等
第三次信息化浪潮	2010年前后	云计算、大数据、物联网	信息爆炸	亚马逊、谷歌、IBM、VMware、Palantir、Cloudera、字节跳动、阿里云等

1.2.2 信息科技为大数据时代提供技术支撑

大数据，首先是一场技术革命。毫无疑问，如果没有强大的数据存储、传输和计算等技术支撑，缺乏必要的设施设备，大数据的应用也就无从谈起。从这个意义上说，信息科技进步是大数据时代的物质基础。信息科技需要解决信息存储、信息传输和信息处理3个核心问题，人类社会在信息科技领域的不断进步，为大数据时代的到来提供了技术支撑。

1. 存储设备容量不断增加

数据被存储在磁盘、磁带、光盘、闪存等各种类型的存储设备中。随着科学技术的不断进步，存储设备制造工艺不断升级、存储设备容量不断增加、读写速度不断提升，价格却在不断下降。早期的存储设备容量小、价格高、体积大，例如，IBM公司在1956年生产的一个早期的商业硬盘，容量只有5MB，不仅价格昂贵，而且体积有一个冰箱那么大。而今天容量为1TB的硬盘，典型外观尺寸为147mm（长）×102mm（宽）×26mm（厚），读写速度达到200MB/s，而且价格低廉。现在，高性能的硬盘不仅提供了海量的存储空间，还大大降低了数据存储成本。

与此同时，以闪存为代表的新型存储设备也开始得到大规模的普及和应用。闪存是一种非易失性存储器，即使发生断电也不会丢失数据，可以作为永久性存储设备。闪存具有体积小、质量轻、能耗低、抗震性好等优良特性。闪存芯片可以被封装制作成SD卡、U盘和固态盘等各种存储设备，SD卡和U盘主要用于个人数据存储，固态盘则越来越多地应用于企业级数据存储。

总体而言，数据量和存储设备容量二者之间是相辅相成、互相促进的。一方面，随着数据不断产生，需要存储的数据量不断增长，人们对存储设备的容量提出了更高的要求，促使存储设备生产商制造更大容量的产品满足市场需求；另一方面，更大容量的存储设备，进一步加快了数据量增长的速度。在存储设备价格高企的年代，由于成本问题，一些不必要或当前不能明显体现价值的数据往往会被丢弃，但是，随着单位存储空间价格的不断降低，人们开始倾向于把更多的数据保存起来，以期在未来某个时刻可以用更先进的数据分析工具从中挖掘价值。

2. CPU处理性能不断提升

CPU（Central Processing Unit，中央处理器）处理性能的不断提升也是促使数据量不断增长的重要因素。CPU的性能不断提升，大大提高了处理数据的能力，使我们可以更快地处理不断累积的海量数据。从20世纪80年代至今，CPU的制造工艺不断提升，晶体管数目不断增加，运行频率不断提高，核心（Core）数量逐渐增多，而用同等价格所能获得的CPU处理能力也呈几何级数上升。在过去的40多年里，CPU的处理速度已经从10MHz提高到4.6GHz。在2013年之前的很长一段时间里，CPU处理速度的提高一直遵循"摩尔定律"，即芯片上集成的元件数量大约每18个月翻一番，性能大约每隔18个月提高一倍，价格下降一半。

3. 网络带宽不断增加

1977年，世界上第一个光纤通信系统在美国芝加哥市投入商用，数据传输速率达到45Mbit/s，从此，人类社会的数据传输速率不断被刷新。进入21世纪，世界各国更是纷纷加大宽带网络建设力度，不断扩大网络覆盖范围，提高数据传输速率。以我国为例，截至2023年10月底，我国互联网宽带接入端口数量达11.28亿个，其中，光纤接入端口占互联网接入端口的比重达96.3%，光缆线路总长度已达6432万km。目前，我国移动通信4G基站数量已达590万个，4G网络的规模全球第一，并且4G的覆盖广度和深度也在快速发展。与此同时，我国正全面加速5G网络建设，截至2023年12月底，全国建设开通5G基站数达337.7万个，5G移动电话用户达8.05亿户，5G网络接入流量占比达47%，5G网络建设基础不断夯实。由此可以看出，在大数据时代，数据传输已突破网络发展初期的瓶颈。

1.2.3 数据产生方式的变革促成大数据时代的来临

数据产生方式的变革是促成大数据时代来临的重要因素。总体而言，人类社会的数据产生方式大致经历了3个阶段：运营式系统阶段、用户原创内容阶段和感知式系统阶段（见图1-3）。

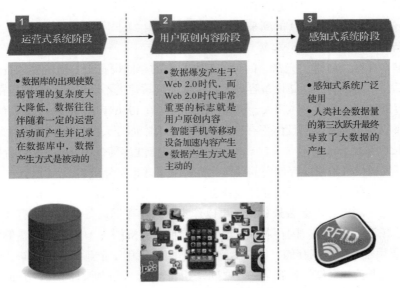

图1-3　数据产生方式的变革

1. 运营式系统阶段

人类社会最早大规模管理和使用数据，是从数据库的诞生开始的。大型零售超市销售系统、银行交易系统、股市交易系统、医院医疗系统、企业客户管理系统等大量运营式系统，都是建立在数据库基础之上的，数据库中保存了大量结构化的企业关键信息，用来满足企业各种业务需求。在这个阶段，数据产生方式是被动的，只有当实际的企业业务发生时，才会产生新的记录并存入数据库，比如，对于股市交易系统而言，只有当发生一笔股票交易时，才会有相关记录生成。

2. 用户原创内容阶段

互联网的出现，使得数据传播更加快捷，不需要借助于磁盘、磁带等物理存储设备传播数据；网页的出现进一步加速了大量网络内容的产生，从而使得人类社会数据量开始呈现"井喷式"增长。但是，互联网真正的数据爆发产生于以"用户原创内容"为标志的Web 2.0时代。Web 1.0时代主要以门户网站为代表，强调内容的组织与提供，大量上网用户本身并不参与内容的产生。而Web 2.0时代以自服务模式为主，强调自服务，大量上网用户本身就是内容的生成者，尤其是随着移动互联网和智能手机终端的普及，人们更是可以随时随地使用手机发微博、传照片，数据量开始急剧增加。从此，每个人都是海量数据中的微小组成。每天我们通过微信、QQ、微博（标志见图1-4）等各种方式采集到大量数据，然后通过同样的渠道和方式把处理过的数据反馈出去。而这些数据不断地被存储和加工，使得互联网世界里的"公开数据"不断被丰富，大大加快了大数据时代的到来。

微信　　　　　　　　　　　　　　　　　　　QQ

图1-4　微信、新浪微博和QQ的标志

3. 感知式系统阶段

物联网的发展最终导致了人类社会数据量的第三次跃升。物联网中包含大量传感器，如温度传感器、湿度传感器、压力传感器、位移传感器、光电传感器等，此外，摄像头也是物联网的重要组成部分。物联网中的这些设备，每时每刻都在自动产生大量数据（见图1-5），与 Web 2.0 时代的人工数据产生方式相比，物联网中的自动数据产生方式，将在短时间内生成更密集、更大量的数据，使得人类社会迅速步入"大数据时代"。

图1-5　物联网设备每时每刻都在自动产生大量数据

1.3　大数据的发展历程

从大数据的发展历程来看，总体上可以划分为3个重要阶段：萌芽期、成熟期和大规模应用期（见表1-2）。

表1-2　大数据发展的3个阶段

阶段	时间	内容
第一阶段：萌芽期	20世纪90年代至21世纪初	随着数据挖掘理论和数据库技术的逐步成熟，一批商业智能工具和知识管理技术开始被应用，如数据仓库、专家系统、知识管理系统等
第二阶段：成熟期	21世纪前十年	Web 2.0 应用迅猛发展，非结构化数据大量产生，传统处理方法难以应对，带动了大数据技术的快速突破，大数据解决方案逐渐走向成熟，形成了并行计算与分布式系统两大核心技术，谷歌的GFS（Google File System，谷歌文件系统）和MapReduce等大数据技术受到追捧，Hadoop平台开始应用
第三阶段：大规模应用期	2010年以后	大数据应用渗透各行各业，数据驱动决策，信息社会智能化程度大幅提高

这里简要回顾一下大数据的发展历程。

• 1980年，未来学家阿尔文·托夫勒在《第三次浪潮》一书中，将大数据热情地赞颂为"第三次浪潮的华彩乐章"。

• 1997年10月，迈克尔·考克斯和大卫·埃尔斯沃思在第八届美国电气电子工程师学会（Institute of Electrical and Electronics Engineers, IEEE）关于可视化的会议论文集中，发表了《为外存模型可视化而应用控制程序请求页面调度》的文章，这是在美国计算机学会的数字图书馆中第一篇使用"大数据"这一术语的文章。

• 1999年10月，在IEEE关于可视化的年会上，设置了名为"自动化或者交互：什么更适合大数据？"的专题讨论小组，探讨大数据问题。

- 2001年2月，梅塔集团分析师道格·莱尼发布题为《3D数据管理：控制数据容量、处理速度及数据种类》的研究报告。10年后，"3V"（Volume、Variety和Velocity）作为定义大数据的3个维度而被广泛接受。
- 2005年9月，蒂姆·奥莱利发表了《什么是Web 2.0》一文，并在文中指出"数据将是下一项技术核心"。
- 2008年，《自然》杂志推出大数据专刊；计算社区联盟（Computing Community Consortium）发表了报告《大数据计算：在商业、科学和社会领域的革命性突破》，阐述了大数据技术及其面临的一些挑战。
- 2010年2月，肯尼斯·库克尔在《经济学人》上发表了一份关于管理信息的特别报告《数据，无所不在的数据》。
- 2011年2月，《科学》杂志推出专刊《处理数据》，讨论了科学研究中的大数据问题。
- 2011年，维克托·迈尔-舍恩伯格出版著作《大数据时代：生活、工作与思维的大变革》，引起轰动。
- 2011年5月，麦肯锡全球研究院发布报告《大数据：下一个具有创新力、竞争力与生产力的前沿领域》，提出"大数据时代"到来。
- 2012年3月，美国政府发布了《大数据研究和发展倡议》，正式启动"大数据发展计划"，大数据上升为美国国家发展战略，被视为美国政府继信息高速公路计划之后在信息科学领域的又一重大举措。
- 2013年12月，中国计算机学会发布《中国大数据技术与产业发展白皮书（2013年）》，系统总结了大数据的核心科学与技术问题，推动了中国大数据学科的建设与发展，并为政府部门提供了战略性的意见与建议。
- 2014年5月，美国政府发布2014年全球"大数据"白皮书《大数据：抓住机遇，守护价值》，报告鼓励使用数据来推动社会进步。
- 2015年8月，国务院印发《促进大数据发展行动纲要》，全面推进我国大数据发展和应用，加快建设数据强国。
- 2017年1月，为加快实施国家大数据战略，推动大数据产业健康快速发展，工业和信息化部印发了《大数据产业发展规划（2016—2020年）》。
- 2017年4月，《大数据安全标准化白皮书（2017）》正式发布，从法规、政策、标准和应用等角度，勾画了我国大数据安全的整体轮廓。
- 2018年4月，首届数字中国建设峰会在福建省福州市举行。
- 2020年4月，中共中央、国务院发布了《关于构建更加完善的要素市场化配置体制机制的意见》，指出数据成为继土地、劳动力、资本、技术之后第五种市场化配置的关键生产要素。
- 2021年9月，《中华人民共和国数据安全法》正式实施。该法围绕保障数据安全和促进数据开发利用两大核心，从数据安全与发展、数据安全制度、数据安全保护义务、政务数据安全与开放等角度进行了详细的规制。
- 2021年11月，工业和信息化部印发《"十四五"大数据发展产业规划》，该规划旨在充分激发数据要素价值潜能，夯实产业发展基础，构建稳定高效产业链，统筹发展和安全，培育自主可控和开放合作的产业生态，打造数字经济发展新优势，为建设制造强国、网络强国、数字中国提供有力支撑。
- 2022年2月，国家发展和改革委员会、中央网络安全和信息化委员会办公室、工业和信息化部、国家能源局联合印发通知，同意在京津冀、长三角、粤港澳大湾区、成渝、内蒙古、贵州、甘肃、宁夏等 8 地启动建设国家算力枢纽，并设立 10 个国家数据中心集群。至此，全国一体化大数据中心协同创新体系完成总体布局设计，"东数西算"工程正式全面启动。

* 2022 年 10 月，党的二十大报告再次提出加快建设"数字中国"。
* 2022 年 12 月，中共中央、国务院发布《关于构建数据基础制度更好发挥数据要素作用的意见》（简称"数据二十条"）对外发布，从数据产权、流通交易、收益分配、安全治理等方面构建数据基础制度，提出 20 条政策举措。
* 2023 年 3 月，第十四届全国人民代表大会第一次会议表决通过了关于国务院机构改革方案的决定，其中包括组建国家数据局。2023 年 10 月 25 日，国家数据局正式揭牌。国家数据局主要负责协调推进数据基础制度建设，统筹数据资源整合共享和开发利用，统筹推进数字中国、数字经济、数字社会规划和建设等。
* 2023 年 12 月，国家数据局等部门制定发布了《"数据要素 ×"三年行动计划（2024—2026 年）》，旨在充分发挥数据要素乘数效应，赋能经济社会发展。

1.4　大数据发展战略

进入大数据时代，世界各国都非常重视大数据发展。瑞士洛桑国际管理学院 2017 年度世界数字竞争力排名显示，各国数字竞争力与其整体竞争力呈现出高度一致的态势，即数字竞争力强的国家，其整体竞争力也很强，同时也更容易产生颠覆性创新。以美国、英国、日本、韩国等为代表的国家及国际组织，非常重视大数据在促进经济发展和社会变革、提升国家整体竞争力等方面的重要作用，把发展大数据上升到国家战略的高度（见表 1-3），视大数据为重要的战略资源，大力抢抓大数据技术与产业发展先发优势，积极捍卫本国数据主权，力争在大数据时代占得先机。

表 1-3　各国 / 国际组织的大数据发展战略

国家 / 国际组织	战略
美国	稳步实施"三步走"战略，打造面向未来的大数据创新生态
英国	紧抓大数据产业机遇，应对"脱欧"后的经济挑战
欧盟	注重加强成员国之间的数据共享，平衡数据的流通与使用
韩国	以大数据等技术为基础应对第四次工业革命
日本	开放公共数据，夯实应用开发
中国	实施国家大数据战略，加快建设数字中国

1.4.1　美国

美国是率先将大数据从商业概念上升至国家战略的国家，通过稳步实施"三步走"战略，在大数据技术研发、商业应用以及保障国家安全等方面已拥有全球领先优势。第一步是快速部署大数据核心技术研究，并在部分领域积极开发大数据应用。第二步是调整政策框架与法律规章，积极应对大数据发展带来的隐私保护等问题。第三步是强化数据驱动的体系和能力建设，为提升国家整体竞争力提供长远保障。

2012 年 3 月，美国政府推出《大数据研究和发展倡议》，其中对于国家大数据战略的表述如下："通过收集、处理庞大而复杂的数据信息，从中获得知识和洞见，提升能力，加快科学、工程领域的创新步伐，强化美国国土安全，转变教育和学习模式"。2012年3月29日，美国白宫科技政策办公室发布《大数据研究和发展计划》，成立"大数据高级指导小组"。该计划旨在通过对海量和复杂的数字资料进行收集、整理，增强政府收集海量数据、分析萃取信息的能力，提升对社会经济发展的预测能力。2013年11月，美国信息技术与创新基金会发布了《支持数据驱动型创新的技术与政策》报告，报告指出，"数据驱动型创新"是一个崭新的命题，其中最主要的内容包括"大数据""开放数据""数据科学""云计算"。2014年5月，美国发布《大数据：把握机遇，守护价值》白皮书，对美国大数据应用与管理的现状、政策框架和改进建议进行了集中阐述。该白皮书表示，在大数据发挥正面价值的同时，应该警惕大数据应用对隐私、公平等长远价值带来的负面影响。从白皮书所代表的价值判断来看，美国政府更为看重大数据为经济社会发展所带来的创新动力，对于可能与隐私权产生的冲突，以解决问题的态度来处理。

2019年12月，美国发布国家级战略规划《联邦数据战略与2020年行动计划》，明确提出将数据作为战略资源，并以2020年为起点，勾勒美国未来十年的数据愿景。2021年5月，美国大西洋理事会成立新兴技术与数据地缘政治影响委员会，并发布《新兴技术与数据的地缘政治影响》报告，该报告明确指出，美国政府应当通过推行系统化的技术与数据战略的方式，确保美国在关键领域的全球领先地位。2021年10月，美国管理和预算办公室发布2021年行动计划，鼓励各机构继续实施联邦数据战略，在吸收了2020年行动计划经验的基础上，2021年行动计划进一步强化了在数据治理、规划和基础设施方面的活动。计划具体包括40项行动方案，主要分为3个方向：一是构建重视数据和促进公众使用数据的文化；二是强化数据的治理、管理和保护；三是促进高效恰当地使用数据资源。可以看出，美国在数据领域的政策，越来越强调发挥机构间的协调作用，促进数据的跨部门流通与再利用，充分发掘数据资产价值，从而巩固美国在数据领域的优势地位。

1.4.2　英国

大数据发展初期，英国在借鉴美国经验和做法的基础上，充分结合本国特点和需求，加大大数据研发投入、强化顶层设计，聚焦部分应用领域进行重点突破。英国政府于2010上线政府数据网站，同美国的政府开放数据平台功能类似，但主要侧重于大数据信息挖掘和获取能力的提升，以此作为基础，在2012年发布了新的政府数字化战略，具体由英国商业创新技能部牵头，成立数据战略委员会，通过大数据开放，为政府、私人部门、第三方组织和个体提供相关服务，吸纳更多技术力量和资金支持协助拓宽数据来源，以推动就业和新兴产业发展，实现大数据驱动的社会经济增长。2013年，英国政府加大了对大数据领域研究的资金支持，提出总额1.89亿英镑的资助计划，包括直接投资1 000万英镑建立"开放数据研究所"。英国特别重视大数据对经济增长的拉动作用，密集发布《数字战略2017》《工业战略：建设适应未来的英国》等，希望到2025年数字经济对本国经济总量的贡献值可达2000亿英镑，积极应对"脱欧"可能带来的经济增速放缓的挑战。

为促进数据在政府、社会和企业间的流动，英国政府于2020年9月发布了《国家数据战略》，明确指出了政府需要优先执行的5项任务，以促进英国社会各界对数据的应用：一是充分释放数据价值；二是加强对可信数据体系的保护；三是改善政府的数据应用现状，提高公共服务效率；四是确保数据所依赖的基础架构的安全性和韧性；五是推动数据的国际流动。2021年5月，英国政府在官方渠道上发布《政府对于国家数据战略咨询的回应》，强调2021年的工作重心是"深入执行《国家数据战略》"，并表明将通过建立更细化的行动方案，全力确保战略的有效实施。由此可以看出英国政府利用数据资源激发经济新活力的决心。

1.4.3　欧盟

2020年2月19日，欧盟委员会推出《欧盟数据战略》，该战略勾画出欧盟未来十年的数据战略行动纲要。区别于一般实体国家，欧盟作为一个经济政治共同体，其数据战略更加注重加强成员国之间的数据共享，平衡数据的流通与使用，以打造欧洲共同数据空间、构建单一数据市场。

为保障战略目标的顺利实现，欧盟实施了一系列重要举措。《欧盟数据治理法案》作为《欧盟数据战略》系列举措中的第一项，于2021年10月获得成员国表决通过。该法案旨在"为欧洲共同数据空间的管理提出立法框架"，其中主要对3个数据共享制度进行构架，分别为公共部门的数据再利用制度、数据中介及通知制度和数据利他主义制度，以此确保在符合欧洲公共利益和数据提供者合法权益的条件下，实现数据更广泛的国际共享。

为保证战略的可持续性以及加强公民和企业对政策的支持和信任，2021年9月15日，欧洲委员会提交《通向数字十年之路》提案，该提案以《2030数字指南针：欧洲数字十年之路》为基础，为欧盟数字化目标的落地提供具体治理框架，具体包括：建立监测系统以衡量各成员国目标进展；评估数字化发展年度报告并提供行动建议；各成员国提交跨年度的数字十年战略路线图等。

1.4.4　韩国

多年来，韩国的智能终端普及率以及移动互联网接入速度一直位居世界前列，这使得其数据产出量也达到了世界先进水平。为了充分利用这一天然优势，韩国很早就制定了大数据发展战略，并力促大数据担当经济增长的引擎。在韩国政府倡导的"创意经济"国家发展方针指导下，韩国多个部门提出了具体的大数据发展计划，包括2011年韩国科学技术政策研究院以"构建英特尔综合数据库"为基础的"大数据中心战略"，以及2012年韩国国家科学技术委员会制定的大数据未来发展环境战略计划，其中，2012年由未来创造科学部牵头的"培养大数据、云计算系统相关企业1000个"的国家级大数据发展计划，已经通过《第五次国家信息化基本计划（2013—2017）》等多项具体发展战略落实到生产层面。2016年年底，韩国发布以大数据等技术为基础的《智能信息社会中长期综合对策》，以积极应对第四次工业革命的挑战。

1.4.5　日本

2010年5月，日本发达信息通信网络社会推进战略本部（简称IT战略本部）发布了以实现国民本位的电子政府、加强地区间的互助关系等为目标的《信息通信技术新战略》。2012年6月，日本IT战略本部发布电子政务开放数据战略草案，迈出了政府数据公开的关键性一步。2012年7月，日本政府推出了《面向2020年的ICT综合战略》，大数据成为发展的重点。2013年6月，日本公布新IT战略——"创新最尖端IT国家宣言"，明确了2013—2020年期间以发展开放公共数据为核心的日本新IT国家战略。在应用当中，日本的大数据战略已经发挥了重要作用，ICT（Information and Communication Technology，信息与通信技术）与大数据信息能力的结合，对协助解决抗灾救灾和核电事故等公共问题的贡献明显。2021年6月，日本政府发布《综合数据战略》，旨在建设日本打造世界顶级数字国家所需的数字基础，同时，明确了数据战略的基本思路，制定了社会愿景以及实现该愿景的基本行动指南。2021年9月，日本政府专门成立日本数字厅，旨在迅速且重点推进数字社会进程。

1.4.6　中国

在我国，发展大数据也受到高度重视，我国的大数据发展历程如图1-6所示。2015年以来，在国家和各级政府的大力推动下，大数据产业加速演进和迭代，政策环境持续优化，管理体制日益完善，产业融合加快发展，数据价值逐渐释放。

图1-6　我国的大数据发展历程

2015年8月，国务院印发了《促进大数据发展行动纲要》。党的十八届五中全会将大数据上升为国家战略。党的十九大报告明确指出："推动互联网、大数据、人工智能和实体经济深度融合"。2018年4月22日—24日，首届数字中国建设峰会（其重要组成部分见图1-7）在福建省福州市举行，围绕"以信息化驱动现代化，加快建设数字中国"主题，来自各省（自治区、直辖市）网信部门负责人、行业组织负责人、产业界代表、专家学者以及智库代表等约800人出席峰会，就建设网络强国、数字中国、智慧社会等热点议题进行交流分享。

图1-7　首届数字中国建设成果展览会

2021年3月13日，新华社公布了《中华人民共和国国民经济和社会发展第十四个五年规划和2035年远景目标纲要》（简称"十四五"规划纲要）。在"十四五"规划纲要中，"数据"和"大数据"成为高频词汇，并指出大数据在"打造数字经济新优势、加快数字社会建设步伐、提高数字政府建设水平、营造良好数字生态"中具有重要地位。结合大数据发展面临的问题和大数据产业发展的趋势，"十四五"规划纲要对未来大数据发展进行总体部署，将构建全国一体化大数据中心，发展第三方大数据服务产业，完善数据分类分级保护，加强涉及国家利益、商业秘密、个人隐私的数据保护，发展数据要素市场，加强数据产权制度建设，推动数据跨境安全有序流动，建设公安大数据平台，推进城市数据大脑建设，提高数字化政务服务效能等十大领域作为"十四五"时期发展的重点。整体看，"十四五"期间国家强调数据治理和数据要素潜能释放。

2021年11月，工业和信息化部印发《"十四五"大数据产业发展规划》，在响应国家"十四五"

规划的基础上，围绕"价值引领、基础先行、系统推进、融合创新、安全发展、开放合作"六大基本原则，针对"十四五"期间大数据产业的发展制定了 5 个发展目标、6 项主要任务、6 项具体行动以及 6 个方面的保障措施，同时指出在当前我国迈入数字经济的关键时期，大数据产业将步入"集成创新、快速发展、深度应用、结构优化"的新阶段。

2023 年 2 月，中共中央、国务院印发了《数字中国建设整体布局规划》（以下简称《规划》）。《规划》指出，建设数字中国是数字时代推进中国式现代化的重要引擎，是构筑国家竞争新优势的有力支撑。加快数字中国建设，对全面建设社会主义现代化国家、全面推进中华民族伟大复兴具有重要意义和深远影响。《规划》提出，到 2025 年，基本形成横向打通、纵向贯通、协调有力的一体化推进格局，数字中国建设取得重要进展。数字基础设施高效联通，数据资源规模和质量加快提升，数据要素价值有效释放，数字经济发展质量效益大幅增强，政务数字化智能化水平明显提升，数字文化建设跃上新台阶，数字社会精准化普惠化便捷化取得显著成效，数字生态文明建设取得积极进展，数字技术创新实现重大突破，应用创新全球领先，数字安全保障能力全面提升，数字治理体系更加完善，数字领域国际合作打开新局面。到 2035 年，数字化发展水平进入世界前列，数字中国建设取得重大成就。数字中国建设体系化布局更加科学完备，经济、政治、文化、社会、生态文明建设各领域数字化发展更加协调充分，有力支撑全面建设社会主义现代化国家。

2023 年 10 月 25 日，国家数据局正式揭牌。组建国家数据局有几个重要价值：第一，有利于统一领导和协调数据资源管理，提高数据资源整合共享和开发利用的效率与效果，为数字中国建设提供更加有力的支撑；第二，有利于加强数字技术创新体系的建设，推动数字技术和各领域千行百业的深度融合，为数字经济发展提供强大动力；第三，有利于完善数字安全屏障体系的建设，加强数据安全保护和监管，为数字社会治理提供坚实保障，通过完善相关立法和标准的规范明确数据安全责任主体和义务要求，通过加强数据安全监测预警和应急处理能力来及时发现并处置各类数据安全事件，通过加强数据安全的宣传教育和培训活动来提高公众和企业相关数据安全意识与能力等；第四，有利于优化数字化发展的国际国内环境，加强国际交流合作，比如，通过参与制定国际数字规则和标准，维护我国在数字领域的正当权益。为深入贯彻党的二十大和中央经济工作会议精神，落实《中共中央 国务院关于构建数据基础制度更好发挥数据要素作用的意见》，充分发挥数据要素乘数效应，赋能经济社会发展，国家数据局会同有关部门于 2023 年 12 月 31 日制定发布了《"数据要素 ×"三年行动计划（2024—2026 年）》，并选择了工业制造、现代农业、商贸流通、交通运输、金融服务、科技创新、文化旅游、医疗健康、应急管理、气象服务、城市治理、绿色低碳等作为重点推进领域。

过去几年，大数据产业政策体系日益完善，相关政策内容已经从宏观的总体规划方案逐渐向微观细分领域深入。工业和信息化部、交通运输部、公安部、农业农村部等均推出了关于大数据的发展意见、实施方案、计划等，推动各行业应用大数据。另外，大数据技术攻关政策、安全保障政策、产业关联政策等日益完善，为大数据产业发展提供保障。

与此同时，为了加快推进大数据战略的落地实施，我国构建了以国家大数据实验室为引领的战略科技力量。目前，全国与大数据相关的国家和省级实验室已有数百家，近年来这些实验室围绕国家大数据战略，汇集高端人才和创新要素，面向世界科技前沿、面向经济主战场、面向国家重大需求、面向人民生命健康，不断探索大数据的前沿领域并在大数据关键核心技术创新方面不断突破，引领大数据产业创新发展。从分类来看，国家和省级大数据实验室主要包括大数据技术攻关、大数据关联技术攻关、大数据融合应用技术攻关、大数据底层技术攻关四大类。大数据应用方面，数据分析和数据认知分析技术受重视程度高；大数据关联技术方面，可以明显看到大数据不再作为纯粹独立的技术，其与虚拟现实、云计算、物联网、人工智能、工业互联网等技术交叉融合态势日趋增强，通过紧密相关的信息技术发展体现其价值；大数据融合应用方面，健康医疗、工业、交通等领域的大数据融合应用技术加快突破和创新，大数据融合应用重点从虚拟经济转变为实体经济，各细分实体产业应用场景的拓展和深入挖掘将成为这类国家实验室关注焦点；大数据底层技术方面，信息安全、模式识别、语言工程、计算机辅助设计、高性能计算等加快突破，大数据技术领域逐渐补齐短板，并进一步强化长板，增强大数据产业质量和安全。

政府部门对于大数据的管理是我国大数据战略的重点，大数据管理局等政府职能部门应运而生，像雨后春笋般在各地挂牌并开始运转，如广东省政务服务和数据管理局、浙江省大数据发展管理局、江苏省大数据管理中心、山东省大数据局、广西壮族自治区大数据发展局、上海市大数据中心、江西省大数据中心等。大数据管理局的主要职责为：研究拟定并组织实施大数据发展战略、规划和政策措施，引导和推动大数据研究和应用工作；组织拟定大数据的标准体系和考核体系，拟定大数据收集、管理、开放、应用等标准规范；负责以大数据为引领的信息产业行业管理，统筹推进社会经济各领域大数据开发应用；组织并实施互联网行动计划，组织协调市级互联网应用工程；促进政府数据资源的共享和开放；统筹协调信息安全保障体系建设等。

以大数据为核心的新一代信息技术革命，正加速推动我国各领域的数字化转型升级。大数据技术的广泛应用，加速了数据资源的汇集整合与开放共享，形成了以数据流为牵引的社会分工协作新体系，促进了传统产业的转型升级，催生了一批新业态和新模式，助力"数字中国"战略落地。"数字中国"的内涵日益丰富，除了包含数字经济、数字社会、数字政府之外，新增数字生态，这将是大数据产业发展的新动能。其中，数字经济建设以经济结构优化为目标，将大数据与数字技术融合以实现数字产业化、产业数字化；数字社会建设强调以大数据赋能公共服务，进行社会治理、提供便民服务，助力完善城市公共服务能力，提升城市的发展能级；数字政府建设涵盖公共数据开放、政府数据资源的信息化，以及数字政务服务，着重提升政府的执政效率；数字生态建设强调建立健全数据要素市场秩序、规范数据规则等，主要包括对数据安全、数据交易和跨境传输等的管理，营造良好的数字生态。

1.5　大数据的概念

随着大数据时代的到来，"大数据"已经成为互联网信息技术行业的流行词汇。关于"什么是大数据"这个问题，大家比较认可关于大数据的"4V"说法。大数据的4个"V"，或者说是大数据的4个特点，包含4个层面：数据量大（Volume）、数据类型繁多（Variety）、处理速度快（Velocity）和价值密度低（Value）。

1.5.1　数据量大

从数据量的角度而言，大数据泛指无法在可容忍的时间内用传统信息技术和软硬件工具对其进行获取、管理和处理的巨量数据集合，需要可伸缩的计算体系结构以支持其存储、处理和分析。按照这个标准来衡量，很显然，目前的很多应用场景中所涉及的数据量都已经具备了大数据的特征。比如，微博、微信、抖音等应用平台每天由网民发布的海量信息，属于大数据；再比如，遍布我们工作和生活的各个角落的各种传感器和摄像头，每时每刻自动产生的大量数据，也属于大数据。

据IDC预测，2025年全球数据量将高达175ZB（见表1-4），2030年全球数据量将达到2500ZB。其中，中国数据量增长速度最为迅猛，预计2025年将增至48.6ZB，占全球数据量的27.8%，平均每年的增长速度比全球快 3%，中国将成为全球最大的数据圈。

随着数据量的不断增加，数据所蕴含的价值会从量变发展到质变。举例来说，有一张照片，照片里的人在骑马。受到照相技术的制约，早期我们每分钟只能拍 1 张照片，随着照相设备的不断改进，处理速度越来越快，发展到后期，就可以 1 秒钟拍 1 张照片，而当有一天发展到 1 秒钟可以拍 10 张照片以后，就产生了电影。当数量的增长实现质变时，就由一张照片变成了一部电影。同样的量变到质变过程，也会发生在数据量的增加过程之中。

表1-4　数据存储单位之间的换算关系

单位	换算关系
B（byte，字节）	1B=8bit
KB（kilobyte，千字节）	1KB=1024B
MB（megabyte，兆字节）	1MB=1024KB
GB（gigabyte，吉字节）	1GB=1024MB
TB（terabyte，太字节）	1TB=1024GB
PB（petabyte，拍字节）	1PB=1024TB
EB（exabyte，艾字节）	1EB=1024PB
ZB（zettabyte，泽字节）	1ZB=1024EB

1.5.2　数据类型繁多

大数据的数据来源众多，科学研究、企业应用和 Web 应用等都在源源不断地生成新的类型繁多的数据。生物大数据、交通大数据、医疗大数据、电信大数据、电力大数据、金融大数据等，都呈现"井喷式"增长，所涉及的数量巨大，已经从 TB 级别跃升到 PB 级别。各行各业，每时每刻，都在不断生成各种不同类型的数据。

（1）消费者大数据。中国移动拥有超过 8 亿的用户，每天获取的新数据达到 14TB，累计存储量超过 300PB；阿里巴巴的月活跃用户超过 5 亿，单日新增数据超过 50TB，累计超过数百 PB；百度月活跃用户近 7 亿，每天处理数据达到 100PB；腾讯月活跃用户超过 9 亿，数据每日新增数百 TB，总存储量达到数百 PB；京东每日新增数据 1.5PB，2016 年累计数据达到 100PB，年增 300%；今日头条日活跃用户 3000 万，日处理数据量 7.8PB；30% 国人用外卖，周均 3 次，美团用户达 6 亿，数据超过 4.2PB；滴滴打车用户超过 4.4 亿，每日新增轨迹数据 70TB，处理数据超过 4.5PB；我国共享单车市场，拥有 2 亿用户和超过 700 万辆自行车，每天骑行超过 3000 万次，每天产生 30TB 数据；携程旅行网每天线上访问量上亿，每日新增数据量 400TB，存储量超过 50PB；小米公司的联网激活用户超过 3 亿，小米云服务数据总量达 200PB。

（2）金融大数据。据不完全统计，中国平安有 8.8 亿客户的脸谱和信用信息以及 5000 万个声纹库；中国工商银行拥有 5.5 亿个人客户，全行数据超过 60PB；中国建设银行用户超过 5 亿，手机银行用户达到 1.8 亿，网银用户超过 2 亿，数据存储能力达到 100PB；中国农业银行拥有 5.5 亿个人客户，日梳理数据达到 1.5TB，数据存储量超过 15PB；中国银行拥有 5 亿个人客户，手机银行客户达到 1.15 亿，电子渠道业务替代率达到 94%。

（3）医疗大数据。一个人拥有 10^{14} 个细胞，10^9 个碱基，一次全面的基因测序产生的个人数据可以达到 100GB~600GB。华大基因公司 2017 年产出的数据达到 1EB。在医学影像中，一次 3D 核磁共振检查可以产生 150MB 数据，一张 CT 图像可达 150MB。2015 年，美国平均每家医院需要管理 665TB 数据量，个别医院年增数据达到 PB 级别。

（4）城市大数据。一个传输速率为 8Mbit/s 摄像头产生的数据量是 3.6GB/h，1 个月产生数据量为 2.59TB。很多城市的摄像头多达几十万个，一个月的数据量达到数百 PB，若需保存 3 个月，则存储的数据量会达到 EB 量级。北京市政府部门数据总量在 2011 年达到 63PB，2012 年达到 95PB，2018 年达到数百 PB。

（5）工业大数据。罗尔斯·罗伊斯（Rolls Royce）公司对飞机引擎做一次仿真，会产生数十 TB

的数据。一个汽轮机的扇叶在加工中就可以产生0.5TB的数据，扇叶生产每年会收集3PB的数据。叶片运行数据为588GB/d。美国通用电气公司在出厂飞机的每个引擎上装20个传感器，每引擎每飞行小时能产生20TB数据并通过卫星回传，每天可收集PB级数据。清华大学与金风科技共建风电大数据平台，2万台风机年运维数据为120PB。

综上所述，大数据的数据类型非常丰富，但是，总体而言可以分成两大类，即结构化数据和非结构化数据，其中，前者占10%左右，主要是指存储在关系数据库中的数据，后者占90%左右，种类繁多，主要包括邮件、音频、视频、位置信息、链接信息、手机呼叫信息、网络日志等。

类型繁多的异构数据，对数据处理和分析技术提出了新的挑战，也带来了新的机遇。传统数据主要存储在关系数据库中，但是，在类似Web 2.0等应用领域中，越来越多的数据开始被存储在NoSQL数据库中，这就必然要求在集成的过程中进行数据转换，而这种转换的过程是非常复杂和难以管理的。传统的OLAP和商务智能工具大都面向结构化数据，而在大数据时代，用户友好的、支持非结构化数据分析的商业软件将迎来广阔的市场空间。

1.5.3 处理速度快

大数据时代的数据产生速度非常快。在Web 2.0应用领域，在1分钟内，新浪可以产生2万条微博，Twitter（已更名为X）可以产生10万条推文，百度可以产生90万次搜索查询，Facebook可以产生600万次浏览量。大名鼎鼎的大型强子对撞机（Large Hadron Collider, LHC），大约每秒产生6亿次的碰撞，每秒生成约700MB的数据，有成千上万台计算机分析这些碰撞。

大数据时代的很多应用，都需要基于快速生成的数据给出实时分析结果，用于指导生产和生活实践，因此，数据处理和分析的速度通常要达到秒级甚至毫秒级响应，这一点和传统的数据挖掘技术有着本质的不同，后者通常不要求给出实时分析结果。为了实现快速分析海量数据的目的，新兴的大数据分析技术通常采用集群处理和独特的内部设计。

1.5.4 价值密度低

大数据虽然看起来很美好，但是，其价值密度却远远低于传统关系数据库中已经有的那些数据。在大数据时代，很多有价值的信息都是分散在海量数据中的。以小区监控视频为例，如果没有意外事件发生，连续不断产生的数据都是没有任何价值的，当发生偷盗等意外情况时，也只有记录了事件过程的那一小段视频是有价值的。但是，为了能够获得发生偷盗等意外情况时的那一小段视频，我们不得不投入大量资金购买监控设备、网络设备、存储设备，并耗费大量的电能和存储空间，来保存摄像头连续不断传来的监控数据。

如果这个实例还不够典型的话，那么我们可以想象另一个更大的场景。假设一个电子商务网站希望通过微博数据进行有针对性营销，为了实现这个目的，就必须构建一个能存储和分析新浪微博数据的大数据平台，使之能够根据用户微博内容进行有针对性的商品需求趋势预测。这一愿景很美好，但是，现实代价很大，可能需要耗费几百万元构建整个大数据团队和平台，而最终带来的企业销售利润增加额可能会比投入低许多，从这点来说，大数据的价值密度是较低的。

1.6 大数据的影响

大数据对科学研究、思维方式和社会发展都具有重要而深远的影响。在科学研究方面，大数据使得人类科学研究在经历了实验科学、理论科学、计算科学3种范式之后，迎来了第四种范式——数据密集型科学；在社会发展方面，大数据决策逐渐成为一种新的决策方式，大数据应用有力促进了信息技术与各行业的深度融合，大数据开发大大推动了新技术和新应用的不断涌现，等等；在就业市场方面，大数据的兴起使得数据科学家成为热门职业；在人才培养方面，大数据的兴起将在很大程度上改变中国高校信息技术相关专业的现有教学和科研体制。

1.6.1　大数据对科学研究的影响

大数据最根本的价值在于为人类提供了认识复杂系统的新思维和新手段。图灵奖获得者、数据库专家吉姆·格雷（Jim Gray）博士观察并总结出，人类自古以来在科学研究上先后历经了实验科学、理论科学、计算科学和数据密集型科学4种范式（见图1-8），具体如下。

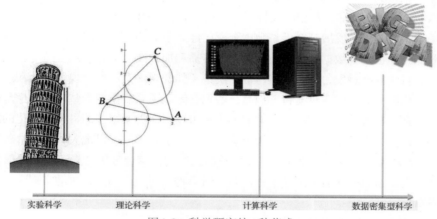

图1-8　科学研究的4种范式

（1）第一种范式：实验科学。在最初的科学研究阶段，人类采用实验来解决一些科学问题，著名的比萨斜塔实验就是一个典型实例。1590年，伽利略在比萨斜塔上做了"两个铁球同时落地"的实验，得出了质量不同的两个铁球同时下落的结论，从此推翻了亚里士多德"物体下落速度和质量成比例"的结论，纠正了这个持续了1900年之久的错误结论。

（2）第二种范式：理论科学。实验科学的研究会受到当时实验条件的限制，难以完成对自然现象更精确的理解。随着科学的进步，人类开始采用各种数学、几何、物理等理论，构建问题模型和解决方案。比如牛顿第一定律、牛顿第二定律、牛顿第三定律构成了牛顿力学的完整体系，奠定了经典力学的概念基础，它的广泛传播和运用对人们的生活和思想产生了重大影响，在很大程度上推动了人类社会的发展与进步。

（3）第三种范式：计算科学。随着1946年人类历史上第一台计算机ENIAC的诞生，人类社会开始步入计算机时代，科学研究也进入了一个以"计算"为中心的全新时期。在实际应用中，计算科学主要用于对各个科学问题进行计算机模拟和其他形式的计算。通过设计算法并编写相应程序输入计算机运行，人类可以借助于计算机的高速运算能力去解决各种问题。计算机具有存储容量大、运算速度快、精度高、可重复执行等特点，是科学研究的利器，推动了人类社会的飞速发展。

（4）第四种范式：数据密集型科学。随着数据的不断累积，其宝贵价值得到体现，物联网和云计算的出现，更是促成了事物发展从量变到质变的转变，使人类社会开启了全新的大数据时代，这时，计算机将不仅能做模拟仿真，还能进行分析总结，得到理论。在大数据环境下，一切将以数据为中心，从数据中发现问题、解决问题，真正体现数据的价值。大数据将成为科学工作者的宝藏，从数据中可以挖掘未知模式和有价值的信息，服务于生产和生活，推动科技创新和社会进步。虽然第三种范式和第四种范式都利用计算机进行计算，但二者还是有本质的区别的。在第三种范式中，一般是先提出可能的理论，再搜集数据，然后通过计算来验证。而在第四种范式中，则是先有了大量已知的数据，然后通过计算得出之前未知的理论。

1.6.2 大数据对社会发展的影响

大数据将会对社会发展产生深远的影响，具体表现在以下几个方面：大数据决策成为一种新的决策方式；大数据成为提升国家治理能力的新途径；大数据应用促进信息技术与各行业的深度融合；大数据开发推动新技术和新应用的不断涌现。

1. 大数据决策成为一种新的决策方式

根据数据制定决策，并非大数据时代特有的。从20世纪90年代开始，数据仓库和商务智能工具就开始大量用于企业决策。发展到今天，数据仓库已经是集成的信息存储仓库，既具备批量和周期性的数据加载能力，也具备数据变化的实时探测、传播和加载能力，并能结合历史数据和实时数据实现查询分析和自动规则触发，从而提供对战略决策（如宏观决策和长远规划等）和战术决策（如实时营销和个性化服务等）的双重支持。但是，数据仓库以关系数据库为基础，无论是数据类型还是数据量方面都存在较大的限制。现在，大数据决策可以面向类型繁多的、非结构化的海量数据进行决策分析，已经成为受到追捧的全新决策方式。比如，政府部门可以把大数据技术融入"舆情分析"，通过对论坛、微博、微信、社区等多种来源的数据进行综合分析，弄清或测验信息中本质性的事实和趋势，揭示信息中含有的隐性情报内容，对事物发展做出预测，协助实现政府决策，有效应对各种突发事件。

2. 大数据成为提升国家治理能力的新途径

大数据是提升国家治理能力的新途径，政府可以透过大数据揭示政治、经济、社会事务中传统技术难以展现的关联关系，并对事物的发展趋势做出准确预判，从而在复杂情况下做出合理、优化的决策；大数据是促进经济转型增长的新引擎，大数据与实体经济深度融合，将大幅度推动传统产业提质增效，促进经济转型、催生新业态，同时，对大数据的采集、管理、交易、分析等业务也正在催生巨大的新兴市场；大数据是提升社会公共服务能力的新手段，通过打通各政府、公共服务部门的数据，促进数据流转共享，将有效促进行政审批事务的简化，提高公共服务的效率，更好地服务民生，提升人民群众的获得感和幸福感。

3. 大数据应用促进信息技术与各行业的深度融合

有专家指出，大数据将会在未来10年改变几乎每一个行业的业务功能。在互联网、银行、保险、交通、材料、能源、服务等行业，不断累积的大数据将加速推进这些行业与信息技术的深度融合，开拓行业发展的新方向。比如，大数据可以帮助快递公司选择运费成本最低的最佳行车路径，协助投资者选择收益最大化的股票投资组合，辅助零售商有效定位目标客户群体，帮助互联网公司实现广告精准投放，以及让电力公司做好配送电计划确保电网安全，等等。总之，大数据所触及的每个角落，我们的社会生产和生活都会因之而发生巨大而深刻的变化。

4. 大数据开发推动新技术和新应用的不断涌现

大数据的应用需求是大数据新技术开发的源泉。在各种应用需求的强烈驱动下，各种突破性的大数据技术将被不断提出并得到广泛应用，数据的能量也将不断得到释放。在不远的将来，原来那些依靠人类自身判断力的领域应用，将逐渐被各种基于大数据的应用所取代。比如，今天的汽车保险公司，只能凭借少量的车主信息，对客户进行简单类别划分，并根据客户的汽车出险次数给予相应的保费优惠方案，客户选择哪家保险公司都没有太大差别。随着车联网的出现，"汽车大数据"将会深刻改变汽车保险业的商业模式，如果某家商业保险公司能够获取客户汽车的相关细节信息，并利用事先构建的数学模型对客户等级进行更加细致的判定，给予更加个性化的"一对一"优惠方案，那么毫无疑问，这家保险公司将具备明显的市场竞争优势，获得更多客户的青睐。

1.6.3　大数据对就业市场的影响

大数据的兴起使数据科学家成为热门职业。2010年的时候，在高科技劳动力市场上还很难见到数据科学家的职位，但此后，数据科学家逐渐发展成为市场上最热门的职位之一，具有广阔发展前景，并代表着未来的发展方向。

互联网企业和零售、金融类企业都在积极争夺大数据人才，数据科学家成为大数据时代非常紧缺的人才。国内有大数据专家估算过，目前国内的大数据人才缺口达到130万，以大数据应用较多的互联网金融为例，近两年这一行业以每年近4倍的速度增长，仅互联网金融需要的大数据人才就在迅速增长。

目前，中国用户目前还主要局限在结构化数据分析方面，尚未进入通过对半结构化和非结构化数据进行分析、捕捉新的市场空间的阶段。但是，大数据中包含大量的非结构化数据，未来将会产生大量针对非结构化数据分析的市场需求，因此，未来中国市场对掌握大数据分析专业技能的数据科学家的需求会逐年递增。

尽管有少数人认为，未来有更多的数据会采用自动化处理，会逐步降低对数据科学家的需求，但是大多数人认为，随着数据科学家给企业所带来的商业价值的日益体现，市场对数据科学家的需求会越发旺盛。

大数据产业是战略性新兴产业和知识密集型产业，大数据企业对大数据高端人才和复合人才的需求旺盛。各企业除了追求大数据人才的数量之外，为提高自身技术壁垒和竞争实力，企业对大数据人才的质量提出了更高的期待，拥有数据架构、数据挖掘与分析、产品设计等专业技能的大数据人才备受企业关注，高层次大数据人才市场供不应求。企业调研结果显示，大数据人才需求岗位TOP10的需求度为31.1%~68.9%，其中大数据架构师成为大数据相关企业需求度最大的岗位，68.9%的企业需要这类人才；超过50%的企业需要大数据工程师、数据产品经理、系统研发人员。大数据人才需求岗位TOP10中的其他岗位分别为数据分析师、应用开发人员、数据科学家、机器学习工程师、数据挖掘分析师、数据建模师。

1.6.4　大数据对人才培养的影响

大数据的兴起，将在很大程度上改变中国高校信息技术相关专业的现有教学和科研体制。一方面，数据科学家是需要掌握统计、数学、机器学习、可视化、编程等多方面知识的复合型人才，在中国高校现有的学科和专业设置中，上述专业知识分布在数学、统计和计算机等多个学科中，任何一个学科往往都只能培养某个方向的专业人才，难以培养全面掌握数据科学相关知识的复合型人才。另一方面，数据科学家需要大数据应用实战环境，在真正的大数据环境中不断学习、实践并融会贯通，将自身技术背景与所在行业业务需求深度融合，从数据中发现有价值的信息，但是，目前大多高校还不具备这种培养环境，不仅缺乏大规模基础数据，也缺乏对领域业务需求的理解。鉴于上述两个原因，目前国内的数据科学家往往不是由高校培养的，而主要是在企业实际应用环境中通过边工作边学习的方式不断成长起来的，其中，互联网领域集中了大多数的数据科学家。

在未来5~10年，市场对数据科学家的需求会日益增加，不仅互联网企业需要数据科学家，类似金融、电信这样的传统企业在大数据项目中也需要数据科学家。由于高校目前尚未具备大量培养数据科学家的基础和能力，传统企业很可能会从互联网行业"挖墙脚"，来满足企业发展对数据分析人才的需求，继而造成用人成本高企，制约企业的成长壮大。因此，高校应该秉承"培养人才、服务社会"的理念，充分发挥科研和教学综合优势，培养一大批具备数据分析基础能力的数据科学家，有效缓解数据科学家的市场缺口，为促进经济社会发展做出更大贡献。目前，国内很多高校开始设立大数据专业或者开设大数据课程，加快推进大数据人才培养体系的建立。2014年，中国科学院大学开设首个"大数据技术与应用"专业，面向科研发展及产业实践，培养信息技术与行业需求结合的复合型大数据人才；同年，清华大学成立数据科学研究院，推出多学科交叉培养的大数据硕士项目；2015年10月，复旦大学大数据学院成立，在数学、统计学、计算机、生命科学、医学、经济学、社会学、传播学等多学科交叉融合的基础上，聚焦大数据学科建设、研究应用和复合型人才培养；2016年9月，华东师范大学数据科学与工程学院成立，新设置的本科专业"数据科学与工程"，是该校除"计算机科学与技术"和"软件工程"以外，第三个与计算机相关的本科专业。2013年，厦门大学开始在研究生层面开设大数据课程，并建设了国内高校首个大数据课程公共服务平台，为全国高校开展大数据教学提供一站式免费服务。

2016年，北京大学、对外经济贸易大学、中南大学成为国内首批设立"数据科学与大数据技术专业"的高校，到2023年，全国累计有1000余所高校设立大数据相关专业。教育部《普通高等学校本科专业备案和审批结果》相关数据显示，数据科学与大数据技术是2016—2020年高校新增数量最多的专业。2017—2020年，大数据相关专业新增数量在新增专业数量排行榜中均位居前列，数据科学、智能化应用等专业受到高校普遍重视。

高校培养数据科学家需要采取"两条腿"走路的策略，即"引进来"和"走出去"。所谓"引进来"，是指高校要加强与企业的紧密合作，从企业引进相关数据，为学生搭建起接近企业应用实际的、仿真的大数据实战环境，让学生有机会理解企业业务需求和数据形式，为开展数据分析奠定基础；同时，从企业引进具有丰富实战经验的高级人才，承担起数据科学家相关课程教学任务，切实提高教学质量、水平和实用性。所谓"走出去"，是指积极鼓励和引导学生走出校园，进入互联网、金融、电信等具备大数据应用环境的企业去开展实践活动；同时，努力加强产、学、研合作，创造条件让高校教师参与到企业大数据项目中，实现理论知识与实际应用的深层次融合，锻炼高校教师的大数据实战能力，为更好培养数据科学家奠定基础。

在课程体系的设计上，高校应该打破学科界限，设置跨院系、跨学科的"组合课程"，由来自计算机、数学、统计等不同院系的教师构建联合教学师资力量，多方合作，共同培养具备大数据分析基础能力的数据科学家，使其全面掌握包括数学、统计学、数据分析、商业分析和自然语言处理等在内的系统知识，具有独立获取知识的能力，并具有较强的实践能力和创新意识。

1.7 大数据的应用

大数据价值创造的关键在于大数据的应用。随着大数据技术飞速发展，大数据应用已经融入各行各业，大数据应用的层次也在不断深化。

1.7.1　大数据在各个领域的应用

"数据，正在改变甚至颠覆我们所处的整个时代"，《大数据时代》一书作者维克托·迈尔-舍恩伯格教授发出如此感慨。发展到今天，大数据已经无处不在，融入了金融、汽车、零售、餐饮、电信、能源、政务、医疗、体育和娱乐等在内的社会各领域，表1-5所示是大数据在各个领域的应用情况。

表1-5　大数据在各个领域的应用情况

领域	大数据的应用情况
制造领域	利用工业大数据提升制造业水平，包括产品故障诊断与预测、分析工艺流程、改进生产工艺、优化生产过程能耗、工业供应链分析与优化、生产计划排程
金融领域	大数据在高频交易、市场情绪分析和信贷风险分析三大金融创新领域发挥重要作用
汽车领域	利用大数据和物联网技术的无人驾驶汽车，在不远的未来将走入我们的日常生活
互联网领域	借助大数据技术，可以分析客户行为，进行商品推荐和有针对性的广告投放
餐饮领域	利用大数据实现餐饮O2O（Online to Offline，线上线下商务）模式，改变传统餐饮经营方式
电信领域	利用大数据技术实现客户离网分析，及时掌握客户离网倾向，出台客户挽留措施
能源领域	随着智能电网的发展，电力公司可以掌握海量用户的用电信息，利用大数据技术分析用户用电模式，可以改进电网运行，合理地设计电力需求响应系统，确保电网运行安全
物流领域	利用大数据优化物流网络，提高物流效率，降低物流成本
城市管理领域	利用大数据实现智能交通、环保监测、城市规划和智能安防
生物医学领域	利用大数据可以帮助我们实现流行病预测、智慧医疗、健康管理，同时还可以帮助我们解读DNA，了解更多的生命奥秘
体育和娱乐领域	利用大数据可以帮助我们训练球队，决定投拍哪种题材的影视作品，以及预测比赛结果
安全领域	政府可以利用大数据技术构建起强大的国家安全保障体系，企业可以利用大数据抵御网络攻击，警察可以借助大数据来预防犯罪
个人生活领域	大数据可以利用与每个人相关联的"个人大数据"，分析个人生活习惯，为其提供更加周到的个性化服务

就企业而言，对大数据的掌握程度可以转化为经济价值的源泉。一些公司已经把商业活动的每一个环节都建立在数据收集、分析和行动的能力之上，尤其是在营销方面。eBay公司通过数据分析计算出广告中每一个关键字为公司带来的回报，进行精准的定位营销，优化广告投放，从2007年以来，eBay产品的广告费缩减了99%，而顶级卖家的销售额在总销售额中上升至32%。淘宝网通过挖掘处理顾客浏览页面和购买记录的数据，为客户提供个性化建议并推荐新的产品，以达到提高销售额的目的。还有的企业利用大数据分析研判市场形势，部署经营战略，开发新的技术和产品，以期迅速占领市场制高点。大数据宛如一股"洪流"注入世界经济，成为全球各个经济领域的重要组成部分。

就政府而言，大数据的发展将会提高政府科学决策水平，通过利用大数据分析社会、经济、人文生活等规律，从而为国家宏观调控、战略决策、产业布局等夯实根基；通过大数据分析社会公众和企业的行为，可以增强政府的公共服务水平；采用大数据技术，还可实现城市管理由粗放式向精细化转变，提高政府社会管理水平。在政治活动领域，大数据时代也翩然而至。美国大选期间，奥巴马团队将大数据应用到大选中，在锁定目标选民、筹集竞选经费、督促选民投票等各个环节，大数据都发挥了至关重要的作用，最终数据驱动的竞选决策帮助奥巴马成功当选美国总统。

在医疗领域，大数据也有不俗表现。医院通过分析采用监测器采集的数百万个新生儿重症监护病房的数据，可以从诸如体温升高、心率加快这样的因素中，研判新生儿是否存在感染潜在致命传染性疾病的可能性，以便为做好预防和应对措施奠定基础，而这些早期的感染信号，并不是经验丰富的医生通过巡视查房就可以发现的。某医院为减少患者感染率和再入院率，对患者多年来的匿名医疗记录，如检查、诊断、治疗资料、人口统计资料等进行了统计分析，发现对出院后的患者进行心理治疗方面的医学干预，可能会更有利于其身体健康。

此外，大数据也悄然地影响着绿茵场上强弱的较量。2014年，巴西"世界杯"比赛中，大数据成为德国队夺冠的秘密武器。美国媒体评论称，"大数据"堪称德国队的"第十二人"。德国队不仅通过大数据来分析自己球员的特色和优势，优化团队配置，提升球队作战能力，还通过分析对手的技术数据，确定相应的战略战术，寻找到在世界杯比赛中的制胜方式。总而言之，大数据的身影无处不在，时时刻刻地在影响和改变着我们的生活以及理解世界的方式。

1.7.2 大数据应用的3个层次

按照数据开发应用深入程度的不同，可将众多的大数据应用分为3个层次。

第一层，描述性分析应用，是指从大数据中总结、抽取相关的信息和知识，帮助人们分析发生了什么，并呈现事物的发展历程。如美国的DOMO公司从其企业客户的各个信息系统中抽取、整合数据，再以统计图表等可视化形式，将数据蕴含的信息推送给不同岗位的业务人员和管理者，帮助其更好地了解企业现状，进而做出判断和决策。

第二层，预测性分析应用，是指从大数据中分析事物之间的关联关系、发展模式等，并据此对事物发展的趋势进行预测。如微软公司纽约研究院研究员戴维·罗思柴尔德（David Rothschild）通过收集和分析证券交易所、社交媒体用户发布的帖子等大量公开数据，建立预测模型，对多届奥斯卡金像奖奖项的归属进行预测。在2014年和2015年，均准确预测了奥斯卡金像奖共24个奖项中的21个。

第三层，指导性分析应用，是指在前两个层次的基础上，分析不同决策将导致的后果，并对决策进行指导和优化。如无人驾驶汽车分析高精度地图数据和海量的激光雷达、摄像头等的实时感知数据，对汽车不同驾驶行为的后果进行预判，并据此指导汽车的自动驾驶。

当前，在大数据应用的实践中，描述性分析应用、预测性分析应用偏多，指导性分析应用等更深层次分析应用偏少。

一般而言，人们做出决策的流程通常包括认知现状、预测未来和选择策略这3个基本步骤。这些步骤也对应了上述大数据应用的3个不同层次。不同层次的应用意味着人类和计算机在决策流程中不同的分工和协作。例如，第一层的描述性分析应用中，计算机仅负责将与现状相关的信息和知识展现给人类专家，而对未来态势的判断及对最优策略的选择仍然由人类专家完成。应用层次越深，计算机承担的任务越多、越复杂，效率提升越大，价值也越大。然而，随着研究应用的不断深入，人们逐渐意识到前期在大数据分析应用中大放异彩的深度神经网络尚存在基础理论不完善、模型不具可解释性、鲁棒性较差等问题。因此，虽然应用层次最深的指导性分析应用当前已在人机博弈等非关键性领域取得较好效果，但是，在自动驾驶、政府决策、军事指挥、医疗健康等应用价值更高且与人类生命、财产、发展和安全紧密关联的领域，要真正获得有效应用，仍面临一系列待解决的重大基础理论和核心技术挑战，大数据应用仍处于初级阶段。

未来，随着应用领域的拓展、技术的提升、数据共享开放机制的完善，以及产业生态的成熟，具有更大潜在价值的预测性分析应用和指导性分析应用将是发展的重点。

1.8　大数据产业

大数据产业是指一切与支撑大数据组织管理和价值发现相关的企业经济活动的集合。大数据产业链的各个环节包括IT基础设施层、数据源层、数据管理层、数据分析层、数据平台层和数据应用层，具体如表1-6所示。

表1-6　大数据产业链的各个环节

产业链环节	包含内容
IT基础设施层	包括提供硬件、软件、网络等基础设施以及提供咨询、规划和系统集成服务的企业，比如，提供数据中心解决方案的IBM、惠普和戴尔等，提供存储解决方案的EMC（易安信），提供虚拟化管理软件的微软、思杰、RedHat（红帽）等
数据源层	大数据生态圈里的数据提供者，是生物（生物信息学领域的各类研究机构）大数据、交通（交通主管部门）大数据、医疗（各大医院、体检机构）大数据、政务（政府部门）大数据、电商（淘宝、天猫、苏宁易购、京东等）大数据、社交网络（微博、微信等）大数据、搜索引擎（百度、谷歌等）大数据等各种数据的来源
数据管理层	包括提供数据抽取、转换、存储和管理等服务的各类企业或产品，如分布式文件系统（如Hadoop的HDFS和谷歌的GFS）、ETL工具（Informatica、DataStage、Kettle等）、数据库和数据仓库（Oracle、MySQL、SQL Server、HBase、Greenplum等）
数据分析层	包括提供分布式计算、数据挖掘、统计分析等服务的各类企业或产品，如分布式计算框架MapReduce、统计分析软件SPSS和SAS、数据挖掘工具Weka、数据可视化工具Tableau、商务智能工具（MicroStrategy、Cognos、BO）等
数据平台层	包括提供数据分享平台、数据分析平台、数据租售平台等服务的企业或产品，如阿里巴巴、谷歌、中国电信、百度等
数据应用层	包括提供智能交通、智慧医疗、智能物流、智能电网等行业应用的企业、机构或政府部门，如交通主管部门、各大医疗机构、菜鸟网络、国家电网等

目前，我国已形成中西部地区、环渤海地区、珠三角地区、长三角地区、东北地区5个大数据产业区。在政府管理、工业升级转型、金融创新、医疗保健等领域，大数据行业应用已逐步深入。一些地方政府也在积极尝试以"大数据产业园"为依托，加快发展本地的大数据产业。大数据产业园是大数据产业的集聚区或大数据技术的产业化项目孵化区，是大数据企业的孵化平台以及大数据企业走向产业化道路的集中区域。2015年，国家将大数据战略提升至国家战略，经过几年的迅猛发展，各地积极建设了一批大数据产业园，能够为新经济、新动能的培育提供优质土壤，支撑本地大数据产业高质量发展。从园区分布区域来看，中国大数据产业园发展水平与所在地区信息技术产业发展水平直接相关。华东、中南地区大数据产业园数量多、种类丰富，特别是湖南、河南均拥有十余个大数据产业园。华北、西南地区大数据产业园数量相对较少，内蒙古、重庆和贵州作为国家大数据综合试验区，积极布局大数据产业园。西北、东北地区在大数据园区建设方面发力不足，仍有较大的进步空间，其中西北地区的甘肃与宁夏作为"东数西算"工程的国家算力枢纽节点，有望以数据流引领物资流、人才流、技术流、资金流在甘肃和宁夏集聚，带动该区域大数据产业园的建设和发展。从园区种类来看，一些地区立足错位发展，建设了一批特色突出的大数据产业园，健康医疗大数据产业园、地理空间大数据产业园、先进制造业大数据产业园等开始涌现，引领大数据产业园特色化创新发展，其中，江苏、山东、安徽、福建等省份均建设了健康医疗大数据产业园。

经过多年的建设与发展，国内涌现出了一批具有代表性的大数据产业园。陕西西咸新区沣西新城在信息产业园中规划了国内首家以大数据处理与服务为特色的产业园区。贵安新区是南方数据中心核心区和全国大数据产业集聚区；贵安新区电子信息产业园是贵安新区发展大数据的重要载体，优先发展以大数据为重点的新一代电子信息产业技术；为解决人才难题，园区开设了华为大数据学院，实现企业化运营管理，为贵安新区培训、输送大批大数据产业技能人才。中关村大数据产业园已经成为大数据产业的集聚区，构建了完善的大数据产业链，覆盖大数据产业的各个环节，在数据源、数据采集、数据处理、数据存储、数据分析、数据可视化、数据应用和数据安全等产业链的不同环节，均有相应的企业在从事数据研究与市场开发。位于重庆市的仙桃数据谷，主要布局大数据、人工智能、物联网等前沿产业，致力于打造具有国际影响力的中国大数据产业生态谷。盐城大数据产业园是江苏省唯一一个省市合作建设的国家级大数据产业基地，已被纳入江苏省互联网经济、云计算和大数据产业发展的总体规划，是中韩产业园的重要组成部分。佛山市南海区大数据产业园，以"互联网+大数据+特色园区"为发展模式，积极引入大数据产业项目，承接北上广深大数据产业转移，培育大数据孵化项目。位于福建省泉州市安溪县龙门镇的中国国际信息技术（福建）产业园（见图1-9），于2015年5月建成投入运营，是福建省第一个大数据产业园，致力于以国际最高等级第三方数据中心为核心，构建以信息技术服务外包为主的绿色生态产业链，打造集数据中心、安全管理、云服务、电子商务、数字金融、信息技术教育、国际交流、投融资环境等功能为一体，覆盖福建、辐射海西的国际一流高科技信息技术产业园区。

图1-9　中国国际信息技术（福建）产业园实景

1.9　大数据与数字经济

在信息化发展历程中，数字化、网络化和智能化是3条并行不悖的主线。数字化奠定基础，实现数据资源的获取和积累；网络化构建平台，促进数据资源的流通和汇聚；智能化展现能力，通过多源数据的融合分析呈现信息应用的类人智能，帮助人类更好地认知复杂事物和解决问题。当前，我们正在进入以数据的深度挖掘和融合应用为主要特征的智能化阶段（信息化3.0）。信息化新阶段开启的一个重要表征是信息技术开始从助力经济发展的辅助工具向引领经济发展的核心引擎转变，进而催生一种新的经济范式——数字经济。大数据是信息技术发展的必然产物，更是信息化进程的新阶段，其发展推动了数字经济的形成与繁荣。

1.9.1　数字经济的概念及其重要意义

"数字经济"一词最早出现于20世纪90年代，因美国学者唐·泰普斯科特（Don Tapscott）1996年出版的《数字经济：网络智能时代的前景与风险》一书而开始受到关注，该书描述了互联网将如何改变世界各类事务的运行模式并引发若干新的经济形式和活动。2002年，美国学者金范秀（Beomsoo

Kim）将数字经济定义为一种特殊的经济形态，其本质为"商品和服务以信息化形式进行交易"。可以看出，这个词早期主要用于描述互联网对商业行为所带来的影响，此外，当时的信息技术对经济的影响尚未具备颠覆性，只是提质增效的助手工具，数字经济一词还属于未来学家关注探讨的对象。

随着信息技术的不断发展与深度应用，社会经济数字化程度不断提升，特别是大数据时代的到来，数字经济一词的内涵和外延发生了重要变化。当前广泛认可的数字经济的定义源自2016年9月二十国集团领导人杭州峰会通过的《二十国集团数字经济发展与合作倡议》，即数字经济是指以使用数字化的知识和信息作为关键生产要素、以现代信息网络作为重要载体、以信息通信技术的有效使用作为效率提升和经济结构优化的重要推动力的一系列经济活动。

数字经济是继农业经济、工业经济之后的主要经济形态。从构成上看，农业经济属单层结构，以农业为主，配合以其他行业，以人力、畜力和自然力为动力，使用手工工具，以家庭为单位自给自足，社会分工不明显，行业间相对独立。工业经济是两层结构，即提供能源动力和行业制造设备的装备制造产业，以及工业化后的各行各业，并形成分工合作的工业体系。数字经济则可分为3个层次：提供核心动能的信息技术及其装备产业、深度信息化的各行各业以及跨行业数据融合应用的数据增值产业。

通常把数字经济分为数字产业化和产业数字化两方面。数字产业化指信息技术产业的发展，包括电子信息制造业、软件和信息服务业、信息通信业等数字相关产业；产业数字化指以新一代信息技术为支撑，传统产业及其产业链上下游全要素的数字化改造，通过与信息技术的深度融合，实现赋值、赋能。从外延看，经济发展离不开社会发展，社会的数字化无疑是数字经济发展的土壤，数字政府、数字社会、数字治理体系建设等构成了数字经济发展的环境，同时，数字基础设施建设以及传统物理基础设施的数字化奠定了数字经济发展的基础。

数字经济呈现3个重要特征。一是信息化引领。信息技术深度渗入各个行业，促成其数字化并积累大量数据资源，进而通过网络平台实现共享和汇聚，通过挖掘数据、萃取知识和凝练智慧，又使行业变得更加智能。二是开放化融合。通过数据的开放、共享与流动，促进组织内各部门间、价值链上各企业间，甚至跨价值链跨行业的不同组织间开展大规模协作和跨界融合，实现价值链的优化与重组。三是泛在化普惠。无处不在的信息基础设施、按需服务的云模式和各种商贸、金融等服务平台降低了参与经济活动的门槛，使得数字经济出现"人人参与、共建共享"的普惠格局。

数字经济未来发展呈现如下趋势。

一是以互联网为核心的新一代信息技术将逐步演化为人类社会经济活动的基础设施，并将对原有的物理基础设施完成深度信息化改造和软件定义，在其支撑下，人类极大地突破沟通和协作的时空约束，推动平台经济、共享经济等新经济模式快速发展。

二是各行业工业互联网的构建将促进各种业态围绕信息化主线深度协作、融合，在完成自身提升变革的同时，不断催生新的业态，并使一些传统业态走向消亡。

三是在信息化理念和政务大数据的支撑下，政府的综合管理服务能力和政务服务的便捷性持续提升，公众积极参与社会治理，形成共策、共商、共治的良好生态。

四是信息技术体系将完成蜕变升华式的重构，释放出远超当前的技术能力，从而使蕴含在大数据中的巨大价值得以充分释放，带来数字经济的爆发式增长。

近年来，互联网、大数据、云计算、物联网、人工智能、区块链等技术加速创新，日益融入经济社会发展各领域全过程，各国竞相制定数字经济发展战略、出台鼓励政策，数字经济发展速度之快、辐射范围之广、影响程度之深前所未有，正在成为重组全球要素资源、重塑全球经济结构、改变全球竞争格局的关键力量。

世界各国高度重视发展大数据和数字经济，纷纷出台相关政策。美国是最早布局数字经济的国家，1998年起美国商务部就发布了《浮现中的数字经济》系列报告，近年来又先后发布了美国数字经济议程、美国全球数字经济大战略等，将发展大数据和数字经济作为实现繁荣和保持竞争力的关键。2014年，欧盟提出数据价值链战略计划，推动围绕大数据的创新，培育数据生态系统；其后又推出欧洲工业数字化战略、欧盟人工智能战略等规划。2021年3月，欧盟发布了《2030数字化指南：实现数字十年的欧洲路径》纲要文件，涵盖了欧盟到2030年实现数字化转型的愿景、目标和途径。日本自2013年开始，每年制定科学技术创新综合战略，从"智能化、系统化、全球化"视角推动科技创新。2017年，俄罗斯将数字经济列入《俄联邦2018—2025年主要战略发展方向目录》，并编制完成俄联邦数字经济规划。

全球数字经济发展迅猛。据中国信息通信研究院数据，2020年，发达国家数字经济规模达到24.4万亿美元，占全球总量的74.7%。发达国家数字经济占国内生产总值比重达54.3%，远超发展中国家27.6%的水平。从增速看，发展中国家数字经济同比名义增长3.1%，略高于发达国家数字经济3.0%的增速。2020年，全球47个国家数字经济增加值规模达到32.6万亿美元，同比名义增长3.0%，产业数字化仍然是数字经济发展的主引擎，占数字经济比重为84.4%。从规模看，美国数字经济继续蝉联世界第一，2020年规模接近13.6万亿美元。从占比看，德国、英国、美国数字经济在国民经济中占据主导地位，占国内生产总值比重超过60%。从增速看，中国数字经济同比增长9.6%，位居全球第一。

我国高度重视发展数字经济，已经将其上升为国家战略。2017年3月5日，国务院总理李克强在政府工作报告中指出，2017年工作的重点任务之一是加快培育壮大新兴产业，促进数字经济加快成长，让企业广泛受益、群众普遍受惠。这是"数字经济"首次被写入政府工作报告。党的十八届五中全会提出，实施网络强国战略和国家大数据战略，拓展网络经济空间，促进互联网和经济社会融合发展，支持基于互联网的各类创新。党的十九大提出，推动互联网、大数据、人工智能和实体经济深度融合，建设数字中国、智慧社会。党的十九届五中全会提出，发展数字经济，推进数字产业化和产业数字化，推动数字经济和实体经济深度融合，打造具有国际竞争力的数字产业集群。我国出台了《网络强国战略实施纲要》《数字经济发展战略纲要》，从国家层面部署推动数字经济发展。这些年来，我国数字经济发展较快、成就显著。根据2021全球数字经济大会的数据，我国数字经济规模已经连续多年位居世界第二。

发展数字经济意义重大，是把握新一轮科技革命和产业变革新机遇的战略选择。一是数字经济健康发展，有利于推动构建新发展格局。构建新发展格局的重要任务是增强经济发展动能、畅通经济循环。数字技术、数字经济可以推动各类资源要素快捷流动、各类市场主体加速融合，帮助市场主体重构组织模式，实现跨界发展，打破时空限制，延伸产业链条，畅通国内外经济循环。二是数字经济健康发展，有利于推动建设现代化经济体系。数据作为新型生产要素，对传统生产方式变革具有重大影响。数字经济具有高创新性、强渗透性、广覆盖性，不仅是新的经济增长点，而且是改造提升传统产业的支点，可以成为构建现代化经济体系的重要引擎。三是数字经济健康发展，有利于推动构筑国家竞争新优势。当今时代，数字技术、数字经济是世界科技革命和产业变革的先机，是新一轮国际竞争重点领域，我国一定要抓住先机、抢占未来的发展制高点。

1.9.2 大数据与数字经济的紧密关系

当前，我国数字经济发展迅速，生态体系正加速形成，而大数据已成为数字经济这种全新经济形态的关键生产要素。通过数据资源的有效利用以及开放的数据生态体系，可以使得数字价值充分释放，从而驱动传统产业的数字化转型升级和新业态的培育发展，提高传统产业劳动生产率，培育新市场和产业新增长点，促进数字经济持续发展创新。

1. 大数据是数字经济的关键生产要素

随着信息通信技术的广泛运用，以及新模式、新业态的不断涌现，人类的社会生产生活方式正在发生深刻的变革，数字经济作为一种全新的经济形态，正逐渐成为全球经济增长重要的驱动力。历史证明，每一次人类社会重大的经济形态变革，必然产生新生产要素，形成先进生产力，如同农业时代以土地和劳动力、工业时代以资本为新的生产要素一样，数字经济作为继农业经济、工业经济之后的一种新兴经济形态，也将产生新的生产要素。

数字经济与农业经济、工业经济不同，它是以新一代信息技术为基础，以海量数据的互联和应用为核心，将数据资源融入产业创新和升级各个环节的新经济形态。一方面，信息技术与经济社会的交汇融合，特别是物联网产业的发展引发数据迅猛增长，大数据已成为社会基础性战略资源，蕴藏着巨大潜力和能量。另一方面，数据资源与产业的交汇融合促使社会生产力发生新的飞跃，大数据成为驱动整个社会运行和经济发展的新兴生产要素，在生产过程中与劳动力、土地、资本等其他生产要素协同创造社会价值。相比其他生产要素，大数据资源具有的可复制、可共享、无限增长和供给的禀赋，打破了自然资源有限供给对增长的制约，为持续增长和永续发展提供了基础与可能，成为数字经济发展的关键生产要素和重要资源。

2. 大数据是发挥数据价值的使能因素

市场经济要求生产要素商品化，以商品形式在市场上通过交易实现流动和配置，从而形成各种生产要素市场。大数据是数字经济的关键生产要素，构建数据要素市场是发挥市场在资源配置中的决定性作用的必要条件，是发展数字经济的必然要求。2015年《促进大数据发展行动纲要》明确提出"引导培育大数据交易市场，开展面向应用的数据交易市场试点，探索开展大数据衍生产品交易，鼓励产业链各环节的市场主体进行数据交换和交易"，大数据发展将重点推进数据流通标准和数据交易体系建设，促进数据交易、共享、转移等环节的规范有序，为构建数据要素市场，实现数据要素的市场化和自由流动提供可能，成为优化数据要素配置、发挥数据要素价值的关键影响因素。

大数据资源更深层次的处理和应用仍然需要使用大数据，通过大数据分析将数据转化为可用信息，是数据作为关键生产要素实现价值创造的路径演进和必然结果。从构建要素市场、实现生产要素市场化流动到数据的清洗分析，数据要素的市场价值提升和自生价值创造无不需要大数据作为支撑，大数据成为发挥数据价值的使能因素。

3. 大数据是驱动数字经济创新发展的重要抓手和核心动能

推动大数据在社会经济各领域的广泛应用，加快传统产业数字化、智能化，催生数据驱动的新兴业态，能够为我国经济转型发展提供新动力。大数据是驱动数字经济创新发展的重要抓手和核心动能。

大数据驱动传统产业向数字化和智能化方向转型升级，是数字经济推动效率提升和经济结构优化的重要抓手。大数据加速渗透和应用到社会经济的各个领域，通过与传统产业进行深度融合，提升传统产业生产效率和自主创新能力，深刻变革传统产业的生产方式和管理、营销模式，驱动传统产业实现数字化转型。电信、金融、交通等服务行业利用大数据探索客户细分、风险防控、信用评价等应用，加快业务创新和产业升级步伐。工业大数据贯穿于工业的设计、工艺、生产、管理、服务等各个环节，使工业系统具备描述、诊断、预测、决策、控制等智能化功能，推动工业走向智能化。利用大数据为农作物栽培、气候分析等农业生产决策提供有力依据，提高农业生产效率，推动农业向数据驱动的智慧生产方式转型。大数据为传统产业的创新转型、优化升级提供重要支撑，引领和驱动传统产业实现数字化转型，推动传统经济模式向形态更高级、分工更优化、结构更合理的数字经济模式演进。

大数据推动不同产业之间的融合创新，催生新业态与新模式不断涌现，是数字经济创新驱动能力的重要体现。首先，大数据产业自身催生出如数据交易、数据租赁服务、分析预测服务、决策外包服务等新兴产业业态，同时推动可穿戴设备等智能终端产品的升级，促进电子信息产业提速发展。其次，大数据与行业应用领域深度融合和创新，使得传统产业在经营模式、盈利模式和服务模式等方面发生变革，涌现出如互联网金融、共享单车等新平台、新模式和新业态。再则，基于大数据的创新创业日趋活跃，大数据技术、产业与服务成为社会资本投入的热点。大数据的共享开放成为促进"大众创业、万众创新"的新动力。由技术创新和技术驱动的经济创新是数字经济实现经济包容性增长和发展的关键驱动力。随着大数据技术被广泛接受和应用，诞生出新产业、新消费、新组织形态，以及随之而来的创业创新浪潮、产业转型升级、就业结构改善、经济提质增效，正是数字经济的内在要求及创新驱动能力的重要体现。

1.10 大数据与5G技术

5G技术是移动通信技术的最新发展，它代表着更快、更稳定、更智能的通信体验。与之前的移动通信技术相比，5G技术具有更高的数据传输速度、更低的延迟和更大的连接数量，具体如下。

（1）5G技术可以提供更高的数据传输速度。理论上，5G网络的数据传输速度可以达到20Gbit/s，是4G的几十倍。这意味着用户可以更快地下载和上传数据，观看高清视频而不会卡顿，以及在几乎实时的情况下进行在线游戏和视频通话。

（2）5G技术具有更低的延迟。延迟是指从发送方发出信号到接收方接收到信号所需要的时间。5G网络的延迟非常低，可以达到毫秒级，这意味着用户可以更快地接收响应，从而减少等待时间，提高交互体验。

（3）5G技术可以支持更大的连接数量。这意味着5G网络可以同时处理更多的设备连接，无论是手机、平板计算机还是物联网设备。这对于物联网、智能家居等应用场景尤为重要，可以实现更加智能化的设备管理和控制。

大数据与5G技术之间存在着紧密的关系，二者是相互促进的。首先，大数据的产生离不开5G技术的支持。随着物联网、云计算、人工智能等技术的快速发展，每天都在产生大量的数据，这些数据来自各个领域，包括社交媒体、金融、医疗、交通等。为了对这些数据进行处理和分析，我们需要高速、低延迟的移动通信技术，而5G技术正好满足了这一需求。其次，大数据的处理和分析也需要5G技术的支持。大数据的特性决定了它需要大规模的存储和计算能力，而5G技术可以提供更高的数据传输速度和更低的延迟，使得大数据的处理和分析更加高效、准确。

1.11 大数据与新质生产力

1.11.1 什么是新质生产力

新质生产力是2023年9月习近平总书记在黑龙江考察调研期间首次提到的新词汇。新质生产力有别于传统生产力。传统生产力以第一次和第二次科技革命和产业革命为基础，以机械化、电气化、化石能源、黑色化（或者说灰色化，即资源消耗多、环境污染比较严重）、不可持续为主要特征。新质生产力以第三次和第四次科技革命和产业革命为基础，以信息化、网络化、数字化、智能化、自动化、绿色化、高效化为主要特征。新质生产力是由技术革命性突破、生产要素创新性配置、产业深度转型升级而催生的当代先进生产力，它以劳动者、劳动资料、劳动对象及其优化组合的质变为基本内涵，以全要素生产率提升为核心标志。

从经济学角度看，新质生产力代表一种生产力的跃迁。它是科技创新在其中发挥主导作用的生产力，具有高效能、高质量的特性，区别于依靠大量资源投入、高度消耗资源能源的生产力发展方式，是摆脱了传统增长路径、符合高质量发展要求的生产力，是数字时代更具融合性、更体现新内涵的生产力。

从信息技术发展的角度而言，新质生产力是指大量运用大数据、人工智能、互联网、云计算等新技术与高素质劳动者、现代金融等要素紧密结合而催生的新产业、新技术、新产品和新业态。

1.11.2　大数据与新质生产力的关系

大数据与新质生产力之间的关系是复杂而深远的。新质生产力是指以现代科技为核心的生产力，大数据则是新质生产力的关键组成部分。二者的关系具体如下。

（1）大数据是新质生产力的关键组成部分。随着互联网、物联网、人工智能等技术的发展，数据已经成为现代社会最重要的资源之一。大数据技术可以帮助人们更好地处理、分析和利用这些数据，从而为企业、政府和社会创造更大的价值。因此，大数据是新质生产力的关键组成部分，它能够推动社会经济的快速发展。

（2）大数据是新质生产力的推动力。大数据技术的应用可以推动新质生产力的发展。例如，通过大数据分析，企业可以更好地了解市场需求和消费者行为，从而优化产品设计和营销策略，提高生产效率和竞争力。同时，大数据技术也可以帮助企业预测市场趋势和风险，从而提前做出战略布局和决策。

（3）大数据是新质生产力的创新源泉。大数据技术的应用可以激发企业、政府和社会的创新活力。通过数据分析，人们可以发现一些隐藏在数据中的规律和趋势，从而产生新的思想和创意。这些思想和创意可以转化为新的产品、服务和商业模式，推动新质生产力的发展和创新。

1.12　本章小结

人类已经步入大数据时代，我们的生活被数据所"环绕"，并被数据深刻影响。作为大数据时代的公民，我们应该接近数据，了解数据，并利用好数据。因此，本章首先从数据入手，讲解了数据的概念、类型、组织形式、生命周期等内容。然后，把视角切入大数据时代，介绍了大数据时代到来的背景及大数据的发展历程，同时总结了各国及国际组织的大数据发展战略。接下来，讨论了大数据的"4V"特性以及大数据对科学研究、社会发展、就业市场和人才培养的影响，并介绍了大数据的应用。最后，简要介绍了大数据产业、大数据与数字经济、大数据与5G技术、大数据与新质生产力。

1.13　习题

1. 请阐述数据的基本类型。

2. 请阐述数商的概念以及高数商的十大原则。

3. 请阐述数据生命周期管理工作包括哪些方面。

4. 请阐述把数据变得可用需要经过哪几个步骤。

5. 请阐述人类IT发展史上3次信息化浪潮的发生时间、标志及其解决的问题。

6. 请阐述信息科技是如何为大数据时代的到来提供技术支撑的。

7. 请阐述人类社会的数据产生方式大致经历了哪3个阶段。

8. 请阐述大数据发展的3个重要阶段。

9. 请阐述大数据的"4V"特性。

10. 请阐述大数据对科学研究有什么影响。

11. 请举例说明大数据的应用。

12. 请阐述大数据应用的3个层次。

13. 请阐述数字经济的概念以及大数据与数字经济的关系。

14. 请阐述大数据与5G技术的紧密关系。

15. 请阐述大数据与新质生产力的关系。

第 **2** 章

大数据技术

当人们谈到大数据时，往往并非仅指数据本身，而是数据和大数据技术这二者的综合。所谓大数据技术，是指伴随着大数据的采集、存储、分析和应用的相关技术，是一系列使用非传统工具对大量的结构化、半结构化和非结构化数据进行处理，从而获得分析和预测结果的一系列数据处理和分析技术。同时需要指出的是，在广义的层面，大数据技术既包括近些年发展起来的分布式存储和计算技术（如Hadoop、Spark等），也包括在大数据时代到来之前已经具有较长发展历程的其他技术，比如数据采集和数据清洗、数据可视化、数据安全和隐私保护等。

本章重点介绍大数据分析全流程所涉及的各种技术，包括数据采集与预处理、数据存储和管理、数据处理与分析、数据可视化、数据安全和隐私保护等。

2.1 概述

讨论大数据技术时，首先需要了解大数据的基本处理流程，主要包括数据采集、存储、分析和结果呈现等环节。数据无处不在，互联网网站、政务系统、零售系统、办公系统、自动化生产系统、监控摄像头、传感器等，每时每刻都在不断产生数据。这些分散在各处的数据，需要采用相应的设备或软件进行采集。采集到的数据通常无法直接用于后续的数据分析，因为对于来源众多、类型多样的数据而言，数据缺失和语义模糊等问题是不可避免的，所以必须采取相应措施有效解决这些问题，这就需要一个被称为"数据预处理"的过程，把数据变成一个可用的状态。数据经过预处理以后，会被存放到文件系统或数据库系统中进行存储与管理，然后采用数据挖掘工具对数据进行处理分析，最后采用可视化工具为用户呈现结果。在整个数据处理流程中，还必须注意隐私保护和数据安全问题。

因此，从数据分析全流程的角度，大数据技术主要包括数据采集与预处理、数据存储和管理、数据处理与分析、数据可视化、数据安全和隐私保护等技术层面的内容，具体如表2-1所示。

表2-1　大数据技术的不同层面及其功能

技术层面	功能
数据采集与预处理	利用ETL工具将分布的、异构数据源中的数据，如关系数据、平面数据文件等，抽取到临时中间层后进行清洗、转换、集成，最后加载到数据仓库或数据集市中，成为联机分析处理、数据挖掘的基础；利用日志采集工具（如Flume、Kafka等）把实时采集的数据作为流计算系统的输入，进行实时处理分析；利用网页爬虫程序到互联网网站中爬取数据
数据存储和管理	利用分布式文件系统、数据仓库、关系数据库、NoSQL数据库、云数据库等，实现对结构化、半结构化和非结构化海量数据的存储和管理
数据处理与分析	利用分布式并行编程模型和计算框架，结合机器学习和数据挖掘算法，实现对海量数据的处理与分析
数据可视化	对分析结果进行可视化呈现，帮助人们更好地理解数据、分析数据
数据安全和隐私保护	在从大数据中挖掘潜在的巨大商业价值和学术价值的同时，构建隐私数据保护体系和数据安全体系，有效保护个人隐私和数据安全

2.2 数据采集与预处理

近年来，以大数据、物联网、人工智能、5G为核心特征的数字化浪潮正席卷全球。随着网络和信息技术的不断普及，人类产生的数据量正在呈指数级增长，大约每两年翻一番，这意味着人类在最近两年产生的数据量相当于之前产生的全部数据量。世界上每时每刻都在产生大量的数据，包括物联网传感器数据、社交网络数据、商品交易数据等。面对如此巨大的数据，与之相关的采集、存储、分析等环节产生了一系列的问题。如何收集这些数据并且进行转换、存储以及有效率的分析成为巨大的挑战。因此就需要有一个系统用来收集数据，并且对数据进提取、转换、加载。

2.2.1　数据采集的概念

数据采集是大数据产业的基石，大数据具有很高的商业价值，但是，如果没有数据，价值就无从谈起，就好比没有石油开采，就不会有汽油。数据采集，又称数据获取，是数据分析的入口，也是数据分析过程中相当重要的一个环节，它通过各种技术手段把外部各种数据源产生的数据实时或非实时地采集并加以利用。在数据大爆炸的互联网时代，被采集的数据的类型也是复杂多样的，包括结构化数据、半结构化数据、非结构化数据。结构化数据十分常见，就是保存在关系数据库中的数据。非结构化数据指数据结构不规则或不完整，没有预定义的数据模型，包括所有格式的传感器数据、办公文档、文本、图片、XML 数据、HTML（Hypertext Markup Language，超文本标记语言）数据、各类报表、图像和音频/视频信息等。

大数据采集与传统的数据采集既有联系又有区别，大数据采集是在传统的数据采集基础之上发展起来的，一些经过多年发展的数据采集架构、技术和工具都被继承下来，同时，由于大数据本身具有数据量大、数据类型丰富、处理速度快等特性，这使得大数据采集又表现出不同于传统的数据采集的一些特点（见表2-2）。

表2-2　传统的数据采集与大数据采集的区别

比较项目	传统的数据采集	大数据采集
数据源	来源单一，数据量相对较少	来源广泛，数据量巨大
数据类型	结构单一	数据类型丰富，包括结构化数据、半结构化数据和非结构化数据
数据存储	关系数据库和并行数据仓库	分布式数据库、分布式文件系统

2.2.2　数据采集的三大要点

数据采集的三大要点如下。

（1）全面性。数据量具有分析价值、数据面足够支撑分析需求。比如对于"查看商品详情"这一行为，需要采集用户触发时的环境信息、会话以及背后的用户ID，最后需要统计这一行为在某一时段触发时的人数、次数、人均次数、活跃比等。

（2）多维性。数据更重要的是能满足分析需求。必须能够灵活、快速自定义数据的多种属性和不同类型，从而满足不同的分析目标。比如"查看商品详情"这一行为，通过"埋点"，我们才能知道用户查看的商品以及商品的价格、类型、ID等多个属性，从而知道用户看过哪些商品、什么类型的商品被查看得多、某一个商品被查看了多少次，而不仅仅是知道用户进入了商品详情页。

（3）高效性。高效性包含技术执行的高效性、团队内部成员协同的高效性以及数据分析需求和目标实现的高效性。也就是说，采集数据一定要明确采集目的，带着问题搜集信息，使信息采集更高效、更有针对性。此外，还要考虑数据的及时性。

2.2.3 数据采集的数据源

数据采集的主要数据源包括传感器数据、互联网数据、日志文件、企业业务系统数据。

1. 传感器数据

传感器是一种检测装置，能感受到被测量的信息，并能将感受到的信息，按一定规律变换成电信号或其他所需形式的信息输出，以满足信息的传输、处理、存储、显示、记录和控制等要求。在工作现场，我们会安装很多各种类型的传感器，如压力传感器、温度传感器、流量传感器、声音传感器、电参数传感器等。传感器对环境的适应能力很强，可以应对各种恶劣的工作环境。在日常生活中，如手机拍照、话筒、录像等都属于传感器数据采集的一部分，支持图片、音频、视频等文件或附件的采集工作。

2. 互联网数据

互联网数据的采集通常是借助于网络爬虫来完成的。所谓网络爬虫，就是一个在网上到处或定向抓取网页数据的程序。抓取网页的一般方法是，定义一个入口页面，一般一个页面中会包含指向其他页面的 URL（Uniform Resource Locator，统一资源定位符），从当前页面获取到这些 URL 并加入爬虫的抓取队列中，然后进入新页面后再递归地进行上述操作。爬虫数据采集方法可以将非结构化数据从网页中抽取出来，将其存储为统一的本地数据文件，并以结构化的方式存储。它支持图片、音频、视频等文件或附件的采集，附件与正文可以自动关联。

3. 日志文件

许多公司的业务平台每天都会产生大量的日志文件。日志文件一般由数据源系统产生，用于记录数据源执行的各种操作活动，比如网络监控的流量管理、金融应用的股票记账和 Web 服务器记录的用户访问行为。根据这些日志文件，我们可以得出很多有价值的数据。通过对这些日志文件进行采集，然后进行数据分析，就可以从公司业务平台日志文件中挖掘得到具有潜在价值的信息，为公司决策和公司后台服务器平台性能评估提供可靠的数据保证。系统日志采集系统做的事情就是收集日志文件供离线和在线的实时分析使用。很多互联网企业都有自己的海量数据采集工具，多用于系统日志采集，如 Hadoop 的 Chukwa、Cloudera 的 Flume、Facebook（现已更名为 Meta）的 Scribe 等，这些工具均采用分布式架构，能满足每秒数百 MB 的日志采集和传输需求。

4. 企业业务系统数据

一些企业会使用传统的关系数据库 MySQL 和 Oracle 等来存储业务系统数据，除此之外，Redis 和 MongoDB 这样的 NoSQL 数据库也常用于业务系统数据的存储。企业每时每刻产生的业务系统数据，以一行记录形式被直接写入数据库中。企业可以借助于 ETL 工具，把分散在企业不同位置的业务系统的数据，抽取、转换、加载到企业数据仓库中，以供后续的商务智能分析使用（见图 2-1）。通过采集不同业务系统的数据并统一保存到一个数据仓库中，就可以为分散在企业不同地方的商务数据提供一个统一的视图，满足企业的各种商务决策分析需求。

在采集企业业务系统数据时，由于采集的数据种类错综复杂，对于不同种类的数据，在进行数据分析之前，必须通过数据抽取技术，将复杂格式的数据进行数据抽取，从原始格式数据中抽取出我们需要的数据，这时可以丢弃一些不重要的字段。对于数据抽取得到的数据，由于数据源头的采集可能存在不准确的情况。所以必须进行数据清洗（预处理），对那些不正确的数据进行过滤、剔除。针对不同的应用场景，对数据进行分析的工具或者系统不同，我们还需要对数据进行数据转换操作，将数据转换成不同的数据格式，最终按照预先定义好的数据仓库模型，将数据加载到数据仓库中去。

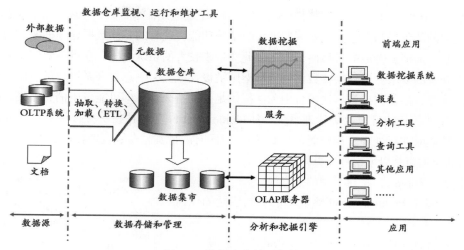

图 2-1 数据仓库体系架构

2.2.4 数据采集方法

数据采集是数据系统必不可少的关键操作，也是数据平台的根基。根据不同的应用环境及采集对象，有多种不同的数据采集方法，包括系统日志采集、分布式消息订阅分发、ETL、网络数据采集等。

1. 系统日志采集

Flume 是 Cloudera 公司提供的一个高可用的、高可靠的、分布式的海量日志采集、聚合和传输的工具，Flume 支持在日志系统中定制各类数据发送方，用于收集数据；同时，Flume 提供对数据进行简单处理，并写到各种数据接收方（可定制）的能力。

Flume 运行的核心是 Agent。Flume 以 Agent 为最小的独立运行单位，一个 Agent 就是一个 Java 虚拟机（Java Virtual Machine，JVM）。Agent 是一个完整的数据采集工具，包含 3 个核心组件，分别是数据源（Source）、数据通道（Channel）和数据槽（Sink）（见图 2-2）。通过这些组件，事件（Event）可以从一个地方流向另一个地方。每个组件的具体功能如下。

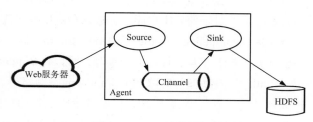

图 2-2 Agent 的核心组件

（1）数据源是数据的收集端，负责将数据捕获后进行特殊的格式化处理，将数据封装到事件里，然后将事件推入数据通道。

（2）数据通道是连接数据源和数据槽的组件，可以将它看作一个数据的缓冲区（数据队列）。它可以将事件暂存到内存，也可以将其持久化保存到本地磁盘上，直到数据槽处理完该事件。

（3）数据槽取出数据通道中的数据，存储到文件系统和数据库，或者提交到远程服务器。

2. 分布式消息订阅分发

分布式消息订阅分发也是一种常见的数据采集方式，其中，Kafka 就是一种具有代表性的产品。Kafka 是由 LinkedIn 公司开发的一种高吞吐量的分布式发布/订阅消息系统。用户通过 Kafka 系统可以发布大量的消息，同时也能实时订阅消费消息。Kafka 设计的初衷是构建一个可以处理海量日志、用户行为和网站运营统计等的数据处理框架。为了满足上述应用需求，数据处理框架就需要同时提供实时在线处理的低延迟和批量离线处理的高吞吐量等功能。现有的一些数据处理框架，通常设计了完备的机制来保证消息传输的可靠性，但是由此会带来较大的系统负担，在批量处理海量数据时无法满足高吞吐量的要求。另外一些数据处理框架则被设计成实时消息处理系统，虽然可以带来很高的实时处理性能，但是在批量离线场合中无法提供足够的持久性，即可能发生消息丢失。同时，在大数据时代涌现的新的日志收集处理系统（如Flume、Scribe等）往往更擅长批量离线处理，而不能较好地支持实时在线处理。相对而言，Kafka可以同时满足实时在线处理和批量离线处理的要求。

Kafka的架构包括以下组件（见图2-3）。

（1）话题（Topic）：特定类型的消息流。

（2）生产者（Producer）：能够发布消息到话题的任何对象。

（3）服务代理（Broker）：保存已发布的消息的服务器，被称为代理或Kafka集群。

（4）消费者（Consumer）：可以订阅一个或多个话题，并从服务代理拉数据，从而"消费"已发布的消息。

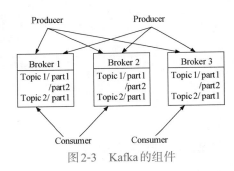

图2-3　Kafka的组件

从图2-3中可以看出，生产者将数据发送到服务代理，服务代理有多个话题，消费者从服务代理获取数据。

3. ETL

ETL常用于数据仓库中的数据采集和数据预处理环节。顾名思义，ETL从原系统中抽取数据，并根据实际商务需求对数据进行转换，把转换结果加载到目标数据存储中。ETL的源和目标通常都是数据库和文件，但也可以是其他类型的数据，比如消息队列。ETL是实现大规模数据初步加载的理想解决方案，它提供了高级的转换能力。ETL任务通常在"维护时间窗口"进行，在ETL任务执行期间，数据源默认不会发生变化，这就使得用户不必担忧ETL任务开销对数据源的影响，但同时意味着，对于商务用户而言，数据和应用并非任何时候都是可用的。目前，市场上主流的ETL工具包括DataPipeline、Kettle、Talend、Informatica、DataX、Oracle GoldenGate等。其中，Kettle是一款开源的ETL工具，使用Java编写，可以在Windows、Linux、UNIX上运行，数据抽取高效、稳定。Kettle是"Kettle E.T.T.L. Envirnonment"的缩写，它可以实现抽取、转换和加载数据。Kettle的中文含义是"壶"，顾名思义，开发者希望把各种数据放到一个"壶"里，然后以一种指定的格式流出。Kettle包含Spoon、Pan、Chef、Encr和Kitchen等组件。

4. 网络数据采集

网络数据采集是指通过网络爬虫或网站公开API（Application Program Interface，应用程序接口）等方式从网站上获取数据信息。它支持图片、音频、视频等文件的采集，文件与正文可以自动关联。网络数据采集的应用领域十分广泛，包括搜索引擎与垂直搜索平台的搭建与运营，综合门户与行业门户、地方门户、专业门户网站数据支撑与流量运营，电子政务与电子商务平台的运营，知识管理与知识共享领域，企业竞争情报系统的运营，商业智能系统，信息咨询与信息增值，信息安全和信息监控等。

2.2.5　数据清洗

数据清洗对于获得高质量分析结果而言，其重要性是不言而喻的，正所谓"垃圾数据进，垃圾数据出"，没有高质量的输入数据，那么输出的分析结果，其价值也会大打折扣，甚至没有任何价值。数据清洗是发现并纠正数据文件中可识别的错误的最后一道程序，包括检查数据一致性、处理无效值和缺失值等。比如，在构建数据仓库时，由于数据仓库中的数据是面向某一主题的数据的集合，这些数据从多个业务系统中抽取而来，而且包含历史数据，这样就避免不了有的数据是错误数据、有的数据相互之间有冲突，这些错误的或有冲突的数据显然是我们不想要的，称为"脏数据"。我们要按照一定的规则把"脏数据"给"洗掉"，这就是"数据清洗"。

1. 数据清洗的应用领域

数据清洗的主要应用领域包括数据仓库与数据挖掘、数据质量管理。

（1）数据仓库与数据挖掘。数据清洗对于数据仓库与数据挖掘来说，是核心和基础，它是获取可靠、有效数据的一个基本步骤。数据仓库是为了支持决策分析的数据集合，在数据仓库领域，数据清洗一般应用在几个数据库合并时或者多个数据源进行集成时。例如，指代同一个实体的记录，在合并后的数据库中就会出现重复。数据清洗就是要把这些重复的记录识别出来并消除它们。数据挖掘是建立在数据仓库基础上的增值技术，在数据挖掘领域，经常会遇到挖掘出来的特征数据存在各种异常的情况，如数据缺失、数据值异常等。对于这些情况，如果不加以处理，就会直接影响到最终挖掘模型的使用效果，甚至会使得创建模型任务失败。因此，在数据挖掘过程中，数据清洗是第一步。

（2）数据质量管理。数据质量管理贯穿数据生命周期的全过程。在数据生命周期中，可以通过数据质量管理的方法和手段，在数据生成、使用、消亡的过程中，及时发现有缺陷的数据，然后借助数据质量管理手段，将数据正确化和规范化，从而达到符合要求的数据质量标准。总体而言，数据质量管理覆盖质量评估、数据去噪、数据监控、数据探查、数据清洗、数据诊断等方面，而在这个过程中，数据清洗是决定数据质量好坏的重要因素。

2. 数据清洗的实现方式

数据清洗按照实现方式，可以分为手工清洗和自动清洗。

（1）手工清洗。手工清洗是通过人工方式对数据进行检查，发现数据中的错误。这种方式比较简单，一般来说，只要投入足够的人力、物力、财力，也能发现所有错误，但效率低下。在大数据量的情况下，手工清洗数据几乎是不可能的。

（2）自动清洗。自动清洗是通过专门编写的计算机应用程序进行数据清洗。这种方式能解决某个特定的问题，但不够灵活，特别是在清洗过程需要反复进行时（一般来说，数据清洗一遍就达到要求的很少），程序复杂，清洗过程变化时工作量大。而且这种方式也没有充分利用目前数据库提供的强大的数据处理能力。

3. 数据清洗的内容

数据清洗主要是对缺失值、重复值、异常值和数据类型有误的数据进行处理，数据清洗的内容如下。

（1）缺失值处理。由于调查、编码和录入误差，数据中可能存在一些缺失值，需要给予适当的处理。常用的处理方法有：估算、整例删除、变量删除和成对删除。

①估算：较为简单的办法就是用某个变量的样本均值、中位数或众数代替缺失值。这种办法简单，但没有充分考虑数据中已有的信息，误差可能较大。另一种办法就是根据调查对象对其他问题的答案，通过变量之间的相关分析或逻辑推论进行估计。例如，某一产品的拥有情况可能与家庭收入有关，可以根据调查对象的家庭收入推算拥有这一产品的可能性。

②整例删除：剔除含有缺失值的样本。由于很多问卷都可能存在缺失值，这种方法可能导致有

效样本量大大减少，无法充分利用已经收集到的数据。因此，整例删除只适合关键变量缺失，或者含有异常值或缺失值的样本比重很小的情况。

③变量删除：如果某一变量的缺失值很多，而且该变量对于所研究的问题不是特别重要，则可以考虑将该变量删除。这种方法减少了供分析用的变量数目，但没有改变样本量。

④成对删除：是用一个特殊码（通常是9、99、999等）代表缺失值，同时保留数据集中的全部变量和样本。但是，在具体计算时只采用有完整答案的样本，不同的分析因涉及的变量不同，其有效样本量也会有所不同。这是一种保守的处理方法，最大限度地保留了数据集中的可用信息。

（2）重复值处理。重复值的存在会影响数据分析和挖掘结果的准确性，所以，在数据分析和建模之前需要进行数据重复性检验，如果存在重复值，还需要进行重复值删除。

（3）异常值处理。根据每个变量的合理取值范围和相互关系，检查数据是否满足要求，发现超出正常范围、逻辑上不合理或者相互矛盾的数据。例如，用1~7级量表测量的变量出现了0值，体重出现了负数，都应视为超出正常值域。SPSS、SAS和Excel等计算机软件都能够根据定义的取值范围，自动识别每个超出范围的变量值。具有逻辑上不一致性的答案可能以多种形式出现：例如，许多调查对象说自己开车上班，又报告没有汽车；或者调查对象报告自己是某品牌的重度购买者和使用者，但同时又在熟悉程度量表上给了很低的分值。发现不一致时，要列出问卷序号、记录序号、变量名称、错误类别等，便于进一步核对和纠正。

（4）数据类型转换。数据类型往往会影响到后续的数据处理分析环节，因此，需要明确每个字段的数据类型，比如，来自A表的"学号"是字符型，而来自B表的字段是日期型，在数据清洗的时候就需要对二者的数据类型进行统一处理。

4. 数据清洗的基本流程

数据清洗的基本流程一共分为5个步骤，分别是数据分析、定义数据清洗的策略和规则、搜寻并确定错误实例、纠正发现的错误以及干净数据回流，具体如下。

（1）数据分析。对于原始数据源中存在的数据质量问题，需要通过人工检测或者计算机分析程序等方式对原始数据源的数据进行检测分析。可以说，数据分析是数据清洗的前提和基础。

（2）定义数据清洗的策略和规则。根据数据分析步骤得到的数据源中的"脏数据"的具体情况，制定相应的数据清洗策略和规则，并选择合适的数据清洗算法。

（3）搜寻并确定错误实例。搜寻并确定错误实例步骤涉及自动检测属性错误和检测重复记录的算法。手工检测数据集中的属性错误，需要花费大量的时间和精力，而且检测过程容易出错，所以需要使用高效的方法自动检测数据集中的属性错误，主要检测方法有基于统计的方法、聚类方法和关联规则方法等。检测重复记录的算法可以对两个数据集或者一个合并后的数据集进行检测，从而确定同一个现实实体的重复记录。检测重复记录的算法有基本的字段匹配算法、递归字段匹配算法等。

（4）纠正发现的错误。根据不同的"脏数据"存在形式，执行相应的数据清洗和转换，解决原始数据源中存在的质量问题。某些特定领域能够根据发现的错误模式，编制程序或者借助于外部标准数据源文件、数据字典等，在一定程度上修正错误。有时候也可以根据数理统计知识进行自动修正，但是很多情况下都需要编制复杂的程序或者借助于人工干预来完成。需要注意的是，对原始数据源进行数据清洗时，应该将原始数据源进行备份，以防需要撤销清洗操作。

（5）干净数据回流。当数据被清洗后，使用干净数据替代原始数据源中的"脏数据"，这样可以提高信息系统的数据质量，还可以避免将来再次抽取数据后进行重复的清洗工作。

5. 数据清洗的行业发展

在大数据时代，数据正在成为一种生产资料，成为一种稀有资产。大数据产业已经被提升到国家战略的高度，随着创新驱动发展战略的实施，逐步带动产业链上下游形成万众创新的大数据产业生态环境。数据清洗属于大数据产业链中关键的一环，可以从文本、语音、视频和地理信息等多个领域对数据清洗产业进行细分。

（1）文本清洗领域。该领域主要基于自然语言处理技术，通过分词、语料标注、字典构建等技术，从结构化和非结构化数据中提取有效信息，提高数据加工的效率。除去国内传统的搜索引擎公司，例如百度、搜狗、360等，该领域代表公司有拓尔思、中科点击、任子行、海量数据等。

（2）语音数据加工领域。该领域主要是基于语音信号的特征提取，利用隐马尔可夫模型等算法进行模式匹配，对音频进行加工处理。国内该领域的代表公司有科大讯飞、中科信利、云知声、捷通华声等。

（3）视频图像处理领域。该领域主要是基于图像获取、边缘识别、图像分割、特征提取等技术，实现人脸识别、车牌标注、医学分析等实际应用。国内该领域的代表公司有旷视、亮风台等。

（4）地理信息处理领域。该领域主要是基于栅格图像和矢量图像，对地理信息数据进行加工，实现可视化展现、区域识别、地点标注等应用。国内该领域的代表公司有高德、四维图新、天下图等。

此外，为了切实保证数据清洗过程中的数据安全，中央网络安全和信息化领导小组办公室在《关于加强党政部门云计算服务网络安全管理的意见》中，对云计算的数据归属、管理标准和跨境数据流动给出了明确的权责定义。数据清洗加工的相关企业应该着重在数据访问、脱密、传输、处理和销毁等过程中加强对数据资源的安全保护，确保数据所有者的责任，以及确保数据在处理前后的完整性、机密性和可用性，防止数据被第三方攫取并通过"暗网"等渠道进行数据跨境交易。

2.2.6 数据集成

数据处理常常涉及数据集成操作，即将来自多个数据源的数据结合在一起，形成一个统一的数据集合，以便为数据处理工作的顺利完成提供完整的数据基础。

在数据集成过程中，需要考虑如何解决以下几个问题。

（1）模式集成问题。也就是如何使来自多个数据源的现实世界的实体相互匹配，其中就涉及实体识别问题。例如，如何确定一个数据库中的"user_id"与另一个数据库中的"user_number"是否表示同一实体。

（2）冗余问题。这个问题是数据集成中经常发生的。若一个属性可以从其他属性中推演出来，那么这个属性就是冗余属性。例如，一个学生数据表中的平均成绩属性就是冗余属性，因为它可以根据成绩属性计算出来。此外，属性命名的不一致也会导致集成后的数据集出现冗余问题。

（3）数据值冲突检测与消除问题。在现实世界实体中，来自不同数据源的属性值或许不同。产生这种问题的原因可能是比例尺度或编码的差异等。例如，重量属性在一个系统中采用公制，而在另一个系统中却采用英制；价格属性在不同地点采用不同的货币单位。这些语义的差异为数据集成带来许多问题。

2.2.7 数据转换

数据转换就是将数据进行转换或归并，从而构成适合数据处理的形式。常见的数据转换策略如下。

（1）平滑处理：除去数据中的噪声。常用的方法包括分箱、回归和聚类等。

（2）聚集处理：对数据进行汇总操作。例如，每天的数据经过汇总操作可以获得每月或每年的总额。这一操作常用于构造数据立方体或对数据进行多粒度分析。

（3）数据泛化处理：用更抽象（更高层次）的概念来取代低层次的数据对象。例如，街道属性可以泛化到更高层次的概念，如城市、国家；再如，年龄属性可以映射到更高层次的概念，如青年、中年和老年。

（4）规范化处理：将属性值按比例缩放，使之落入一个特定的区间，比如0.0~1.0。常用的数据规范化方法包括Min-Max（最小-最大）规范化、Z-Score（Z得分）规范化和小数定标规范化等。

（5）属性构造处理：根据已有属性集构造新的属性，后续数据处理直接使用新增的属性。例如，根据已知的质量和体积属性，构造出新的属性——密度。

2.2.8 数据脱敏

数据脱敏是在给定的规则、策略下对敏感数据进行变换、修改的技术，能够在很大程度上解决敏感数据在非可信环境中使用的问题。它会根据数据保护规范和脱敏策略，通过对业务数据中的敏感信息实施自动变形，实现对敏感信息的隐藏和保护。在涉及客户安全数据或者一些商业性敏感数据的情况下，在不违反系统规则的条件下，需对身份证号码、手机号、银行卡号、客户号等个人信息进行数据脱敏。数据脱敏不是必需的数据预处理环节，可以根据业务需求对数据进行脱敏处理，也可以不进行脱敏处理。

1. 数据脱敏原则

数据脱敏不仅需要执行"数据漂白"，即抹去数据中的敏感内容，同时需要保持原有的数据特征、业务规则和数据关联性，保证开发、测试以及大数据类业务不会受到脱敏的影响，达成脱敏前后的数据一致性和有效性，具体如下。

（1）保持原有数据特征。数据脱敏前后必须保持原有数据特征，例如，身份号码由17位数字本体码和1位数字校验码组成，从左至右依次为数字地址码（6位）、数字出生日期码（8位）、数字顺序码（3位）和数字校验码（1位）。那么身份号码的脱敏规则就需要保证脱敏后依旧保持这些特征信息。

（2）保持数据之间的一致性。在不同业务中，数据和数据之间具有一定的关联性。例如，出生年月或出生日期和年龄之间的关系。同样，身份证信息脱敏后仍需要保证出生日期字段和身份证中包含的出生日期之间的一致性。

（3）保持业务规则的关联性。保持数据业务规则的关联性是指数据脱敏时数据关联性和业务语义等保持不变，其中数据关联性包括主外键关联性、关联字段的业务语义关联性等。特别是高度敏感的账户类主体数据，往往会贯穿主体的所有关系和行为信息，因此需要特别注意保证所有相关主体信息的一致性。

（4）保持多次脱敏数据之间的数据一致性。对相同的数据进行多次脱敏，或者在不同的测试系统进行脱敏，需要确保每次脱敏的数据始终保持一致性，只有这样才能保障业务系统数据变更的持续一致性和广义业务的持续一致性。

2. 数据脱敏方法

数据脱敏主要包括以下方法。

（1）数据替换。用设置的固定虚构值替换真值。例如将手机号码统一替换为139***10002。

（2）无效化。通过对数据值的截断、加密、隐藏等方式使敏感数据脱敏，使其不再具有使用价值，例如将地址的值替换为"******"。无效化与数据替换所达成的效果基本类似。

（3）随机化。采用随机数据代替真值，保持替换值的随机性以模拟样本的真实性。例如用随机生成的姓和名代替真实姓名。

（4）偏移和取整。通过随机移位改变数字数据，例如把日期"2018-01-02 8:12:25"变为"2018-01-02 8:00:00"。偏移和取整在保持数据安全性的同时，保证了范围的大致真实，此项方法在大数据利用环境中具有重大价值。

（5）掩码屏蔽。掩码屏蔽是针对账户类数据的部分信息进行脱敏时的有力工具，比如对银行卡号或是身份号码的脱敏。例如，把身份号码"220524199209010254"（虚构）替换为"220524********0254"。

（6）灵活编码。在需要特殊脱敏规则时，可执行灵活编码以实现各种可能的脱敏规则。例如用固定字母和固定位数的数字替代合同编号真值。

2.3　数据存储和管理

本节首先介绍传统的数据存储和管理技术，包括文件系统、关系数据库、数据仓库、并行数据库，然后介绍大数据时代的数据存储和管理技术，包括分布式文件系统、NewSQL 和 NoSQL 数据库、云数据库、数据湖。

2.3.1　传统的数据存储和管理技术

1. 文件系统

文件系统是操作系统用于明确存储设备（常见的是磁盘，也有固态盘）或分区上的文件的方法和数据结构，即在存储设备上组织文件的方法。操作系统中负责管理和存储文件信息的软件称为文件管理系统，简称文件系统。文件系统由3部分组成：文件系统的接口，对对象进行操纵和管理的软件集合，对象及属性。从系统角度来看，文件系统是对文件存储设备的空间进行组织和分配，负责文件存储并对存入的文件进行保护和检索的系统。具体地说，它负责为用户建立文件，存入、读出、修改、转储文件，控制文件的存取，以及删除文件，等等。

我们平时在计算机上使用的 Word 文件、PPT 文件、音频文件、视频文件等，都是由操作系统中的文件系统进行统一管理的。

2. 关系数据库

除了文件系统之外，数据库是另外一种传统的数据存储和管理技术。数据库指的是以一定方式存储在一起、能为多个用户共享、具有尽可能小的冗余度、与应用程序彼此独立的数据集合。对数据库进行统一管理的软件被称为数据库管理系统。在不引起歧义的情况下，经常会混用"数据库"和"数据库管理系统"这两个概念。在数据库的发展历史上，先后出现过网状数据库、层次数据库、关系数据库等不同类型的数据库，这些数据库分别采用了不同的数据模型（数据组织方式）。目前比较主流的数据库是关系数据库，它采用了关系数据模型来组织和管理数据。一个关系数据库可以看成许多关系表的集合，每个关系表可以看成一张二维表格，如表2-3所示。

表2-3　学生信息表

学号	姓名	性别	年龄	考试成绩
95001	张三	男	21	88
95002	李四	男	22	95
95003	王梅	女	22	73
95004	林莉	女	21	96

目前市场上常见的关系数据库产品包括Oracle、SQL Server、MySQL、DB2等。

3. 数据仓库

数据仓库（Data Warehouse）是一个面向主题的、集成的、相对稳定的、反映历史变化的数据集合，用于支持管理决策，具体说明如下。

（1）面向主题。操作型数据库的数据组织面向事务处理任务，而数据仓库中的数据按照一定的主题域进行组织。主题是指用户使用数据仓库进行决策时所关心的重点方面，一个主题通常与多个操作型信息系统相关。

（2）集成。数据仓库的数据来自分散的操作型数据，将所需数据从原来的数据中抽取出来，进行加工与集成、统一与综合之后才能进入数据仓库。

（3）相对稳定。数据仓库是不可更新的，数据仓库主要是为决策分析提供数据，所涉及的操作主要是数据的查询。

（4）反映历史变化。在构建数据仓库时，会每隔一定的时间（比如每周、每天或每小时）从数据源抽取数据并加载到数据仓库，比如，1月1日晚上12点"抓拍"数据源中的数据保存到数据仓库，然后从1月2日一直到月底，每天"抓拍"数据源中的数据保存到数据仓库，这样，经过一个月以后，数据仓库中就会保存1月份每天的数据"快照"，由此得到的31份数据"快照"，可以用来进行商务智能分析，比如，分析一个商品在1个月内的销量变化情况。

综上所述，数据库是面向事务设计的，数据仓库是面向主题设计的。数据库一般存储在线交易数据，数据仓库存储的一般是历史数据。数据库是为捕获数据而设计的，数据仓库是为分析数据而设计的。

4. 并行数据库

并行数据库是指那些在无共享的体系结构中进行数据操作的数据库系统。这些系统大部分采用了关系数据模型并且支持SQL语句查询，但为了能够并行执行SQL查询操作，系统中采用了两个关键技术：关系表的水平划分和SQL查询的分区执行。并行数据库的目标是高性能和高可用性，通过多个节点并行执行数据库任务，提高整个数据库系统的性能和可用性。最近一些年不断涌现一些提高系统性能的新技术，如索引、压缩、实体化视图、结果缓存、输入输出（Input/Output, I/O）共享等，这些技术都比较成熟且经得起时间的考验。与一些早期的系统（如Teradata）必须部署在专有硬件上不同，最近开发的系统（如Vertica等）可以部署在普通的商业机器上。

并行数据库的主要缺点就是没有较好的弹性，而这种特性对中小型企业和初创企业是有利的。人们在对并行数据库进行设计和优化的时候认为集群中节点的数量是固定的，若需要对集群进行扩展和收缩，则必须为数据转移过程制订周全的计划。这种数据转移的代价是昂贵的，并且会导致系统在某段时间内不可访问，而这种较差的灵活性直接影响到并行数据库的弹性以及现收现付商业模式的实用性。

并行数据库的另一个缺点就是系统的容错性较差，在过去，人们认为节点故障是特例，并不经常出现，因此系统只提供事务级别的容错功能，如果在查询过程中节点发生故障，那么整个查询都要从头开始重新执行。这种重启任务的策略使得并行数据库难以在拥有数千个节点的集群上处理较长的查询，因为在这类集群中节点经常发生故障。基于这种分析，并行数据库只适合于资源需求相对固定的应用程序。不管怎样，并行数据库的许多设计原则为其他海量数据系统的设计和优化提供了比较好的参考。

2.3.2　大数据时代的数据存储和管理技术

1. 分布式文件系统

大数据时代必须解决海量数据的高效存储问题，为此，分布式文件系统（Distributed File System）应运而生。相对于传统的本地文件系统而言，分布式文件系统是一种通过网络实现文件在多台主机上进行分布式存储的文件系统。分布式文件系统的设计一般采用客户端/服务器（Client/Server）模式，客户端以特定的通信协议通过网络与服务器建立连接，提出文件访问请求，客户端和服务器可以通过设置访问权来限制请求方对底层数据存储块的访问。

谷歌开发了谷歌文件系统（Google File System, GFS），通过网络实现文件在多台机器上的分布式存储，较好地满足了大规模数据存储的需求。Hadoop分布式文件系统（Hadoop Distributed File System, HDFS）是针对GFS的开源实现，它是Hadoop两大核心组成部分之一，提供了在廉价服务器集群中进行大规模分布式文件存储的能力。HDFS具有很好的容错能力，并且兼容廉价的硬件设备，因此，可以以较低的成本利用现有机器实现大流量和大数据量的读写。

2. NewSQL 和 NoSQL 数据库

传统的关系数据库（这里可以称为"OldSQL数据库"）可以较好地支持结构化数据存储和管理，它以完善的关系代数理论作为基础，具有严格的标准，支持事务的ACID（Atomicity Consistency Isolation Durability，原子性、一致性、隔离性、持久性），借助索引机制可以实现高效的查询，因此，它自从20世纪70年代诞生以来就一直是数据库领域的主流产品类型。但是，Web 2.0的迅猛发展以及大数据时代的到来，使关系数据库的发展越来越力不从心。在大数据时代，数据类型繁多，包括结构化数据和各种非结构化数据，其中，非结构化数据的比例更是高达90%以上。传统的关系数据库由于数据模型不灵活、水平扩展能力较差等局限性，已经无法满足各种类型的非结构化数据的大规模存储需求。不仅如此，传统的关系数据库引以为豪的一些关键特性，如事务机制和支持复杂查询，在Web 2.0时代的很多应用中都成为"鸡肋"。因此，在新的应用需求驱动下，各种新型数据库不断涌现，并逐渐获得市场的青睐，主要包括NewSQL数据库和NoSQL数据库。

（1）NewSQL数据库。NewSQL数据库是对各种新的可扩展、高性能数据库的简称，这类数据库不仅具有对海量数据的存储管理能力，还保持了传统数据库支持ACID和SQL等特性。不同的NewSQL数据库的内部结构差异很大，但是，它们有两个显著的共同特点：都支持关系数据模型；都使用SQL作为其主要的接口。目前具有代表性的NewSQL数据库主要包括Spanner、Clustrix、GenieDB、Scale-Arc、Schooner、VoltDB、RethinkDB、ScaleDB、Akiban、CodeFutures、ScaleBase、TransLattice、Nimbus、Drizzle、Tokutek、JustOneDB等，此外，还有一些在云端提供的NewSQL数据库，包括Amazon RDS、Microsoft Azure SQL、Xeround和FathomDB等。在众多NewSQL数据库中，Spanner备受瞩目，它是一个可扩展、多版本、全球分布式并且支持同步复制的数据库，是谷歌的第一个可以全球扩展并且支持外部一致性的数据库。Spanner能做到这些，离不开一个用GPS（Global Positioning System，全球定位系统）和原子钟实现的时间API。这个API能将数据中心之间的时间同步精确到10ms以内。

一些NewSQL数据库相较传统的关系数据库具有明显的性能优势。比如，VoltDB系统使用了NewSQL数据库创新的体系架构，释放了主内存运行的数据库中消耗系统资源的缓冲池，在执行交易时可比传统的关系数据库快45倍。VoltDB可扩展服务器数量为39个，并可以每秒处理160万个交易（300个CPU），而具备同样处理能力的Hadoop则需要更多的服务器。

（2）NoSQL数据库。NoSQL数据库是对非关系数据库的统称，它所采用的数据模型并非传统的关系数据库采用的关系模型，而是键/值、列族、文档等非关系模型。NoSQL数据库没有固定的表结构，通常不存在连接操作，也没有严格遵守ACID约束，因此，与关系数据库相比，NoSQL数据库具有灵活的水平可扩展性，可以支持海量数据存储。此外，NoSQL数据库支持MapReduce风格的编程，可以较好地应用于大数据时代的各种数据管理。NoSQL数据库的出现，一方面弥补了关系数据库在当前商业应用中存在的各种缺陷，另一方面也撼动了传统的关系数据库的垄断地位。

近些年，NoSQL数据库发展势头非常迅猛。在短短四五年时间内，NoSQL领域就爆炸性地产生了50~150个新的数据库。一项网络调查显示，行业中最需要的开发人员技能的前十名依次是HTML5、MongoDB、iOS、Android、Mobile Apps、Puppet、Hadoop、jQuery、PaaS和Social Media。可以看出，其中MongoDB（一种文档数据库，属于NoSQL数据库）的热度甚至位于iOS之前，足以看出NoSQL数据库的受欢迎程度。NoSQL数据库虽然数量众多，但是，归结起来，典型的NoSQL数据库通常包括键值数据库、列族数据库、文档数据库和图数据库。

当应用场合需要简单的数据模型、灵活的IT系统、较高的数据库性能和较低的数据库一致性时，NoSQL数据库是一个很好的选择。通常NoSQL数据库具有以下几个特点。

①灵活的可扩展性。传统的关系数据库由于自身设计机理的原因，通常很难实现"横向扩展"，在面对数据库负载大规模增加时，往往需要通过升级硬件来实现"纵向扩展"。但是，当前的计算机硬件制造工艺已经达到一个限度，性能提升的速度开始趋缓，已经远远赶不上数据库系统负载的增加速度，而且，配置高端的高性能服务器价格不菲，因此，寄希望于通过"纵向扩展"满足实际业务需求，已经变得越来越不现实。相反，"横向扩展"仅需要非常普通廉价的标准化刀片服务器，不仅具有较高的性价比，还提供了理论上近乎无限的扩展空间。NoSQL数据库在设计之初就是为了满足"横向扩展"的需求，因此，天生具备良好的水平扩展能力。

②灵活的数据模型。关系模型是关系数据库的基石，它以完备的关系代数理论为基础，具有规范的定义，遵守各种严格的约束条件。这种做法虽然保证了业务系统对数据一致性的需求，但是，过于死板的数据模型，也意味着无法满足各种新兴的业务需求。相反，NoSQL数据库天生就旨在摆脱关系数据库的各种束缚条件，摒弃了流行多年的关系数据模型，转而采用键/值、列族等非关系模型，允许在一个数据元素里存储不同类型的数据。

③与云计算紧密融合。云计算具有很好的水平扩展能力，可以根据资源使用情况进行自由伸缩，各种资源可以动态加入或退出，NoSQL数据库可以凭借自身良好的横向扩展能力，充分自由地利用云计算基础设施，很好地融入云计算环境中，构建基于NoSQL数据库的云数据库服务。

（3）大数据引发数据库架构变革。综合来看，大数据引发了数据库架构的变革。以前，业界和学术界追求的方向是一种架构支持多类应用（One Size Fits All），如图2-4所示，包括事务型应用（OLTP系统）、分析型应用（OLAP、数据仓库）和互联网应用（Web 2.0应用）。但是，实践证明，这种理想愿景是不可能实现的，不同应用场景的数据管理需求截然不同，一种数据库架构根本无法满足所有场景。因此，到了大数据时代，数据库架构开始向着多元化方向发展，并形成了传统的关系数据库（OldSQL数据库）、NoSQL数据库和NewSQL数据库3个阵营，三者各有自己的应用场景和发展空间。尤其是传统的关系数据库，并没有就此被其他两种数据库完全取代，在基本架构不变的基础上，许多关系数据库产品开始引入内存计算和一体机技术以提升处理性能。在未来一段时期内，3个阵营共存共荣的局面还将持续，不过，有一点是肯定的，那就是传统的关系数据库的辉煌时期已经过去了。

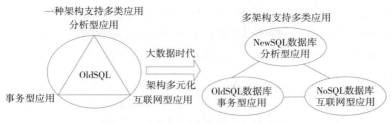

图 2-4　大数据引发数据库架构变革

3. 云数据库

研究机构 IDC 预测，大数据将按照每年 60% 的速度增加，其中包含结构化和非结构化数据。如何方便、快捷、低成本地存储海量数据，是许多企业和机构面临的一个严峻挑战。云数据库是一个非常好的解决方案，目前云服务提供商正通过云技术推出更多可在公有云中托管数据库的方法，将用户从烦琐的数据库硬件定制中解放出来，同时让用户拥有强大的数据库扩展能力，满足海量数据的存储需求。此外，云数据库还能够很好地满足企业动态变化的数据存储需求和中小企业的低成本数据存储需求。可以说，在大数据时代，云数据库将成为许多企业数据的目的地。

为了帮助读者更加清晰地认识关系数据库、NoSQL 数据库、NewSQL 数据库和云数据库的相关产品，图 2-5 给出了 4 种数据库相关产品的分类情况。

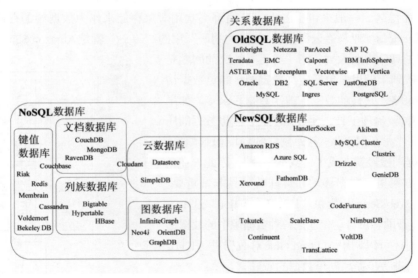

图 2-5　关系数据库、NoSQL 数据库、NewSQL 数据库和云数据库相关产品的分类情况

4. 数据湖

（1）数据湖的概念。企业在持续发展，企业的数据也不断堆积，虽然"含金量"高的数据都存储在数据库/数据仓库里，支撑着企业的运转。但是，企业希望把生产经营中的所有相关数据，包括历史的、实时的，在线的、离线的，内部的、外部的，结构化的、非结构化的，完整保存下来，方便"沙中淘金"（见图 2-6）。

数据库和数据仓库都不具备这个功能，怎么办呢？此时，数据湖脱颖而出。数据湖是一类存储数据自然、原始格式的系统或存储，通常是对象块或者文件。数据湖通常是企业中全量数据的单一存储。全量数据包括原始系统所产生的原始数据副本以及为了各类任务而产生的转换数据，各类任务包括报表、可视化、高级分析和机器学习等。数据湖中包括来自关系数据库中的结构化数据（行和列）、半结构化数据（如CSV数据、日志、XML数据、JSON数据）、非结构化数据（如E-mail数据、文档、PDF文档等）和二进制数据（如图像、音频、视频等）。数据湖可以构建在企业本地数据中心，也可以构建在云上。

存储在数据库/数据　　　　企业的其他数据
仓库中的数据　　　　　　日志、文档、图片、视频

沙中淘金

图2-6　企业需要存储不同类型的数据

　　数据湖的本质，是由"数据存储架构＋数据处理工具"组成的解决方案，而不是某个单一独立产品。

　　数据存储架构要有足够的扩展性和可靠性，要满足企业的把所有原始数据都"囤"起来的需求，实现存得下、存得久。一般来讲，各大云厂商都喜欢用对象存储来作为数据湖的存储底座，比如Amazon Web Services（亚马逊云科技），修建"湖底"用的"砖头"就是Amazon S3云存储。

　　数据处理工具分为两大类。第一类工具解决的问题是如何把数据"搬到"湖里，包括定义数据源、制定数据访问策略和安全策略，并移动数据、编制数据目录等。如果没有这些数据管理/治理工具，元数据缺失，湖里数据的质量就没法保障，"泥石俱下"，各种数据倾泻堆积到湖里，最终好好的数据湖慢慢就变成了"数据沼泽"。因此，在一个数据湖解决方案里，数据移动和管理的工具非常重要。比如，Amazon Web Services提供"Lake Formation"这个工具（见图2-7），帮助客户自动化地把各种数据源中的数据移动到湖里，同时还可以调用Amazon Glue对数据进行ETL，编制数据目录，进一步提高湖里数据的质量。

　　第二类工具解决的问题是如何从湖里的海量数据中"淘金"。并不是将数据存进数据湖里就万事大吉了，要对数据进行分析、挖掘、利用，比如要对湖里的数据进行查

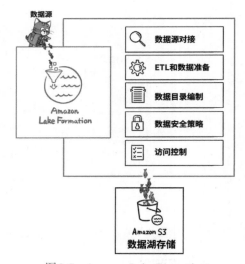

数据源

数据源对接

ETL和数据准备

数据目录编制

数据安全策略

访问控制

Amazon Lake Formation

Amazon S3
数据湖存储

图2-7　Amazon Lake Formation

询，同时要把数据提供给机器学习、数据科学类的业务，便于"点石成金"。数据湖可以通过多种引擎对湖上数据进行分析计算，例如离线分析、实时分析、交互式分析、机器学习等。

　　（2）数据湖与数据仓库的区别。表2-4给出了数据湖与数据仓库的区别。从数据含金量来比，数据仓库里的数据价值密度更高一些，数据的抽取和模式（Schema）的设计，都有非常强的针对性，便于业务分析师迅速获取洞察结果，用于决策支持。而数据湖更有一种"兜底"的感觉，不管当下有没有用，或者暂时没想好怎么用，都先保存着、沉淀着，等将来想用的时候，就可以随时拿出来用，反正数据都被"原汁原味"地留存了下来。

表 2-4　数据湖与数据仓库的区别

特性	数据仓库	数据湖
存放数据类型	结构化数据，抽取自事务系统、运营数据库和业务应用系统	所有类型的数据，结构化数据、半结构化数据和非结构化数据
模式编写	通常在数据仓库实施之前编写，但也可以在数据分析时编写	在数据分析时编写
性价比	起步成本高，使用本地存储以获得最快查询结果	起步成本低，计算与存储分离
数据质量	可作为重要事实依据的数据	包含原始数据在内的任何数据
适合谁用	业务分析师为主	数据科学家、数据开发人员为主
具体作用	批处理报告、商务智能、可视化分析	机器学习、探索性分析、数据发现、流处理、大数据与特征分析

（3）数据湖能解决的企业问题。在企业实际应用中，数据湖能解决的问题包括以下几个方面。

①数据分散，存储散乱，形成数据孤岛，无法联合数据发现更多价值。从这方面来讲，数据湖要解决的问题与数据仓库的是类似的，但又有所不同，因为它的定义里支持对半结构化、非结构化数据的管理。而传统的数据仓库仅能解决对结构化数据的统一管理。在这个万物互联的时代，数据的来源多种多样，随着应用场景的增加，产出的数据格式也是越来越丰富，不能再仅仅局限于结构化数据。如何统一存储这些数据，就是迫切需要解决的问题。

②存储成本问题。数据库或数据仓库的存储受限于实现原理及硬件条件，导致存储海量数据时成本过高，而为了解决这类问题，就有了 HDFS、对象存储这类技术方案。在数据湖场景下使用这类存储成本较低的技术方案，将会为企业大大节省成本。结合生命周期管理的能力，可以更好地为湖内数据分层，不用纠结是保留数据还是删除数据节省成本的问题。

③SQL 无法满足的分析需求。越来越多种类的数据，意味着越来越多的分析方式，传统的 SQL 方式已经无法满足分析的需求。如何通过各种语言自定义贴近自己业务的代码，如何通过机器学习挖掘更多的数据价值，变得越来越重要。

④存储、计算扩展性不足。传统数据库在海量数据下，如规模到 PB 级别，因为技术架构的原因，已经无法满足扩展的要求或者扩展成本极高，而这种情况下通过数据湖架构下的扩展技术能力，实现成本为 0，硬件成本也可控。

⑤业务模型不定，无法预先建模。传统的数据库和数据仓库，采用写时模式（Schema-on-Write），需要提前定义模式信息。而在数据湖场景下，可以先保存数据，后续待分析时，再发现模式，也就是采用读时模式（Schema-on-Read）。

（4）"湖仓一体"的概念。曾经，数据仓库擅长的商务智能、数据洞察，离业务更近，价值更大，而数据湖里的数据，更多的是为了远景"画饼"。随着大数据和人工智能的普及，原先"画的饼"也变得"炙手可热"，现在，数据湖已经可以很好地为业务赋能，它的价值正在被重新定义。

因为数据仓库和数据湖的出发点不同、架构不同，企业在实际使用过程中，"性价比"差异很大。如图 2-8 所示，数据湖起步成本很低，但随着数据体量增大，TCO（Total Cost of Ownership，总拥有成本）会加速飙升，数据仓库则恰恰相反，前期建设开支很大。总之，一个后期成本高，一个前期成本高，对于既想"修湖"又想"建仓"的用户来说，仿佛玩了一个金钱游戏。于是，人们就想，既然都是以数据为业务服务，数据湖和数据仓库作为两大"数据集散地"，能不能彼此整合一下，让数据流动起来，少点重复建设呢？比如，让数据仓库在进行数据分析的时候，可以直接访问数据湖里的数据（Amazon Redshift Spectrum就是这么做的）。再如，让数据湖在架构设计上就"原生"支持数据仓库（Delta Lake就是这么做的）。正是这些想法和需求，推动了数据仓库和数据湖的打通和融合，也就是当下"炙手可热"的概念——湖仓一体。

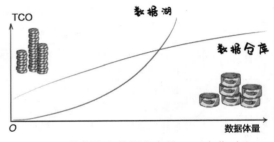

图2-8　数据湖和数据仓库的TCO变化对比

湖仓一体是一种新型的开放式架构，打通了数据仓库和数据湖，将数据仓库的高性能及管理能力与数据湖的灵活性融合了起来，在底层支持多种数据类型并存，能实现数据间的相互共享；在上层可以通过统一封装的接口进行访问，可同时支持实时查询和分析，为企业进行数据治理带来了更多的便利性。

湖仓一体架构最重要的一点，是"湖里"和"仓里"的数据/元数据能够无缝打通，并且"自由"流动。如图2-9所示，湖里的"新鲜"数据可以流到仓里，甚至可以直接被数据仓库使用，而仓里的"不新鲜"数据，也可以流到湖里，低成本长久保存，供未来的数据挖掘使用。

图2-9　数据湖和数据仓库之间的数据流动

湖仓一体架构具有以下特性。

（1）事务的ACID支持。在企业中，数据往往要为业务系统提供并发的读取和写入。对事务的ACID支持，可确保数据并发访问的一致性、正确性，尤其是在SQL的访问模式下。

（2）数据治理。湖仓一体可以支持各类数据模型的实现和转变，支持数据仓库模式架构，例如星型模型、雪花模型等；可以保证数据完整性，并且具有健全的治理和审计机制。

（3）商务智能支持。湖仓一体支持直接在源数据上使用商务智能工具，这样可以加快分析效率，降低数据延时。另外，相比于在数据湖和数据仓库中分别操作两个副本的方式，更具成本优势。

（4）存算分离。存算分离的架构，使系统能够具有更强的并发能力和更大的数据容量。

（5）开放性。采用开放、标准化的存储格式（例如Parquet等），提供丰富的API支持，因此，各种工具和引擎（包括机器学习和Python、R等）可以高效地对数据进行直接访问。

（6）支持多种数据类型。湖仓一体可为许多应用程序提供数据的入库、转换、分析和访问等，支持的数据包括图像、视频、音频和文本等。

2.4　数据处理与分析

在数据处理与分析环节，我们可以利用传统的统计学方法对数据进行分析，也可以利用数据挖掘和机器学习算法，并结合大数据处理与分析技术（MapReduce 和 Spark 等），对海量数据进行计算，得到有价值的结果，服务于生产和生活。

2.4.1　基于统计学方法的数据分析

基于统计学方法的数据分析是指用适当的统计分析方法对收集来的大量数据进行分析，将它们加以汇总和理解并消化，以求更大限度地发挥数据的作用。其核心目的是把隐藏在一大批看似杂乱无章的数据背后的信息集中和提炼出来，总结出研究对象的内在规律，帮助管理者进行判断和决策，以便采取适当策略与行动。

数据分析在企业日常经营分析中主要有三大作用。

（1）现状分析。分析数据中隐藏的当前现状信息。比如，可以通过相关业务中各个指标的完成情况来判断企业目前的运营情况。

（2）原因分析。分析现状发生以及存在的原因。比如，企业运营情况中比较好的方面以及比较差的方面，都是由哪些原因引起的，以指导管理者做出决策，对相关策略进行调整和优化。

（3）预测分析。分析预测将来可能会发生什么。根据以往数据，对企业未来发展趋势做出预测，为制订企业运营目标及策略提供有效的参考与决策依据。一般通过专题分析来完成。

常见的数据分析方法包括描述统计、假设检验、方差分析、相关性分析、回归分析、主成分分析和因子分析、判别分析、时间序列分析。

1. 描述统计

（1）频数分析。频数分析主要用于数据清洗、调查结果的问答等。

（2）探索性分析。探索性分析主要从统计的角度查看统计量来评估数据分布，主要用于异常值检测、正态分布检验、数据分段、分位点测算等。

（3）交互分析。交互分析是市场研究的主要工作，大部分市场研究分析到此为止，主要用于分析报告和分析数据源等。

2. 假设检验

具有代表性的假设检验方法是 T 检验，主要用来比较两个总体均值的差异是否显著。

3. 方差分析

方差分析用于超过两个总体的均值检验，也经常用于实验设计后的检验问题。

方差分析的主要用途包括：①均值差别的显著性检验；②分离各有关因素并估计其对总变异的作用；③分析因素间的交互作用；④方差齐性检验。

在科学实验中，常常要探讨不同实验条件或处理方法对实验结果的影响，通常是比较不同实验条件下样本均值间的差异。例如，研究几种药物对某种疾病的疗效，研究土壤、肥料、日照时间等因素对某种农作物产量的影响，研究不同化学药剂对作物害虫的杀灭效果，等等，都可以使用方差分析解决。

4. 相关性分析

相关性分析是指对两个或多个具备相关性的变量元素进行分析，从而衡量两个变量元素相关的密切程度。元素之间需要存在一定的联系或者概率，才可以进行相关性分析。相关性不等于因果性，也不是简单的个性化，相关性几乎覆盖了我们所见到的方方面面，相关性在不同的学科里面的定义也有很大的差异。

5. 回归分析

回归分析指的是确定两种或两种以上变量间相互依赖的定量关系的一种统计分析方法。回归分析按照涉及的变量的多少，分为一元回归分析和多元回归分析；按照因变量的多少，可分为简单回归分析和多重回归分析；按照自变量和因变量之间的关系类型，可分为线性回归分析和非线性回归分析。

回归分析是监督类分析方法，也是非常重要的认识多变量分析的基础方法，掌握了回归分析，我们能更好地认识多变量分析，其他很多方法都是变种。回归分析主要用于影响研究、满意度研究等。

6. 主成分分析和因子分析

主成分分析和因子分析是非监督类分析方法的代表。因子分析是认识多变量分析的基础方法，只有掌握了因子分析，我们才能进入多因素相互关系的研究，它主要用在消费者行为态度研究、价值观态度语句的分析、市场细分之前的因子聚类、问卷的信度和效度检验等，因子分析也可以看作一种数据预处理技术。主成分分析可以消减变量、权重等，主成分分析还可以用于构建综合排名。主成分分析一般很少单独使用，可以用来了解数据，或者和聚类分析一起使用，或者和判别分析一起使用，比如，当变量很多，个案数不多，直接使用判别分析可能无解，这时可以使用主成分分析对变量进行简化。另外，在多元回归分析中，主成分分析可以用来判断是否存在共线性（条件指数），还可以用来处理共线性。

7. 判别分析

已知某种事物有几种类型，现在从各种类型中各取一个样本，由这些样本设计出一套标准，使得从这种事物中任取一个样本，可以按这套标准判别它的类型，这就是判别分析。

判别分析是构建 Biplot 二元判别图的好方法，主要用于分类和判别图，也是图示化技术的一种，在气候分类、农业区划、土地类型划分中有着广泛的应用。

8. 时间序列分析

时间序列分析是定量预测方法之一，侧重研究数据序列的互相依赖关系，它可以根据系统的有限长度的运行记录（观察数据），建立能够比较精确地反映序列中所包含的动态依存关系的数学模型，从而对系统的未来进行预报。

时间序列分析常用在国民经济宏观控制、区域综合发展规划、企业经营管理、市场潜量预测、气象预报、水文预报、地震前兆预报、农作物病虫灾害预报、环境污染控制、生态平衡、天文学和海洋学等方面。时间序列分析主要从以下几个方面入手进行研究分析。

（1）系统描述。根据对系统进行观测得到的时间序列数据，用曲线拟合方法对系统进行客观的描述。

（2）系统分析。当观测值取自两个以上变量时，可用一个时间序列中的变化去说明另一个时间序列中的变化，从而深入了解给定时间序列产生的机理。

（3）预测未来。一般用 ARMA（Autoregressive Moving Average，自回归移动平均）模型拟合时间序列，预测该时间序列的未来值。

（4）决策和控制。根据时间序列模型，可调整输入变量，使系统发展过程保持在目标值上，即预测到过程要偏离目标时便可进行必要的控制。

2.4.2　数据挖掘和机器学习算法

数据挖掘和机器学习是计算机学科中非常活跃的研究分支之一。机器学习是一门多领域交叉学科，涉及概率论、统计学、逼近论、凸分析、算法复杂度理论等多门学科，专门研究计算机怎样模拟或实现人类的学习行为，以获取新的知识或技能，重新组织已有的知识结构使之不断改善自身的性能，它是人工智能的核心，是使计算机具有智能的根本途径，其应用遍及人工智能的各个领域。

数据挖掘是指从大量的数据中通过算法搜索隐藏于其中的信息的过程。数据挖掘可以视为机器学习与数据库的交叉，它主要利用机器学习界提供的算法来分析海量数据，利用数据库界提供的存储技术来管理海量数据。从知识的来源角度而言，数据挖掘领域的很多知识也"间接"来自统计学界，之所以说"间接"，是因为统计学界一般偏重理论研究而不注重实用性，统计学界中的很多技术需要在机器学习界进行验证和实践并变成有效的机器学习算法以后，才可能进入数据挖掘领域，对数据挖掘产生影响。

虽然数据挖掘领域的很多技术都来自机器学习领域，但是，我们并不能因此就认为数据挖掘只是机器学习的简单应用。毕竟，机器学习通常只研究小规模的数据对象，往往无法应用到海量数据的情形，数据挖掘必须借助于海量数据管理技术对数据进行存储和处理，同时对一些传统的机器学习算法进行改进，使其能够支持海量数据的情形。

典型的机器学习和数据挖掘算法包括分类、聚类、回归分析和关联规则等。

* 分类：分类是找出数据库中的一组数据对象的共同特点并按照分类模式将其划分为不同的类，其目的是通过分类模型，将数据库中的数据项映射到某个给定的类别中。可以应用到应用分类、趋势预测中，如淘宝商铺将用户在一段时间内的购买情况划分成不同的类，根据情况向用户推荐关联类的商品，从而增加商铺的销售量。

* 聚类：聚类类似于分类，但与分类的目的不同，是针对数据的相似性和差异性将一组数据分为几个类别。属于同一类别的数据间的相似性很大，但不同类别之间数据的相似性很小，跨类的数据间的关联性很低。

* 回归分析：回归分析反映了数据库中数据的属性值的特性，通过函数表达数据映射的关系来发现属性值之间的依赖关系。它可以应用到对数据序列的预测及相关关系的研究中去。在市场营销中，回归分析可以被应用到各个方面。如通过对本季度销量的回归分析，对下一季度的销量趋势做出预测并做出针对性的营销。

* 关联规则：关联规则是隐藏在数据项之间的关联或相互关系，即可以根据一个数据项的出现推导出其他数据项的出现。关联规则挖掘技术已经被广泛应用于金融行业企业中，便于预测客户的需求，例如，各银行在自己的 ATM（Automatic Teller Machine，自动柜员机）上通过捆绑客户可能感兴趣的信息供用户了解，并获取相应信息来改善自身的营销。

2.4.3　大数据处理与分析技术

MapReduce 是被大家所熟悉的大数据处理与分析技术，当人们提到大数据时往往会很自然地想到 MapReduce，可见其影响力之广。实际上，由于企业内部存在多种不同的应用场景，因此，大数据处理的问题复杂多样，单一的技术是无法满足不同类型的计算需求的，MapReduce 其实只是大数据处理与分析技术中的一种，它代表了针对大规模数据的批量处理技术，除此以外，还有查询分析计算、图计算、流计算等多种大数据处理与分析技术（见表 2-5）。

表2-5　大数据处理与分析技术的类型及其代表产品

类型	解决问题	代表产品
批处理计算	针对大规模数据的批量处理	MapReduce、Spark等
流计算	针对流数据的实时计算	Flink、Storm、S4、Flume、Streams、Puma、DStream、Super Mario、银河流数据处理平台等
图计算	针对大规模图结构数据的处理	Pregel、GraphX、Giraph、PowerGraph、Hama、GoldenOrb等
查询分析计算	针对超大规模数据的存储管理和查询分析	Dremel、Hive、Cassandra、Impala等

1. 批处理计算

批处理计算主要解决针对大规模数据的批量处理，也是我们日常数据分析工作中非常常见的一类数据处理需求。MapReduce是非常具有代表性和影响力的大数据批处理技术之一，可以并行执行大规模数据处理任务，用于大规模数据集（大于1TB）的并行运算。MapReduce极大地简化了分布式并行编程工作，编程人员在不会分布式并行编程的情况下，也可以很容易地将自己的程序运行在分布式系统上，完成海量数据集的计算。

Spark是一个针对超大数据集合的低延迟的集群分布式计算系统，比MapReduce快许多。Spark启用了内存分布数据集，除了能够提供交互式查询外，还可以优化迭代工作负载。在MapReduce中，数据流从一个稳定的来源进行一系列加工处理后，流出到一个稳定的文件系统（如HDFS）。而对于Spark而言，使用内存替代HDFS或本地磁盘来存储中间结果，因此，Spark的速度要比MapReduce的速度快许多。

2. 流计算

流数据是大数据分析中的重要数据类型。流数据（或数据流）是指在时间分布和数量上无限的一系列动态数据集合体，数据的价值随着时间的流逝而降低，因此，必须采用实时计算的方式给出秒级响应。流计算可以实时处理来自不同数据源的、连续到达的流数据，经过实时分析处理，给出有价值的分析结果。目前业内已涌现出许多的流计算框架与平台，第一类是商业级的流计算平台，包括IBM InfoSphere Streams等；第二类是开源流计算框架，包括Twitter Storm、Yahoo! S4（Simple Scalable Streaming System）、Spark Streaming、Flink等；第三类是公司为支持自身业务开发的流计算框架，如Facebook使用Puma和HBase相结合来处理实时数据，百度开发了通用实时流数据计算系统DStream，淘宝开发了通用流数据实时计算系统——银河流数据处理平台。

3. 图计算

在大数据时代，许多大数据都以大规模图或网络的形式呈现，如社交网络、传染病传播途径、交通事故对路网的影响等；此外，许多非图结构的大数据，也常常会被转换为图模型后再进行处理分析。MapReduce作为单输入、两阶段、粗粒度数据并行的分布式计算框架，在表达多迭代、稀疏结构和细粒度数据时，往往显得力不从心，不适合用来解决大规模图计算问题。因此，针对大型图的计算，需要采用图计算，目前已经出现了不少相关图计算产品。Pregel是一种基于BSP（Bulk Synchronous Parallel，整体同步并行）模型实现的并行图处理系统。为了解决大型图的分布式计算问题，Pregel搭建了一套可扩展的、有容错机制的平台，该平台提供了一套非常灵活的API，可以描述各种各样的图计算。Pregel主要用于图遍历、最短路径、PageRank（页面排序算法）等。其他代表性的图计算产品还包括Facebook针对Pregel的开源实现Giraph、Spark下的GraphX、图数据处理系统PowerGraph等。

4. 查询分析计算

针对超大规模数据的存储管理和查询分析，需要提供实时或准实时的响应，才能很好地满足企业经营管理需求。谷歌公司开发的 Dremel，是一种可扩展的、交互式的实时查询系统，用于只读嵌套数据的分析。通过结合多级树状执行过程和列式数据结构，它能做到几秒内完成对万亿张表的聚合查询。该系统可以扩展到成千上万的 CPU 上，满足谷歌上万用户操作 PB 级数据的需求，并且可以在 2~3s 内完成 PB 级数据的查询。此外，Cloudera 公司参考 Dremel 系统开发了实时查询引擎 Impala，它提供 SQL 语义，能快速查询存储在 Hadoop 的 HDFS 和 HBase 中的 PB 级大数据。

2.5　数据可视化

在大数据时代，人们面对海量数据，有时难免显得无所适从。一方面，数据复杂繁多，各种不同类型的数据大量涌来，庞大的数据量已经大大超出了人们的处理能力，在日益紧张的工作中已经不允许人们在阅读和理解数据上花费大量时间；另一方面，人类大脑无法从堆积如山的数据中快速发现核心问题，必须有一种高效的方式来刻画和呈现数据所反映的本质问题。要解决这个问题，就需要数据可视化，它通过丰富的视觉效果，把数据以直观、生动、易理解的方式呈现给用户，可以有效提升数据分析的效率和效果。

2.5.1　什么是数据可视化

数据通常是枯燥乏味的，相对而言，人们对于大小、图形、颜色等怀有更加浓厚的兴趣。利用数据可视化平台，将枯燥乏味的数据转变为丰富生动的视觉效果，不仅有助于简化人们的分析过程，还能在很大程度上提高分析数据的效率。

数据可视化是指将大型数据集中的数据以图形/图像形式表示，并利用数据分析和开发工具发现其中未知信息的处理过程。数据可视化技术的基本思想是将数据库中每一个数据项作为单个图元素表示，大量的数据集构成数据图像，同时将数据的各个属性值以多维数据的形式表示，从不同的维度观察数据，从而对数据进行更深入的观察和分析。

虽然数据可视化在数据分析领域并非最具技术挑战性的部分，但是，它是整个数据分析流程中最重要的一个环节。

2.5.2　可视化的发展历程

人类很早就引入了可视化技术辅助分析问题。1854 年，伦敦暴发霍乱，10 天内有 500 多人死于该病。当时很多人都认为霍乱是通过空气传播的。但是，约翰·斯诺（John Snow）医师却不这么认为。于是他绘制了一张地图，如图 2-10 所示，分析了霍乱患者分布与水井分布之间的关系，发现其中一口井的供水范围内患者明显偏多，他据此找到了霍乱暴发的根源是一个被污染的水泵。人们把这个水泵移除以后，霍乱的发病人数就开始明显下降。

可视化发展历程中的另一个经典之作是 1857 年"提灯女神"南丁格尔设计的"鸡冠花图"（又称玫瑰图，见图 2-11）。它以图形的方式直观地呈现了英国在克里米亚战争中牺牲的战士数量和死亡原因，有力地说明了改善军队医院的医疗条件对于减少战争伤亡的重要性。

图 2-10　反映霍乱患者分布与水井分布的地图

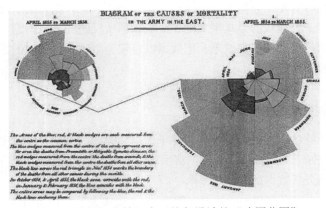

图 2-11　"提灯女神"南丁格尔设计的"鸡冠花图"

20世纪50年代，随着计算机的出现和计算机图形学的发展，人们可以利用计算机技术在计算机屏幕上绘制出各种图形/图表，可视化技术开启了全新的发展阶段。最初，可视化技术被大量应用于统计学领域，用来绘制统计图表，如圆环图、柱状图、饼图、直方图、时间序列图、等高线图、散点图等；后来，又逐步应用于地理信息系统、数据挖掘分析、商务智能工具等，有效地促进了人类对不同类型数据的分析与理解。

随着大数据时代的到来，每时每刻都有海量数据在不断生成，需要我们对数据进行及时、全面、快速、准确的分析，呈现数据背后的价值。这就更需要应用可视化技术协助我们更好地理解和分析数据，可视化成为大数据分析最后的一环和对用户而言最重要的一环。

2.5.3　数据可视化的重要作用

在大数据时代，数据容量和复杂性的不断增加，限制了普通用户从大数据中直接获取知识，可视化的需求越来越大，依靠可视化手段进行数据分析必将成为大数据分析流程的主要环节之一。让"茫茫数据"以可视化的方式呈现，让枯燥的数据以简单友好的图表形式展现出来，可以让数据变得更加通俗易懂，有助于用户更加方便快捷地理解数据的深层次含义，有效参与复杂的数据分析过程，提升数据分析效率，改善数据分析效果。

在大数据时代，可视化技术可以支持实现多种不同的目标。

1. 观测、跟踪数据

许多实际应用中的数据量已经远远超出人类大脑可以理解及消化吸收的能力范围，对于处于不断变化中的多个参数值，如果还是以枯燥数值的形式呈现，人们必将茫然无措。利用变化的数据生成实时变化的可视化图表，可以让人们一眼看出各种参数的动态变化过程，有效跟踪各种参数值。比如，百度地图提供实时路况服务，可以查询包括北京在内的各大城市的实时交通路况信息。

2. 分析数据

利用可视化技术，可实时呈现当前分析结果，引导用户参与分析过程，根据用户反馈信息执行后续分析操作，完成用户与分析算法的全程交互，实现数据分析算法与用户领域知识的完美结合。一个典型的用户参与的可视化分析过程如图2-12所示，数据首先被转化为图像呈现给用户，然后用户通过视觉系统进行观察分析，同时结合自己的领域知识，对可视化图像进行感知和认知，从而理解和分析数据的内涵与特征。随后，用户可以根据分析结果，通过改变可视化程序系统的设置来交互式地改变输出的可视化图像，从而可以根据自己的需求从不同角度对数据进行理解。

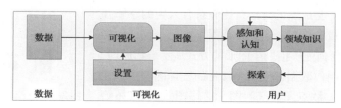

图2-12　用户参与的可视化分析过程

3. 辅助理解数据

可视化技术可以帮助普通用户更快、更准确地理解数据背后的含义，如用不同的颜色区分不同对象、用动画显示变化过程、用图结构展现对象之间的复杂关系等。例如，微软亚洲研究院设计开发的人立方关系搜索，能从超过10亿的中文网页中自动地抽取出人名、地名、机构名以及中文短语，并通过算法自动计算出它们之间存在关系的可能性，最终以可视化的关系图形式呈现结果（见图2-13）。

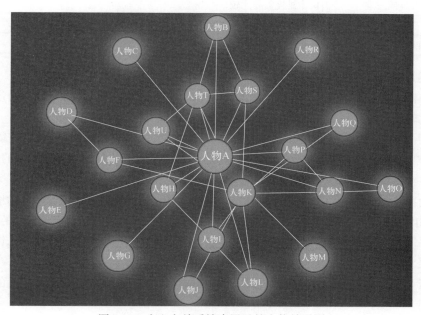

图2-13　人立方关系搜索展示的人物关系图

4. 增强数据吸引力

枯燥的数据被制作成具有强大视觉冲击力和说服力的图像后，可以大大增强读者的阅读兴趣。可视化的图表新闻（见图2-14）就是一个非常受欢迎的应用。在海量的新闻信息面前，读者的时间和精力显得有些捉襟见肘。传统单调保守的讲述方式已经不能引起读者的兴趣，需要更加直观、高效的信息呈现方式。因此，现在的新闻播报越来越多地使用数据图表，动态、立体化地呈现报道内容，让读者对内容一目了然，能够在短时间内迅速消化和吸收，大大提高了知识理解的效率。

图2-14　一个可视化的图表新闻实例

2.5.4　可视化图表

统计图表是使用最早的可视化图形，已经具有数百年的发展历史，逐渐形成了一套成熟的方法，比较符合人类的感知和认知，因而得到了大量的应用。当然，数据可视化不仅仅包含统计图表，本质上，任何能够借助于图形的方式展示事物原理、规律、逻辑的方法都叫作数据可视化。常见的统计图表包括柱状图、折线图、饼图、散点图、气泡图、雷达图等。表2-6给出了常用的统计图表及其应用场景。

表2-6　常用的统计图表及其应用场景

图表	维度	应用场景
柱状图	二维	指定一个分析轴进行数据大小的比较，只需比较其中一维
折线图	二维	按照时间序列分析数据的变化趋势，适用于较大的数据集
饼图	二维	指定一个分析轴进行所占比例的比较，只适用于反映部分与整体的关系
散点图	二维或三维	有两个维度需要比较
气泡图	三维或四维	其中只有两维能够精确辨识
雷达图	四维以上	数据点不超过6个

除了上述常用的统计图表以外，数据可视化还可以使用其他图表，具体如下。

（1）漏斗图。漏斗图适用于业务流程比较规范、周期长、环节多的流程分析，通过漏斗各环节业务数据的比较，能够直观地发现和说明问题所在。

（2）树图。树图是一种流行的、利用包含关系表达层次化数据的可视化方法，它能将事物或现象分解成树枝状，因此又称树形图或系统图。树图就是把要实现的目的与需要采取的措施或手段，系统地展开并绘制成图，以明确问题的重点，寻找最佳手段或措施。

（3）热力图。热力图是以特殊高亮的形式显示访客热衷的页面区域和访客所在的地理区域的图示，它基于GIS（Geographic Information System，地理信息系统）坐标显示人或物品的相对密度。

（4）关系图。关系图基于三维空间中的点线组合，再加以颜色、粗细等维度的修饰，表征各节点之间的关系。

（5）词云。词云通过形成关键词云层或关键词渲染，对网络文本中出现频率较高的关键词给予视觉上的突出。

（6）桑基图。桑基图也被称为桑基能量分流图或桑基能量平衡图，它是一种特定类型的流程图，图中延伸的分支的宽度对应数据流量的大小，通常应用于能源、材料成分、金融等数据的可视化分析。

（7）日历图。日历图是以日历为基本维度的、对单元格加以修饰的图表。

2.6 数据安全和隐私保护

人类从使用数据之初，就存在数据安全和隐私保护的问题，这并非大数据时代特有的问题，因此，在过去几十年发展起来的数据安全和隐私保护技术，都可以很好地用于大数据。

2.6.1 数据安全技术

数据安全技术种类繁多，主要包括身份认证技术、防火墙技术、访问控制技术、入侵检测技术和加密技术等。

（1）身份认证技术。在使用该项技术时，会通过对操作者身份信息的认证，确定操作者是不是非法入侵者，进而对网络数据进行保护。该项技术主要用于操作系统间的数据访问保护，是较为常用、高效的数据安全技术。

（2）防火墙技术。防火墙是一种保护计算机网络安全的技术性措施，它通过在网络边界上建立相应的网络通信监控系统来隔离内部和外部网络，以阻挡来自外部的网络入侵。

（3）访问控制技术。访问控制是指系统通过对用户身份及其所属的预先定义的策略组进行限制，来控制其使用数据资源能力的手段。访问控制通常用于系统管理员控制用户对服务器、目录、文件等网络资源的访问。访问控制是主体依据某些控制策略或权限对客体本身或其资源进行的不同授权访问，它是系统保密性、完整性、可用性和合法使用性的重要基础，是网络安全防范和资源保护的关键策略之一。

（4）入侵检测技术。该项技术属于主动防御技术中的一种，能够实现对网络病毒的有效防御与拦截，能够对信息数据形成有效保护。入侵检测是集响应计算机误用与检测于一体的技术，包括攻击预测、威慑以及检测等内容。在进行检测时，首先会对用户与系统活动展开监测、分析，明确系统弱点与整体构造；其次会对已知攻击实施识别，并在识别后发出预警；最后会对数据文件以及系统完整性进行评估。

（5）加密技术。加密技术包括两个元素：算法和密钥。算法是将普通的文本（或者可以理解的信息）与一串数字（密钥）结合，产生不可理解的密文的步骤；密钥是用来对数据进行编码和解码的一种算法。在安全保密中，可通过适当的密钥加密技术和管理机制来保证网络的通信安全。

2.6.2 隐私保护技术

在大数据时代的影响之下，隐私安全问题频发，在进行隐私保护相关工作时，需要能够针对隐私暴露的现阶段发展实际情况，有针对性地进行改善。可以通过数据水印的合理性应用，明确用户使用数据的实际需要，并且将用户的身份信息加以识别，在不影响用户正常使用数据的前提之下，对数据载体使用检测的方法实现融入，数据水印技术的合理应用能够充分保护原创。

在进行用户隐私的保护时，应当能够充分使用保护技术，顺应大数据发展的实际需要。用户隐私保护的渠道众多，贯穿于数据产生的全过程，主要是针对生产、收购以及加工存储的各项环节，应当能够在数据运输当中实现隐私安全保护体系的构建，在数据的整个生命周期当中，实现对用户信息的保护，并能够使用信息过滤技术以及位置匿名技术等，对个人信息中的敏感部分加以保护，实现用户隐私的合理保护，建立和完善数据信息保护系统。

2.7　本章小结

　　大数据技术是与数据的采集、存储、分析、可视化、安全等相关的一大类技术的集合。本章首先介绍了数据采集与预处理的相关技术；然后介绍了大数据时代的数据存储和管理技术，包括分布式文件系统、NewSQL 和 NoSQL 数据库等，并总结了典型的大数据处理与分析技术，包括批处理计算、流计算、图计算和查询分析计算方面的技术；接下来讨论了数据可视化的内容，阐述了可视化的概念和重要作用，并给出了相关的案例；最后介绍了数据隐私和安全保护的相关技术。

2.8　习题

1. 请阐述大数据技术有哪些层面以及每个层面的功能。
2. 请阐述传统的数据采集与大数据采集的区别。
3. 请阐述数据采集有哪些数据源。
4. 请阐述数据采集的三大要点。
5. 请阐述数据采集有哪些方法。
6. 请阐述数据清洗主要包括哪些内容。
7. 请阐述在数据集成过程中需要考虑解决哪些问题。
8. 请阐述常见的数据转换策略有哪些。
9. 请阐述主要的数据脱敏方法有哪些。
10. 请阐述大数据时代的存储和管理技术有哪些。
11. 请阐述数据仓库和数据湖有哪些区别。
12. 请阐述常见的统计分析方法有哪些。
13. 请阐述数据挖掘和机器学习的关系。
14. 请阐述大数据处理与分析技术类型及其代表产品。
15. 请阐述数据可视化的重要作用。
16. 请阐述常用的统计图表类型有哪些。
17. 请阐述数据安全和隐私保护有哪些技术。

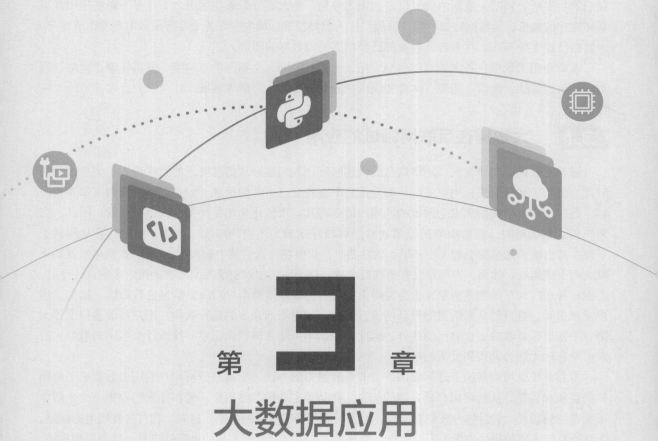

第 **3** 章

大数据应用

《大数据时代》的作者舍恩伯格曾经说过："大数据是未来，是新的油田、金矿。"随着大数据向各个行业渗透，未来的大数据将会无处不在地为人类服务。大数据宛如一座神奇的"金矿"，其价值潜力无穷。它与其他物质产品不同，并不会随着使用而有所消耗，相反，取之不尽，用之不竭。我们第一眼所看到的大数据的价值仅是冰山之一角，绝大部分隐藏在冰山之下，可不断被使用并重新释放它的能量。大数据宛如一股"洪流"注入世界经济，成为全球各个经济领域的重要组成部分。大数据已经无处不在，社会各行各业都已经留下了大数据的印迹。

本章介绍大数据在各大领域的典型应用，包括互联网、生物医学、物流、城市管理、金融、汽车、零售、餐饮、电信、能源、体育和娱乐、安全以及日常生活等领域。

3.1 大数据在互联网领域的应用

随着互联网的飞速发展，网络信息的快速膨胀让人们逐渐从信息匮乏的时代步入了信息过载的时代。借助于搜索引擎，用户可以从海量信息中查找自己所需的信息。但是，通过搜索引擎查找内容，是以用户有明确的需求为前提的，用户需要将其需求转化为相关的关键词进行搜索。因此，当用户需求很明确时，搜索引擎的结果通常能够较好地满足用户的需求。比如，用户打算从网络上下载一首由筷子兄弟演唱的《小苹果》的歌曲时，只要在搜索引擎中输入"小苹果"，就可以找到该歌曲的下载地址。然而，当用户没有明确需求时，就无法向搜索引擎提交明确的搜索关键词，这时，看似"神通广大"的搜索引擎，也会变得无能为力，难以帮助用户对海量信息进行筛选。比如，用户突然想听一首自己从未听过的最新的流行歌曲，面对当前众多的流行歌曲，用户可能显得茫然无措，不知道哪首歌曲适合自己的喜好，因此，他就不可能告诉搜索引擎要搜索什么名字的歌曲，搜索引擎自然无法为其找到爱听的歌曲。

推荐系统是可以解决上述问题的一个非常有潜力的办法，它通过分析用户的历史数据来了解用户的需求和兴趣，从而将用户感兴趣的信息、物品等主动推荐给用户。现在让我们设想一个生活中可能遇到的场景：假设你今天想看电影，但又没有明确想看哪部电影，这时，你打开在线电影网站，面对近百年来所拍摄的成千上万部电影，要从中挑选一部自己感兴趣的电影就不是一件容易的事情。我们经常会打开一部看起来不错的电影，看几分钟后无法提起兴趣就结束观看，然后继续寻找下一部电影，等终于找到一部自己爱看的电影时，可能已经有些筋疲力尽了，渴望休闲的心情也会荡然无存。为解决挑选电影的问题，你可以向朋友、电影爱好者进行请教，让他们为你推荐电影。但是，这需要一定的时间成本，而且由于每个人的喜好不同，他人推荐的电影不一定会令你满意。此时，你可能更想要的是一个针对你的自动化工具，它可以分析你的观影记录，了解你对电影的喜好，并从庞大的电影库中找到符合你兴趣的电影供你选择。这个你所期望的自动化工具就是推荐系统。

推荐系统是自动联系用户和物品的一种工具，和搜索引擎相比，推荐系统通过研究用户的兴趣偏好进行个性化计算。推荐系统可发现用户的兴趣点，帮助用户从海量信息中发掘自己潜在的需求。

3.2 大数据在生物医学领域的应用

大数据在生物医学领域得到了广泛的应用。在流行病预测方面，大数据彻底颠覆了传统的流行病预测方式，使人类在公共卫生管理领域迈上了一个全新的台阶。在智慧医疗方面，通过打造健康档案区域医疗信息平台，利用先进的物联网技术和大数据技术，可以实现患者、医护人员、医疗服务提供商、保险公司等之间的无缝、协同、智能的互联，让患者体验一站式的医疗、护理和保险服务。在生物信息学方面，大数据使得我们可以利用先进的数据科学知识，更加深入地了解生物学过程、作物表型、疾病致病基因等。

本节介绍大数据在流行病预测、智慧医疗和生物信息学等生物医学领域的应用。

3.2.1 流行病预测

在公共卫生领域，流行病管理是一项关乎民众身体健康甚至生命安全的重要工作。一个疾病，一旦真正在公众中暴发，就已经错过了最佳防控期，往往会带来大量的生命和经济损失。在传统的公共卫生管理中，一般要求医生在发现新型病例时上报给疾病预防控制中心（以下简称疾控中心），疾控中心对各级医疗机构上报的数据进行汇总分析，发布疾病流行趋势报告。但是，这种从下至上的处理方式存在一个致命的缺陷：感染流行病的人群往往会在发病多日进入严重状态后才会到医院就诊，医生见到患者再上报给疾控中心，疾控中心再汇总，进行专家分析后发布报告，然后相关部门采取应对措施，整个过程会经历一个相对较长的周期，一般要滞后一到两周，而在这个时间段内，流行病可能已经进入快速扩散蔓延状态，导致疾控中心发布预警时已经错过了最佳的防控期。

如今，大数据彻底颠覆了传统的流行病预测方式，使人类在公共卫生管理领域迈上了一个全新的台阶。以搜索数据和地理位置信息数据为基础，分析不同时空尺度人口流动性、移动模式和参数，进一步结合病原学、人口统计学、地理、气象和人群移动迁徙、地域之间的因素和信息，可以建立流行病时空传播模型，确定流感等流行病在各流行区域间传播的时空路线和规律，得到更加准确的态势评估、预测。大数据时代被广为流传的一个经典案例就是谷歌预测流感趋势。谷歌开发了一个可以预测流感趋势的工具——谷歌流感趋势，它采用大数据分析技术，利用网民在谷歌搜索引擎输入的搜索关键词来判断全美地区的流感情况。谷歌把5000万条美国人频繁检索的词条和美国疾控中心在2003年至2008

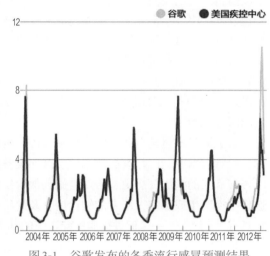

图3-1 谷歌发布的冬季流行感冒预测结果

年季节性流感传播时期的数据进行比较，并构建数学模型实现流感预测。2009年，谷歌首次发布了冬季流行感冒预测结果，与官方数据的相关性高达97%；此后，谷歌多次把测试结果与美国疾控中心的报告做比对，发现两者结论存在很大的相关性（从图3-1中可以看出，两条曲线高度吻合），证实了谷歌流感趋势预测结果的正确性和有效性。

其实，谷歌流感趋势预测背后的机理并不复杂。对于普通民众而言，感冒发烧是日常生活中经常碰到的事情，有时候不闻不问，靠人类自身免疫力就可以痊愈，有时候简单服用一些感冒药或采用相关简单疗法也可以快速痊愈。相比之下，很少有人首先选择去医院就医，因为医院不仅预约周期长，而且费用昂贵。因此，在网络发达的今天，遇到感冒这种小病，人们首先就会想到求助于网络，希望在网络中迅速搜索到感冒的相关病症、治疗感冒的疗法或药物、就诊医院等信息，以及一些有助于治疗感冒的生活习惯。作为占据市场主导地位的搜索引擎服务商，谷歌可以收集到大量网民关于感冒的相关搜索信息，通过分析某一地区在特定时期对感冒症状的搜索大数据，就可以得到关于感冒的传播动态和未来7天流行趋势的预测结果。

虽然美国疾控中心也会不定期发布流感趋势报告，但是，很显然，谷歌的流感趋势报告要更加及时、迅速。美国疾控中心发布的流感趋势报告是根据下级各医疗机构上报的患者数据进行分析得到的，会存在一定的时间滞后性。而谷歌则是在第一时间收集到网民关于感冒的相关搜索信息后进行分析得到结果，因为普通民众感冒后，会首先寻求网络帮助而不是到医院就医。另外，美国疾控中心获得的患者样本数也会明显少于谷歌获得的，因为在所有感冒患者中，只有一小部分重感冒患者才会最终去医院就医，进入官方的监控范围。

3.2.2 智慧医疗

随着医疗信息化的快速发展，智慧医疗逐步走入人们的生活。IBM开发了沃森技术医疗保健内容分析预测技术，该技术允许企业找到大量病人相关的临床医疗信息，通过大数据处理，更好地分析病人的信息。加拿大多伦多的一家医院，利用数据分析避免早产儿夭折，医院用先进的医疗传感器对早产婴儿的心跳等生命体征进行实时监测，每秒钟有超过3000次的数据读取，系统对这些数据进行实时分析并给出预警报告，从而使医院能够提前知道哪些早产儿出现问题，并且有针对性地采取措施。我国厦门、苏州等城市建立了先进的智慧医疗在线系统，可以实现在线预约、健康档案管理、社区服务、家庭医疗、支付清算等功能，大大方便了市民就医，也提升了医疗服务的质量和患者满意度。可以说，智慧医疗正在深刻改变着我们的生活。

智慧医疗是通过打造健康档案区域医疗信息平台，利用先进的物联网技术和大数据技术，实现患者、医护人员、医疗服务提供商、保险公司等之间无缝、协同、智能地互连，让患者体验一站式的医疗、护理和保险服务。智慧医疗的核心就是"以患者为中心"，给予患者以全面、专业、个性化的医疗体验。

智慧医疗通过整合各类医疗信息资源，构建药品目录数据库、居民健康档案数据库、影像数据库、检验数据库、医疗人员数据库、医疗设备数据库等卫生领域的六大基础数据库，可以让医生随时查阅病人的病历、患史、治疗措施和保险细则，随时随地快速制定诊疗方案，也可以让患者自主选择更换医生或医院，患者的转诊信息及病历可以在任意一家医院通过医疗联网方式调阅。智慧医疗具有3个优点，一是促进优质医疗资源的共享，二是避免患者重复检查，三是促进医疗智能化。

3.2.3 生物信息学

生物信息学（Bioinformatics）是研究生物信息的采集、处理、存储、传播、分析和解释等方面的学科，也是随着生命科学和计算机科学的迅猛发展、生命科学和计算机科学相结合形成的一门新学科，它通过综合利用生物学、计算机科学和信息技术，揭示大量而复杂的生物大数据所蕴含的生物学奥秘。

和互联网数据相比，生物信息学领域的数据更是典型的大数据。一方面，细胞、组织等结构都是具有活性的，其功能、表达水平甚至分子结构在时间维度上是连续变化的，而且很多背景噪声会导致数据的不准确性；另一方面，生物信息学数据具有很多维度，在不同维度组合方面，生物信息学数据的组合性要明显大于互联网数据的组合性，前者往往表现出"维度组合爆炸"的问题，比如，所有已知物种的蛋白质分子的空间结构预测问题，仍然是分子生物学的一个重大课题。

生物大数据主要是基因组学数据，在全球范围内，各种基因组计划被启动，有越来越多的生物体的全基因组测序工作已经完成或正在开展，伴随着一个人类基因组测序的成本从2000年的1亿美元左右降至今天1000美元左右，将会有更多的基因组学数据产生；除此以外，蛋白组学数据、代谢组学数据、转录组学数据、免疫组学数据等也是生物大数据的重要组成部分。每年全球都会新增EB级的生物大数据，生命科学领域已经迈入大数据时代，生命科学正面临从实验驱动向大数据驱动转型。

生物大数据使我们可以利用先进的数据科学知识，更加深入地了解生物学过程、作物表型、疾病致病基因等。将来我们每个人都可能拥有一份自己的健康档案，档案中包含日常健康数据（各种生理指标，饮食、起居、运动习惯等）、基因序列和医学影像（CT、B超检查结果）；用大数据分析技术，可以根据个人健康档案有效预测个人健康趋势，并为其提供疾病预防建议，达到"治未病"的目的。基因蕴藏着生老病死的规律，破解基因大数据可实现精准医疗，由此将会产生巨大的影响力，使生物学研究迈向一个全新的阶段，甚至会形成以生物学为基础的新一代产业革命。

3.3　大数据在物流领域的应用

智能物流是大数据在物流领域的典型应用。智能物流融合了大数据、物联网和云计算等新兴信息技术，使物流系统能模仿人的智能，实现物流资源优化调度和有效配置以及物流系统效率的提升。大数据技术是智能物流发挥其重要作用的基础和核心，物流行业在货物流转、车辆追踪、仓储等各个环节中都会产生海量的数据，分析这些物流大数据，将有助于我们深刻认识物流活动背后隐藏的规律，优化物流过程，提升物流效率。

3.3.1　智能物流的概念

智能物流，又称智慧物流，是利用智能化技术，使物流系统能模仿人的智能，具有思维、感知、学习、推理判断和自行解决物流中某些问题的能力，从而实现物流资源优化调度和有效配置、物流系统效率提升的现代化物流管理模式。

智能物流概念源自2010年IBM发布的研究报告《智慧的未来供应链》，该报告通过调研全球供应链管理者，归纳出成本控制、可视化程度、风险管理、消费者日益严苛的需求、全球化五大供应链管理挑战，为应对这些挑战，IBM首次提出了"智慧供应链"的概念。

智慧供应链具有先进化、互连化、智能化三大特点。先进化是指数据多由感应设备、识别设备、定位设备产生，替代人为获取；供应链动态可视化自动管理，包括自动库存检查、自动报告存货位置错误。互连化是指整体供应链联网，不仅包括客户、供应商、IT系统的联网，也包括零件、产品以及智能设备的联网；联网赋予供应链整体计划决策能力。智能化是指通过仿真模拟和分析，帮助管理者评估多种可能性选择的风险和约束条件；供应链具有学习、预测和自动决策的能力，无须人为介入。

3.3.2　大数据是智能物流的关键

在物流领域有两个著名的理论——"黑大陆说"和"物流冰山说"。管理学专家P·E·德鲁克提出了"黑大陆说"，认为在流通领域中物流活动的模糊性尤其突出，是流通领域中最具潜力的领域。而提出"物流冰山说"的日本早稻田大学教授西泽修认为，物流就像一座冰山，其中，沉在水面以下的是我们看不到的黑色区域，这部分就是"黑大陆"，而这正是物流尚待开发的领域，也是物流的潜力所在。这两个理论都旨在说明物流活动的模糊性和巨大潜力。对于如此模糊而又具有巨大潜力的领域，我们该如何去了解、掌控和开发呢？答案就是借助于大数据技术。

发现隐藏在海量数据背后的有价值的信息，是大数据的重要商业价值。大数据是打开物流领域这块神秘的"黑大陆"的一把金钥匙。物流行业在货物流转、车辆追踪、仓储等各个环节中都会产生海量的数据，有了这些物流大数据，所谓的物流"黑大陆"将不复存在，我们可以通过数据充分了解物流运作背后的规律，借助于大数据技术，可以对各个物流环节的数据进行归纳、分类、整合、分析和提炼，为企业战略规划、运营管理和日常运作提供重要支持和指导，从而有效提升快递物流行业的整体服务水平。

大数据将推动物流行业从粗放式服务到个性化服务的转变，颠覆整个物流行业的商业模式。通过对物流企业内部和外部相关信息的收集、整理和分析，可以做到为每个客户量身定制个性化的产品和服务。

3.4 大数据在城市管理领域的应用

大数据在城市管理领域中发挥着日益重要的作用，主要体现在智能交通、环保监测、城市规划和安防领域。

3.4.1 智能交通

随着中国全面进入汽车社会，交通拥堵已经成为亟待解决的城市管理难题。许多城市纷纷将目光转向智能交通，期望通过实时获得关于道路和车辆的各种信息，分析道路交通状况，发布交通诱导信息，优化交通流量，提高道路通行能力，有效缓解交通拥堵问题。发达国家数据显示，智能交通管理技术可以将交通工具的使用效率提升50%左右，交通事故死亡人数减少30%左右。

智能交通将先进的信息技术、数据通信传输技术、电子传感技术、控制技术以及计算机技术等，有效集成并运用于整个地面交通管理，同时可以利用城市实时交通信息、社交网络和天气数据来分析最新的交通情况。

在智能交通应用中，遍布城市各个角落的智能交通基础设施（如摄像头、感应线圈、射频信号接收器）每时每刻都在生成大量感知数据，这些数据构成了智能交通大数据。利用事先构建的模型对智能交通大数据进行实时分析和计算，就可以实现交通实时监控、交通智能诱导、公共车辆管理、旅行信息服务、车辆辅助控制等各种应用。以公共车辆管理为例，包括北京、上海、广州、深圳、厦门等在内的各大城市，都已经建立了公共车辆管理系统，道路上正在行驶的公交车和出租车都被纳入实时监控，通过车辆上安装的GPS导航定位设备，管理中心可以实时获得各个车辆的当前位置信息，并根据实时道路情况分析得到车辆调度计划，发布车辆调度信息，指导车辆到达和发车时间，实现运力的合理分配，提高运输效率。对于乘客而言，只要在智能手机上安装了"掌上公交"等软件，就可以通过手机随时随地查询各条公交线路以及公交车当前位置。

3.4.2 环保监测

1.森林监视

森林是地球的"绿肺"，可以调节气候、净化空气、防止风沙、减轻洪灾、涵养水源及保持水土。但是，在全球范围内，每年都有大面积森林遭受自然或人为因素的破坏，比如，森林火灾就是森林最危险的敌人，也是林业最可怕的灾害，它会给森林带来毁灭性的后果；再如，人为的乱砍乱伐也导致部分地区森林资源快速减少，这些都对生态环境造成了严重的威胁。

为了有效保护人类赖以生存的宝贵森林资源，各个国家和地区都建立了森林监视体系，包括地面巡护、瞭望台监测、航空巡护、视频监控、卫星遥感等。随着数据科学的不断发展，近年来，人们开始把大数据应用于森林监视，其中，谷歌森林监视系统就是一项具有代表性的研究成果。谷歌森林监视系统采用谷歌搜索引擎提供时间分辨率，采用NASA（National Aeronautics and Space Administration，国家航空航天局）和美国地质勘探局的地球资源卫星提供空间分辨率。系统利用卫星的可见光和红外数据画出某个地点的森林卫星图像。在卫星图像中，每个像素都包含颜色和红外信号特征等信息，如果某个区域的森林被破坏，该区域对应的卫星图像像素信息就会发生变化；因此，通过跟踪监测森林卫星图像上像素信息的变化，就可以有效监测到森林变化情况，当大片森林被砍伐破坏时，系统就会自动发出警报。

2. 环境保护

大数据已经被广泛应用于环境保护领域，借助大数据技术，可以采集各项环境质量指标信息，集成整合到数据中心进行数据分析，并把分析结果用于指导下一步环境治理方案的制定，可以有效提升环境整治的效果。把大数据技术应用于环境保护具有明显的优势，一方面，可以实现 7×24 小时的连续环境监测；另一方面，借助于大数据可视化技术，可以立体化呈现环境数据分析结果和治理模型，利用数据模拟出真实的环境，辅助人类制定相关环保决策。

在一些城市，大数据也被应用到机动车尾气污染治理中。机动车尾气已经成为城市空气的重要污染源之一，为了有效防治机动车尾气污染，我国各级地方政府都十分重视对机动车尾气污染数据的收集和分析，为有效控制污染提供服务。比如，山东省借助现代智能化精确检测设备、大数据云平台管理和物联网技术，可准确收集机动车的原始排污数据，智能统计机动车排放污染量，溯源机动车检测状况和数据，确保为政府相关部门削减机动车尾气污染提供可信的数据。

3.4.3　城市规划

大数据正深刻改变着城市规划的方式。对于城市规划师而言，规划工作高度依赖测绘数据、统计资料以及各种行业数据。目前，规划师可以从多种渠道获得这些基础性数据，用于开展各种规划研究。随着中国政府信息公开化进程的加快，各种政府层面的数据开始逐步对公众开放。与此同时，国内外一些数据开放组织也都在致力于数据开放和共享工作，如开放知识基金会（Open Knowledge Foundation）、共享知识（Creative Commons）、开放街道地图（OpenStreetMap）等组织。此外，一些数据共享商业平台的诞生，也大大促进了数据提供者和数据消费者之间的数据交换。

城市规划研究者利用开放的政府数据、行业数据、社交网络数据、地理数据、车辆轨迹数据等开展了各个层面的规划研究。例如，利用地理数据可以研究全国城市扩张模拟、城市建成区识别、地块边界与开发类型和强度重建模型、中国城市间交通网络分析与模拟模型、中国城镇格局时空演化分析模型，以及全国各城市人口数据合成和居民生活质量评价、空气污染暴露评价、主要城市都市区范围划定以及城市群发育评价等。利用公交IC（Integrated Circuit，集成电路）卡数据，可以开展城市居民通勤分析、职住分析、人的行为分析、人的识别、重大事件影响分析、规划项目实施评估分析等。利用移动手机通话数据，可以研究城市联系、居民属性、活动关系及其对城市交通的影响。利用社交网络数据，可以研究城市功能分区、城市网络活动与等级、城市社会网络体系等。利用出租车定位数据，可以开展城市交通研究。利用搜房网的住房销售和出租数据，同时结合网络爬虫获取的居民住房地理位置和周边设施条件数据，就可以评价一个城市的住房分布和质量情况，从而有利于城市规划设计者有针对性地优化城市的居住空间布局。

3.4.4　安防领域

近年来，随着网络技术在安防领域的普及、高清摄像头在安防领域应用的不断提升以及项目建设规模的不断扩大，安防领域积累了海量的视频监控数据，并且每天都在以惊人的速度生成大量新的数据。例如，中国的很多城市都在开展平安城市建设，在城市的各个角落密布成千上万个摄像头，7×24小时不间断采集各个位置的视频监控数据，数据量之大，超乎想象。

除了视频监控数据，安防领域还包含大量其他类型的数据，包括结构化、半结构化和非结构化数据。结构化数据包括报警记录、系统日志记录、运维数据记录、摘要分析结构化描述记录，以及各种相关的信息，如人口信息、地理数据信息、车驾管信息等；半结构化数据包括人脸建模数据、指纹记录等；非结构化数据主要指视频录像和图片记录，如监控视频录像、报警录像、摘要录像、车辆卡口图片、人脸抓拍图片、报警抓拍图片等。所有这些数据一起构成了安防大数据的基础。

之前这些数据的价值并没有被充分发挥出来，跨部门、跨领域、跨区域的联网共享较少，检索视频数据仍然以人工手段为主，不仅效率低下，而且效果并不理想。基于大数据的安防要实现的目标是通过跨部门、跨领域、跨区域安防系统联网，实现数据共享、信息公开以及智能化的信息分析、预测和报警。以视频监控分析为例，大数据技术可以支持在海量视频数据中实现视频图像统一转码、摘要处理、视频剪辑、视频特征提取、图像清晰化处理、视频图像模糊查询、快速检索和精准定位等功能，同时深入挖掘海量视频监控数据背后的有价值信息，快速反馈信息，以辅助决策判断，从而让安保人员从繁重的人工肉眼视频回溯工作中解脱出来，不需要投入大量精力从大量视频中低效查看相关事件线索，在很大程度上提高了视频分析效率，缩短了视频分析时间。

3.5　大数据在金融领域的应用

金融业是典型的数据驱动行业，是数据的重要生产者，每天都会生成交易、报价、业绩报告、消费者研究报告、官方统计数据公报、调查、新闻报道等各种数据。金融业高度依赖大数据，大数据已经在高频交易、市场情绪分析和信贷风险分析三大金融创新领域发挥重要作用。

3.5.1　高频交易

高频交易（High-Frequency Trading, HFT）是指从那些人们无法利用的极为短暂的市场变化中寻求获利的计算机化交易，比如，某种证券买入价和卖出价差价的微小变化，或者某只股票在不同交易所之间的微小价差。根据相关调查，2009年以来，无论是美国证券市场，还是期货市场、外汇市场，高频交易所占份额已达40%~80%。随着采取高频交易策略的情形不断增多，其所能带来的利润开始大幅下降。为了从高频交易中获得更高的利润，一些金融机构开始引入大数据技术来决定交易，比如，采取战略顺序交易（Strategic Sequential Trading），即通过分析金融大数据识别出特定市场参与者留下的足迹，然后预判该参与者在其余交易时段的可能交易行为，并执行与之相同的行为，该参与者继续执行交易时将付出更高的价格，使用大数据技术的金融机构就可以获利。

3.5.2　市场情绪分析

市场情绪是整体市场所有市场参与者观点的综合体现，即所有市场参与者共同表现出来的感觉，比如，交易者对经济的看法悲观与否，新发布的经济指标是否会让交易者明显感觉到未来市场将会上涨或下跌等。市场情绪对金融市场有着重要的影响，换句话说，正是市场上大多数参与者的主流观点决定了当前市场的总体方向。

市场情绪分析是交易者在日常交易工作中不可或缺的一环，根据市场情绪分析、技术分析和基本面分析，可以帮助交易者做出更好的决策。大数据技术在市场情绪分析中大有用武之地。今天，几乎每个市场交易参与者都生活在移动互联网世界里，每个人都可以借助智能移动终端（手机、平板计算机等）实时获得各种外部世界信息，同时，每个人又都扮演着对外信息发布主体的角色，通过微博、微信、个人主页、QQ等各种社交媒体发布个人的市场观点。英国布里斯托大学的团队研究了由超过980万英国人创造的4.84亿条推特消息，发现公众的负面情绪变化与财政紧缩及社会压力高度相关。因此，海量的社交媒体数据形成了一座可用于市场情绪分析的宝贵"金矿"，利用大数据分析技术，可以从中提取市场情绪信息，开发交易算法，确定市场交易策略，获得更高利润。

3.5.3　信贷风险分析

信贷风险是指信贷放出后本金和利息可能发生损失的风险，它一直是金融机构努力解决的一个重要问题，直接关系到机构自身的生存和发展。我国为数众多的中小企业是金融机构不可忽视的目标客户群体，市场潜力巨大。但是，与大型企业相比，中小企业具有先天的不足，主要表现在以下4个方面：①贷款偿还能力差；②财务制度普遍不健全，难以有效评估其真实经营状况；③信用度低，逃废债情况严重，银行维权难度较大；④企业内在素质较低，生存能力普遍不强。因此，对于金融机构而言，放贷给中小企业的潜在信贷风险明显高于大型企业。对于金融机构而言，成本、收益和风险不对称，导致其更愿意贷款给大企业，据测算，对中小企业贷款的管理成本，是大企业的5倍左右，而风险却高得多。可以看出，风险与收益不成比例，使金融机构始终不愿意向中小企业全面敞开大门，这不仅限制了其自身的成长，也限制了中小企业的成长，不利于经济社会的发展。如果能够有效加大风险的可审性和管理力度，支持精细化管理，那么，毫无疑问，金融机构和中小企业都将迎来新一轮的大发展。

今天，大数据分析技术已经能够为企业信贷风险分析助一臂之力。通过收集和分析大量中小企业用户日常交易行为的数据，判断其业务范畴、经营状况、信用状况、用户定位、资金需求和行业发展趋势，可以解决由于其财务制度的不健全而无法真正了解其真实经营状况的难题，让金融机构放贷有信心、管理有保障。对于个人贷款申请者而言，金融机构可以充分利用申请者的社交网络数据分析得出个人信用评分。例如，美国Movenbank移动银行、德国Kreditech贷款评分公司等新型中介机构，都在积极尝试利用社交网络数据构建个人信用分析平台，将社交网络资料转化成个人互联网信用；它们试图说服LinkedIn、Facebook或其他社交网络对金融机构开放用户相关资料和用户在各网站的活动记录，然后，借助于大数据分析技术，分析用户在社交网络中的好友的信用状况，以此作为生成客户信用评分的重要依据。

3.5.4　大数据征信

征信，最早起源于《左传》，出自"君子之言，信而有征，故怨远于其身"。现代所谓征信，指的是依法设立的信用征信机构对个体信用信息进行采集和加工，并根据用户要求提供信用信息查询和评估服务的活动。简单来说，就是信用信息集合，本质在于利用信用信息对金融主体进行数据刻画。

信用作为一国经济领域特别是金融市场的基础性要素，对经济和金融的发展起到至关重要的作用。准确的信用信息可以有效降低金融系统的风险和交易成本。健全的征信体系能够显著提高信用风险管理能力，培育和发展征信市场对维护经济金融系统持续、稳定发展具有重要价值。所以征信是现代金融体系的重要基础设施。

在征信方式方面，传统的征信机构主要使用的是金融机构产生的信贷数据，一般是从数据库中直接提取的结构化数据，来源单一，采集频率也比较低。而对于没有产生信贷行为的个体，金融机构并没有此类对象的信贷数据，那么传统的方式就无法给出合理的评价。对有信贷数据的个体进行评价时，主要是根据过去的历史信用记录给出评分，作为对未来信用水平的判断，应用的场景也普遍局限于金融信贷领域的贷款审批、信用卡审批环节。

大数据等新兴技术的发展，使我们具备了处理实时海量数据的能力，搜索和数据挖掘能力也得到了长足进步。征信行业本就是严重依赖数据的，信息技术的进步则为征信行业注入了新的活力，带来新的发展机遇，例如大数据可以解决海量征信数据的采集和存储问题，机器学习和人工智能方法可对征信数据进行深入挖掘和风险分析，借助云计算和移动互联网等手段可提高征信服务的便捷性和实时性等。

大数据征信就是利用信息技术优势，将不同信贷机构、消费场景、支离破碎的海量数据整合起来，经过数据清洗、模型分析、校验等一系列流程后，加工融合成真正有用的信息。在大数据征信中，数据来源十分广泛，包括社交（人脉、兴趣爱好等）、司法行政、日常生活（公共交通、铁路飞机、加油、水电气费、物业取暖费等）、社会行为（旅游住宿、互联网金融、电子商务等）、政务办理（护照签证、办税、登记注册等）、社会贡献（爱心捐献、志愿服务等）、经济行为等。不止传统征信的信贷历史数据，所有的"足迹"都被记录，其中既有结构化数据也有大量非结构化数据，能够从多维度刻画一个人的信用状况。同时，大数据挖掘获得的数据具有实时性、动态性，能够实时监测信用主体的信用变化，企业可以及时拿出解决方案，避免不必要的风险。

大数据征信主要通过迭代模型，从海量数据中寻找关联，并由此推断个人身份特质、性格偏好、经济能力等相对稳定的指标，进而对个人的信用水平进行评价，给出综合的信用评分。采用的数据挖掘方法包括机器学习、神经网络、PageRank等。

大数据征信的应用场景很多，在金融领域，主要用于消费信贷、信用卡、网络购物平台等；在生活领域，主要用于签证审核和发放、个人职业升迁评判、法院判决、个人参与社会活动（诸如找工作、相亲等）。

总而言之，未来的征信不仅仅局限于金融领域，在当今互联网大发展的时代，通过共享经济等新经济形式，征信会逐渐渗透到衣食住行的方方面面，在大数据的助力下帮助社会形成"守信者处处受益、失信者寸步难行"的良好局面。

3.6 大数据在汽车领域的应用

无人驾驶汽车经常被描绘成一个可以解放驾驶员的技术奇迹，谷歌和百度是这个领域的技术领跑者。无人驾驶汽车系统，可以同时对数百个目标保持监测，包括行人、公共汽车、一个做出左转手势的自行车骑行者以及一个保护学生过马路的人举起的停车指示牌等。谷歌无人驾驶汽车的基本工作原理是：车顶上的扫描器发射64束激光射线，当激光射线碰到车辆周围的物体时，会反射回来，由此可以计算出车辆和物体的距离；同时，在汽车底部还配有一套测量系统，可以测量出车辆在3个方向上的加速度、角速度等数据，并结合GPS数据计算得到车辆的位置；所有这些数据与车载摄像机捕获的图像一起输入计算机，大数据分析系统以极高的速度处理这些数据；这样，系统就可以实时探测周围出现的物体，不同汽车之间甚至能够进行相互交流，了解附近其他车辆的行进速度、方向以及车型、驾驶员驾驶水平等，并根据行为预测模型对附近汽车的突然转向或刹车行为及时做出反应，非常迅速地做出各种车辆控制动作，引导车辆在道路上安全行驶。

为了实现无人驾驶的功能，谷歌无人驾驶汽车上配备了大量工具，包括雷达、车道保持系统、激光测距系统、红外摄像头、立体视觉、GPS 导航系统、车轮角度编码器等，这些工具每秒约产生 1GB 数据，每年产生的数据量将达到约 2PB。可以预见的是，随着无人驾驶汽车技术的不断发展，未来汽车将配置更多的红外传感器、摄像头和激光雷达，这也意味着将会生成更多的数据。大数据分析技术将帮助无人驾驶汽车系统做出更加智能的驾驶动作决策，无人驾驶汽车比人类驾驶汽车更加安全、舒适、节能、环保。

3.7　大数据在电信领域的应用

中国的电信市场已经步入一个市场平稳期，在这个阶段，发展新客户的成本比留住老客户的成本要高许多，前者的成本通常是后者的 5 倍，因此，电信运营商十分关注用户是否具有"离网"（如从联通公司用户转换为电信公司用户）的倾向，一旦预测到客户"离网"可能发生，就可以制定有针对性的措施挽留客户，让客户继续使用自己的电信业务。

电信客户离网分析通常包括以下几个步骤：问题定义、数据准备、建模、应用检验、特征分析与对策。问题定义需要定义客户离网的具体含义是什么，数据准备就是要获取客户的资料和通话记录等信息，建模就是根据相关算法产生评估客户离网概率的模型，应用检验是指对得到的模型进行应用和检验，特征分析与对策是指针对用户的离网特性，制定目标客户群体的挽留策略。

在国内，中国移动、中国电信、中国联通三大电信运营商在争夺用户方面每天都在上演着激烈的角逐，各自都开发了客户关系管理系统，以期有效应对客户的频繁离网。中国移动建立了经营分析系统，并利用大数据分析技术，对集团公司范围内的各种业务进行实时监控、预警和跟踪，自动实时捕捉市场变化，并以 E-mail 和手机短信等方式将相关信息第一时间推送给相关业务负责人，使其在最短时间内获知市场行情并及时做出响应。在国外，美国的 XO 通信公司通过使用 IBM SPSS 预测分析软件，预测客户行为，发现行为趋势，并找出公司服务过程中存在缺陷的环节，从而帮助公司及时采取措施保留客户，使得客户流失率下降了约 50%。

3.8　大数据在能源领域的应用

各种数据显示，人类正面临着能源危机。以我国为例，根据目前的能源使用情况，我国可利用的煤炭资源仅能维持约 30 年，由于天然铀资源的短缺，核能的利用仅能维持约 50 座标准核电站连续运转约 40 年，而石油的开采也仅能维持约 20 年。

在能源危机面前，人类开始积极寻求可以用来替代化石能源的新能源，风能、太阳能和生物能等可再生能源逐渐被纳入电能转换的供应源。但是，新能源与传统的化石能源相比，具有一些明显的缺陷。传统的化石能源出力稳定，布局相对集中。而新能源则出力不稳定，布局比较分散，比如，风机一般分布在沿海或者草原荒漠地区，风量大时发电量就多，风量小时发电量就少，设备故障检修期间就不发电，无法产生稳定可靠的电能。传统电网主要是为稳定出力的能源而设计的，无法有效吸纳出力不稳定的新能源。

智能电网的提出就是因为人们认识到传统电网的结构模式无法大规模适应新能源的消纳需求，

必须将传统电网在使用中进行升级，既要完成传统电源模式的供用电，又要逐渐适应未来分布式能源的消纳需求。概括地说，智能电网就是电网的智能化，它是建立在集成的、高速双向通信网络的基础上的，通过先进的传感和测量技术、先进的设备技术、先进的控制方法以及先进的决策支持系统技术的应用，实现电网的可靠、安全、经济、高效、环境友好和使用安全的目标，其主要特征包括自愈、抵御攻击、提供满足21世纪用户需求的电能质量、容许各种不同发电形式的接入、启动电力市场以及资产的优化高效运行。

　　智能电网的发展，离不开大数据技术的发展和应用，大数据技术是组成整个智能电网的技术基石，将全面影响到电网规划、技术变革、设备升级、电网改造以及设计规范、技术标准、运行规程乃至市场营销政策的统一等方方面面。电网全景实时数据采集、传输和存储，以及累积的海量多源数据快速分析等大数据技术，都是支撑智能电网安全、自愈、绿色、稳定及可靠运行的基础技术。随着智能电网中大量智能电表及智能终端的安装部署，电力公司每隔一段时间获取用户的用电信息数据，收集了比以往粒度更细的海量电力消费数据，构成智能电网中的用户侧大数据，比如，如果把智能电表采集数据的时间间隔从15分钟提高到1秒钟，1万台智能电表采集的用电信息数据就从32.61GB提高到114.6TB；以海量用户用电信息数据为基础进行大数据分析，就可以更好地理解用户的用电行为，优化提升短期用电负荷预测系统，提前预知未来2~3个月的电网需求电量、用电高峰和低谷，合理地设计电力需求响应系统。

　　此外，大数据在风机安装选址方面也发挥着重要的作用。IBM公司利用多达4PB的气候、环境历史数据，设计风机选址模型，确定安装风力涡轮机和修建整个风电场的最佳地点，从而提高风机生产效率和延长风机使用寿命。以往这项分析工作需要数周的时间，现在利用大数据技术仅需要不到1小时便可完成。

3.9　本章小结

　　本章介绍了大数据在互联网、生物医学、物流、城市管理、金融、汽车、零售、餐饮、电信、能源、体育和娱乐、安全以及日常生活领域的应用，从中我们可以深刻地感受到大数据对我们日常生活的影响及其重要价值。我们已经身处大数据时代，大数据已经触及社会每个角落，并为我们带来各种欣喜的变化。拥抱大数据，利用好大数据，是政府、机构、企业和个人的必然选择。我们每个人每天都在不断生成各种数据，成为大数据海洋的点点滴滴，我们贡献数据的同时，也从数据中收获价值。未来，人类将进入一个以数据为中心的世界，这是一个怎样精彩的世界呢？时间会告诉我们答案……

3.10　习题

1. 请阐述大数据在生物医学领域有哪些典型应用。
2. 请阐述智慧物流的概念和作用。
3. 请阐述大数据在城市管理领域有哪些典型应用。
4. 请阐述大数据在金融领域有哪些典型应用。

第 4 章

大数据基础知识

随着大数据时代的来临，数字素养已经成为大学生必备的素养之一。对于大学生而言，具备良好的数字素养，不仅有助于提高个人综合素质，而且对自身未来的职业发展和社会进步具有重要意义。了解大数据基础知识，可以助力大学生理解并应对信息爆炸的时代挑战，可以强化其运用数据解决问题的能力，提高其综合素质，使其更好地适应未来的社会变革。

本章介绍与培养大学生的数字素养息息相关的大数据基础知识，包括大数据思维、数据共享、数据开放、大数据交易、大数据安全和大数据治理等。

4.1 大数据思维

在大数据时代，数据就是一座"金矿"，而思维是打开金矿大门的钥匙，只有建立符合大数据时代发展的思维，才能更大限度地挖掘大数据的潜在价值。所以，大数据的发展，不仅取决于大数据资源的扩展，而且取决于大数据技术的应用，还取决于大数据思维的形成。具有大数据思维，可以更好地运用大数据资源和大数据技术。也就是说，大数据发展必须是数据、技术、思维三大要素的联动。

本节首先介绍传统的思维方式，并指出大数据时代需要新的思维方式，然后介绍大数据思维方式，包括全样而非抽样、效率而非精确、相关而非因果、以数据为中心、"我为人人，人人为我"等，最后给出运用大数据思维的具体实例。

4.1.1 传统的思维方式

传统的思维方式即机械思维，可以追溯到古希腊思辨的思想和逻辑推理的能力，非常有代表的是欧几里得的几何学和托勒密的地心说。

不论是经济学家，还是之前的托勒密、牛顿等人，他们都遵循机械思维。如果我们对他们的方法论进行简单的概括，其核心思想有如下两点：第一，需要有一个简单的元模型（这个模型可能是假设出来的），然后用这个元模型构建复杂的模型；第二，整个模型要和历史数据相吻合。这在今天的动态规划管理学上还被广泛地使用，其核心思想和托勒密的方法论是一致的。

后来人们将牛顿的方法论概括为机械思维，其核心思想可以概括成以下3点。

第一，世界变化的规律是确定的。这一点从托勒密到牛顿，都认可。

第二，因为有确定性做保障，所以规律不仅可以被认识，而且可以用简单的公式或者语言描述清楚。这一点在牛顿之前，大部分人并不认可，而是简单地把规律归结为神的作用。

第三，这些规律应该是放之四海而皆准的，可以应用到各种未知领域指导实践。这一点是在牛顿之后才有的。

这些其实是机械思维中积极的部分。机械思维更广泛的影响是作为一种准则指导人们的行为，其核心思想可以概括成确定性（或者可预测性）和因果关系。在牛顿经典力学体系中，可以把所有天体的运动规律用几个定律讲清楚，并且应用到任何场合都是正确的，这就是确定性。类似地，当我们给物体施加一个外力时，它获得一个加速度，而加速度的大小取决于外力和物体本身的质量，这是一种因果关系。没有这些确定性和因果关系，我们就无法认识世界。

4.1.2 大数据时代需要新的思维方式

人类社会的进步在很大程度上得益于机械思维，但是到了信息时代，它的局限性越来越明显。首先，并非所有的规律都可以用简单的原理来描述；其次，像过去那样找到因果关系规律性已经变得非常困难，因为简单的因果关系规律性都已经被发现了，剩下那些没有被发现的因果关系规律性，具有很强的隐蔽性，发现的难度很高。另外，随着人类对世界的认识越来越清楚，人们发现世界本身存在着很大的不确定性，并非如过去想象的那样一切都是可以确定的。因此，在现代社会里，人们开始考虑在承认不确定性的情况下如何取得科学上的突破，或者把事情做得更好，这导致了一种新的方法论的诞生。

不确定性在我们生活的世界里无处不在。我们经常可以看到这样一种现象，很多时候专家们对未来各种趋势的预测是错的，这在金融领域尤其常见。如果读者有心统计一些经济学家对未来的看法，就会发现它们基本上是对错各占一半。这并不是因为他们缺乏专业知识，而是由于不确定性是世界本身的重要特征，以至于我们按照传统方法——机械论的方法，很难做出准确的预测。

世界的不确定性来自两方面。首先是当我们对这个世界的方方面面了解得越来越细致之后，会发现影响世界的变量其实非常多，已经无法通过简单的办法或者公式算出结果，因此我们宁愿采用一些针对随机事件的方法来处理它们，人为地把它们归为不确定的一类。不确定性的第二个因素来自客观世界本身，它是宇宙的一个特性。在宏观世界里，行星围绕恒星运动的速度和位置是可以准确计算的，从而可以画出它的运动轨迹。但在微观世界里，电子在围绕原子核做高速运动时，我们不可能同时准确地测出它在某一时刻的位置和运动的速度，当然也就不能画出它的运动轨迹了。科学家们只能用一种密度模型来描述电子的运动，在这个模型里，密度大的地方表明电子在那里出现的机会多，密度小的地方则表明电子在那里出现的机会少。

世界的不确定性，折射出在信息时代的方法论：获得更多的信息，有助于消除不确定性。因此，谁掌握了信息，谁就能获取财富，这就如同在工业时代，谁掌握了资本谁就能获取财富一样。

用不确定性这种眼光看待世界，再用信息消除不确定性，不仅能够获取财富，而且能够把很多智能型的问题转化成信息处理的问题，具体而言，就是利用信息来消除不确定性的问题。比如下象棋，每一种情况都有几种可能，却难以决定最终的选择，这就是不确定性的表现。再如，要识别一个人脸的图像，实际上可以看成从有限种可能性中挑出一种，因为全世界的人数是有限的，这也就把识别问题变成了消除不确定性的问题。

数据学家认为，世界的本质是数据，万事万物都可以看作可以理解的数据流，这为我们认识和改造世界提供了一个从未有过的视角和世界观。人类正在不断地通过采集、量化、计算、分析各种事物，来重新解释和定义这个世界，并通过数据来消除不确定性，对未来加以预测。在现实生活中，为了适应大数据时代，我们需要转变思维方式，努力把身边的事物量化，以数据的形式对待，这是实现大数据时代思维方式转变的"核心"。

现在的数据量相比过去增加了很多，量变带来了质变，人们的思维方式、做事情的方法和以往有所不同。在有大数据之前，计算机并不擅长解决需要人类智能来解决的问题，但在今天，这些问题换个思路就可以解决了，其核心就是变智能问题为数据问题。由此，全世界开始了新的一轮技术革命——智能革命。

在方法论的层面，大数据是一种全新的思维方式。按照大数据思维方式，我们做事情的方式与方法需要从根本上改变。

4.1.3　大数据思维方式

大数据不仅是一次技术革命，而且是一次思维革命。从理论上说，相对于人类有限的数据采集和分析能力，自然界存在的数据是无限的。以有限对无限，如何才能"慧眼识珠"，找到我们所需的数据？无疑这需要一种思维的指引。因此，就像经典力学和相对论的诞生改变了人们的思维模式一样，大数据也在潜移默化地改变人们的思想。

维克托·迈尔-舍恩伯格在《大数据时代：生活、工作与思维的大变革》一书中明确指出，大数据时代最大的转变就是思维方式的3种转变：全样而非抽样、效率而非精确、相关而非因果。此外，人类研究和解决问题的思维方式，正在朝着"以数据为中心"和"我为人人，人人为我"的方式迈进。

1. 全样而非抽样

过去，由于数据采集、数据存储和处理能力的限制，在科学分析中，通常采用抽样分析方法，即从全集数据中抽取一部分样本数据，通过对样本数据的分析来推断全集数据的总体特征。抽样分析的基本要求是要保证所抽取的样品单位对全部样品具有充分的代表性。抽样分析的目的是通过被抽取样品单位的分析、研究结果来估计和推断全部样品特性，这是科学实验、质量检验、社会调查普遍采用的一种经济、有效的工作和研究方法。通常，样本数据规模要比全集数据小很多，因此，可以在可控的代价内实现数据分析的目的。比如，假设要计算洞庭湖中的银鱼的数量，我们可以事先对10 000条银鱼打上特定记号，并将这些鱼均匀地投放到洞庭湖中。过一段时间进行捕捞，在捕捞上来的10 000条银鱼中，发现其中4条银鱼有特定记号，那么我们可以得出结论，洞庭湖大概2500万条银鱼。

但是，抽样分析方法有优点也有缺点。抽样分析保证了在客观条件达不到的情况下得出一个相对准确的结论，让研究有的放矢。但是，抽样分析的结果具有不稳定性，比如，在上面的洞庭湖银鱼的数量分析中，有可能今天捕捞到的银鱼中存在4条打了特定记号的银鱼，明天去捕捞时可能存在400条打了特定记号的银鱼，这给分析结果带来了很大的不稳定性。

现在，我们已经迎来大数据时代，大数据技术的核心就是海量数据的实时采集、存储和处理。传感器、手机导航、网站和微博等能够收集大量数据，分布式文件系统和分布式数据库技术提供了理论上近乎无限的数据存储空间，分布式并行编程框架MapReduce提供了强大的海量数据并行处理能力。因此，有了大数据技术的支持，科学分析完全可以直接针对全集数据而不是样本数据，并且可以在短时间内得到分析结果，速度之快，超乎我们的想象。比如谷歌的Dremel可以在2~3s内完成PB级数据的查询。

2. 效率而非精确

过去，我们在科学分析中采用抽样分析方法，就必须追求分析方法的精确性，因为抽样分析只是针对部分样本的分析，其分析结果被应用到全集数据以后，误差会被放大。这就意味着，抽样分析的微小误差在全集数据上被放大以后，可能会变成一个很大的误差，导致出现"失之毫厘，谬以千里"的现象。因此，为了保证误差在全集数据上时仍然处于可以接受的范围，就必须确保抽样分析结果的精确性。正是由于这个原因，传统的数据分析方法往往更加注重提高算法的精确性，其次才是提高算法效率。现在，大数据时代采用全样分析而不是抽样分析，全样分析结果不存在误差被放大的问题，因此，追求高精确性已经不是其首要目标。大数据时代的数据分析具有"秒级响应"的特征，要求在几秒内就给出针对海量数据的实时分析结果，否则就会丧失数据的价值，因此，数据分析的效率成为关注的核心。

比如，用户在访问天猫或京东等电子商务网站进行购物时，用户的点击流数据会被实时发送到后端的大数据分析平台进行处理，平台会根据用户的特征，找到与其购物兴趣匹配的其他用户，然后把其他用户曾经买过而该用户还未买过的相关商品，推荐给该用户。很显然，这个过程的时效性很强，需要"秒级响应"，如果要过一段时间才给出推荐结果，很可能用户已经离开网站了，这就使得推荐结果变得没有意义。所以，在这种应用场景当中，效率是被关注的重点，分析结果的精确性只要达到一定程度即可，不需要一味苛求更高的精确性。

此外，在大数据时代，我们能够更加"容忍"不精确的数据。传统的样本分析师们很难容忍错误数据的存在，因为他们一生都在研究如何避免错误数据出现。在收集样本的时候，统计学家会用一整套的策略来减少错误发生的概率。在结果公布之前，他们也会测试样本是否存在潜在的系统性偏差。这些策略包括根据协议或由受过专门训练的专家来采集样本。但是，即使只有少量的数据，这些规避错误的策略实施起来还是耗费巨大。尤其是当我们收集所有数据的时候，这些策略就更行不通了——不仅因为耗费巨大，而且因为在大规模数据的基础上保持数据收集标准的一致性不太现实。我们现在拥有各种各样、参差不齐的海量数据，很少有数据完全符合预先设定的数据条件，因此，我们必须要能够容忍不精确数据的存在。

因此，大数据时代要求我们重新审视精确性的优劣。如果将传统的思维模式运用于数字化、网络化的21世纪，就会错过重要的信息。执迷于精确性是信息缺乏时代和模拟时代的产物。在那个信息贫乏的时代，任意一个数据点的测量情况都对结果至关重要，所以，需要确保每个数据的精确性，才不会导致分析结果的偏差。而在今天的大数据时代，在数据量足够丰富的情况下，不精确的数据会被淹没在大数据的海洋里，它们的存在并不会影响数据分析的结果。

3. 相关而非因果

过去，数据分析的目的有两个，一个是解释事物背后的发展机理，比如，一个大型超市在某个地区的连锁店在某个时期内净利润下降很多，这就需要IT部门对相关销售数据进行详细分析，找出产生该问题的原因；另一个是预测未来可能发生的事件，比如，实时分析微博数据，当发现人们对雾霾的讨论明显增加时，就可以建议销售部门增加口罩的进货量，因为人们关注雾霾的一个直接结果是，大家会想到购买口罩来保护自己的身体。不管是哪个目的，其实都反映了一种"因果关系"。但是，在大数据时代，因果关系不再那么重要，人们转而追求"相关性"而非"因果性"。比如，我们去淘宝购物时，当我们购买了一个汽车防盗锁以后，淘宝还会自动提示，与你购买相同物品的其他客户还购买了汽车坐垫。也就是说，淘宝只会告诉我们"购买汽车防盗锁"和"购买汽车坐垫"之间存在相关性，并不会告诉我们为什么其他客户购买了汽车防盗锁以后还会购买汽车坐垫。

在无法确定因果关系时，数据为我们提供了解决问题的新方法。数据中包含的信息可以帮助我们消除不确定性，而数据之间的相关性在某种程度上可以取代原来的因果关系，帮助我们得到我们想要知道的答案，这就是大数据思维的核心。从因果关系到相关性，这个过程并不是抽象的，而是已经有了一整套的方法能够让人们从数据中寻找相关性，最后去解决各种各样的难题。

4. 以数据为中心

在科学研究领域，在很长一段时期内，无论是研究语音识别、机器翻译、图像识别的学者，还是研究自然语言理解的学者，都分成了界限明确的两派，一派坚持采用传统的人工智能方法解决问题，简单来讲就是模仿人，而另一派倡导采用数据驱动方法。这两派在不同领域的力量不一样，在语音识别和自然语言理解领域，提倡采用数据驱动方法的一派较快地占了上风；而在图像识别和机器翻译领域，在较长时间里，提倡采用数据驱动方法的一派处于下风。其中主要的原因是，在图像识别和机器翻译领域，过去的数据量非常少，而这种数据的积累非常困难。图像识别领域以前一直非常缺乏数据，在互联网出现之前，没有一个实验室有上百万张图片。在机器翻译领域，所需要的数据除了一般的文本数据，还需要大量的双语（甚至是多语种）对照的数据，而在互联网出现之前，难以找到类似的数据。

由于数据量有限，在最初的机器翻译领域，较多的学者采用人工智能方法。计算机研发人员将语言规则和双语词典结合在一起。1954年，IBM以计算机中的250个词语和6条语言规则为基础，将60个俄语词组翻译成了英语，结果振奋人心。事实证明，机器翻译最初的成功误导了人们。1966年，一群机器翻译的研究人员意识到，翻译比他们想象得更困难，他们不得不承认他们的失败。机器翻译不能只是让计算机熟悉常用语言规则，还必须教会计算机处理特殊的语言情况。毕竟，翻译不仅是记忆和复述，而且涉及选词，而明确地教会计算机这些是非常不现实的。20世纪80年代后期，IBM的研发人员提出了一个新的想法，不同于单纯教给计算机语言规则和词汇，他们试图让计算机自己估算一个词或一个词组适合用来翻译另一种语言中的一个词和词组的可能性，然后决定某个词或词组在另一种语言中的对等词或词组。20世纪90年代，IBM的Candide项目花费了大概十年的时间，将大约300万句的加拿大议会资料译成了英语和法语并出版。由于是官方文件，翻译的标准非常高。用那个时候的标准来看，数据量非常庞大。统计机器学习从诞生之日起，就巧妙地把翻译的挑战变成了一个数学问题，而这似乎很有效！机器翻译在短时间内就有了很大的突破。

在20世纪90年代互联网兴起之后，由于数据的获取变得非常容易，可用的数据量愈加庞大，因此，从1994年到2004年的10年里，机器翻译的准确性提高了一倍。其中20%左右的贡献来自方法的改进，80%左右的贡献则来自数据量的提升。虽然每一年计算机在解决各种智能问题上的进步幅度并不大，但是通过十几年量的积累，最终促成了质变。

数据驱动方法从20世纪70年代开始起步，在20世纪八九十年代得到缓慢但稳步的发展。互联网的出现使得可用的数据量激增，数据驱动方法的优势越来越明显，最终完成了从量变到质变的飞跃。如今很多需要类似人类智能才能做的事情，计算机已经可以胜任了，这都得益于数据量的增加。

全世界各个领域的数据不断向外扩展，渐渐形成了一个特点，那就是很多数据开始出现交叉，各个维度的数据从点和线渐渐连成了网，或者说，数据之间的关联性极大地增强。在这样的背景下，大数据出现了，使得"以数据为中心"的思考和解决问题的方式的优势逐渐得以显现。

5."我为人人，人人为我"

"我为人人，人人为我"是大数据思维方式的又一体现，城市的智能交通管理便是体现该思维的一个例子。在智能手机和智能汽车（如特斯拉等）出现之前，世界上的很多大城市虽然都有交通管理（或者控制）中心，但是它们能够得到的交通路况信息最快也有20分钟的滞后。如果没有能够跟踪足够多人出行情况的实时信息的工具，一个城市即使部署再多的采样观察点，再频繁地报告各种交通事故和拥堵的情况，整体交通路况信息的实时性也不会有很大提高。

但是，在能够定位的智能手机出现后，这种情况得到了根本的改变。随着智能手机的普及并且大部分用户共享了他们的实时位置信息（符合大数据的完备性），提供地图服务的公司，比如谷歌或者百度，有可能实时地得到任何一个人口密度较大的城市的人员流动信息，并且根据其流动的速度和所在的位置，区分步行的人群和行进的汽车。

由于收集信息的公司和提供地图服务的公司是一家，因此从数据采集、数据处理，到信息发布，中间的延时微乎其微，提供的交通路况信息要及时得多。使用过谷歌地图服务或者百度地图服务的人，对比智能手机和智能汽车出现前，都很明显地感到了其中的差别。当然，更及时的信息可以通过分析历史数据来预测。一些科研小组和公司的研发部门，已经开始利用一个城市交通状况的历史数据，结合实时数据，预测一段时间以内（比如一个小时）该城市各条道路可能出现的交通状况，并且帮助出行者规划最佳的出行路线。

上面的实例很好地阐释了大数据时代"我为人人，人人为我"的全新理念和思维方式。每个使用导航软件的智能手机用户，一方面共享自己的实时位置信息给导航软件公司（比如百度地图），使得导航软件公司可以从大量用户那里获得实时的交通路况大数据；另一方面，每个用户又在享受导航软件公司提供的基于交通路况大数据的实时导航服务。

4.2 数据共享

大数据可以是观察人类社会的"显微镜""透视镜""望远镜",可以跟踪处理社会发展中不易被察觉的细节信息,可以通过数据融合探索数据背后的本质信息,更可以为科学决策提供参考信息,而大数据发挥这些功能的前提是要有大量的数据。大海之浩瀚,在于汇集了千万条江河,大数据之"大",在于众多"小数据"的汇聚。但是,出于各种各样的原因,在政府和企业中存在着大量的"数据孤岛",不同部门之间的数据无法共通,存在"数据断头路",导致数据无法汇聚,最终无法形成大数据的合力。

本节首先介绍数据孤岛问题,然后给出数据孤岛问题产生的原因和消除数据孤岛的重要意义,最后介绍实现数据共享所面临的挑战和推进数据共享的举措,并给出相关的数据共享案例。

4.2.1 数据孤岛问题

随着大数据产业的发展,政府、企业掌握着大量的数据资源,然而由于缺乏数据共享交换协同机制,数据孤岛问题逐渐显现。所谓数据孤岛,简单来说,就是在政府和企业里,各个部门各自存储数据,部门之间的数据无法共通,这导致这些数据像一个个孤岛一样缺乏关联性,以致人们没有办法充分利用数据,发挥数据的最大价值。

1. 政府的数据孤岛问题

政府掌握着大量的数据资源,拥有其他社会主体不可比拟的数据资源优势。然而,目前一些地方数据共通、共享与共用还存在较大的障碍,数据孤岛问题较为普遍。由于各政府部门建设数据库所采用的技术、平台及网络标准不统一,导致政府职能部门之间难以实现数据对接与共享。

以某地为例,经调研发现,截至2017年年底,该地87个直属部门有6988类数据资源、62332项信息项,居全国各省(区、市)首位。但是,各部门提出共享需求仅3649类,省级编目共享仅477类,数据资源的应用、服务水平仍较低。大量数据资源沉淀在各部门信息系统中,未进行统一开发利用,尚未很好地发挥利民惠民、支撑政府决策的作用。此外,部门的数据平台建设存在各类系统条块分割,纵向、横向重复建设的问题。纵向上各级垂直管理部门建设的政府信息系统形成"数据烟囱",横向上部门间各业务条块自建系统形成"数据孤岛",政府公共信息资源的存储彼此独立、管理分散。经过统计发现,该地有37个网络孤岛、44个机房孤岛和超过4000类数据孤岛。这些数据的来源多,但缺少统一数据标准,各标准间存在差异与冲突,缺少兼容,整合治理成本偏高。再加上各部门协同性不够,阻碍了数据开放共享。

由此可以看出,作为政府重要资产之一的政务数据,因为数据量太大、太散、难以有效融合等问题,严重影响到了数据价值的发挥,大大浪费了各地政府部门在信息化系统建设方面的大量投入。

2. 企业的数据孤岛问题

企业信息化建设突飞猛进,企业管理职能精细划分,信息系统围绕不同的管理阶段和管理职能展开,包括客户管理系统、生产系统、销售系统、采购系统、订单系统、仓储系统和财务系统等,所有数据被封存在各系统中,让完整的业务链上孤岛林立,信息的共享、反馈难,可以说数据孤岛问题是企业信息化建设中的最大难题。在企业内部,如果数据不能互通共享,那么销售部门制订销售计划不考虑车间的生产能力,车间生产不考虑市场的消化能力,采购部门也不依据车间的计划而自作主张盲目采购，市场部门不根据市场趋势盲目制订营销计划，研发部门不根据用户需求盲目设计产品。最后的结果只有一个，造成库房库存大量积压或者造成严重的断货事故。在这种情况下，企业里面的各个部门就是一个个数据孤岛。

4.2.2 数据孤岛问题的产生原因

1. 政府数据孤岛的产生原因

政府数据无法共通、不能共享，原因是多方面的。有些政府部门将数据资源等同于资源，热衷于搜集，但不愿共享；有些部门只盯着自己的数据服务系统，结果因为数据标准、系统接口等技术原因，无法与外单位、外部门共通；还有些地方，对大数据缺乏顶层设计，导致各条线、各部门的数据无法流动。也有的情况是出于工作机密、商业机密的考虑。

2. 企业数据孤岛的产生原因

企业数据孤岛包括两种类型，即企业之间的数据孤岛和企业内部的数据孤岛。不同企业属于不同的经营主体，有着各自的利益，彼此之间数据不共享，产生企业之间的数据孤岛，这是比较普遍的情况。而企业内部往往存在大量的数据孤岛，这些数据孤岛的形成主要有两个方面的原因。

（1）以功能为标准的部门划分导致数据孤岛。企业各部门之间相对独立，数据各自保管与存储，对数据的认知角度也截然不同，最终导致数据之间难以互通，形成孤岛。因此，集团化的企业更容易产生数据孤岛。面对这种情况，企业需要采用制定数据规范、定义数据标准的方式，规范不同部门对数据的认知。

（2）不同类型、不同版本的信息化管理系统导致数据孤岛。在企业内部（见图4-1），人事部门用OA（Office Automation，办公自动化）系统，生产部门用ERP（Enterprise Resource Planning，企业资源计划）系统，销售部门用CRM（Customer Relationship Management，客户关系管理）系统，甚至人事部门使用一家考勤软件的同时使用另一家的报销软件，后果就是一家企业的数据互通越来越难。

图4-1 企业内部的数据孤岛

4.2.3 消除数据孤岛的重要意义

1. 对政府的意义

加强政府数据共享开放和大数据服务能力，促进跨领域、跨部门合作，推进数据信息交换，打破部门壁垒，遏制数据孤岛和重复建设，有助于提高行政效率，转变思维观念，推动传统的职能型政府转型为服务型智慧政府。政府数据共享的重要意义表现在以下两个方面。

首先，有助于提升资源利用率。共享开放政府部门内部数据，可以消灭传统信息化平台建设中的数据孤岛问题。通过共享开放平台整合人口基础信息资源库、法人基础信息资源库、地理空间信息资源库、电子证照信息资源库等四大基础库，以及整合产业经济、平台等主题库，为平台的各类应用及各委办局的应用提供基础数据资源，可以实现资源整合，提升数据资源利用率。

其次，有助于推动政府数字化转型。政府数字化转型的本质是基于数据共享的业务再造，没有数据共享，就没有数字政府。美国政府的共享平台原则是提倡降低成本，共享数据；英国政府提倡更好地利用数据，开放共享数据；澳大利亚政府在数字化转型中提出基于共享线上服务设计方法和线上服务系统的数据共享；我国政府发布了《国务院办公厅关于印发政务信息系统整合共享实施方案的通知》等政策文件，大力推动政务数据共享。综上可知，数据共享是各国政府都极其重视的事情，是数字化转型的核心，政府数字化转型应当坚持全局数据共享原则，充分发挥政府数据的价值。

2. 对企业的意义

首先，消除企业内部的数据孤岛，实现所有系统数据互通共享，对建立企业自身的大数据平台和企业信息化建设都有重大意义。在数据量突飞猛涨的进程当中，企业信息化建设将企业的生产、销售等业务过程数字化并实现彼此互联互通，通过各种信息系统网络加工生成新的信息资源，提供给企业管理者和决策者洞察与分析，以便做出有利于生产要素组合优化的决策，使企业能够合理配置资源，实现企业利益最大化。

其次，打通企业之间的数据孤岛，实现不同企业的数据共享，有利于企业获得更好的经营发展能力。信息经济学认为，信息的增多可以提升做出正确选择的能力，从而提高经济效率，更好体现信息的价值。但是，每个企业自身的数据资源是有限的，在行为理性的假设前提下，企业要追求效用最大化，就需要考虑扩充自己的数据资源。企业有两种方式可以获得企业外部的数据资源，一是收集互联网数据，二是与其他企业共享数据。

4.2.4　实现数据共享所面临的挑战

1. 在政府层面的挑战

政府作为政务信息的采集者、管理者和拥有者，相对于其他社会组织而言，具有不可比拟的信息优势。政府掌握着绝大多数的数据，是最大的数据拥有者。但由于信息技术、条块分割的体制等限制，政府部门之间的数据孤岛问题长期存在，相互之间的数据难以实现互通共享，导致目前政府掌握的数据大都处于割裂和休眠状态。政府数据开放现在主要面临以下 4 个方面的挑战。

（1）不愿共享开放。政府部门在数据开放和共享方面缺乏动力，同时，与其他部门共享数据或向公众开放数据，得不到相应的回报，这就使得在多数情况下，政府部门对于数据的共享和开放是被动的。另外，当前国家在数据共享开放方面的法律法规、制度标准建设尚不完善，没有形成数据共享开放的刚性约束，市场不健全也导致了数据共享开放的动力不足。

（2）不敢共享开放。由于相关制度、法律法规以及标准的缺失，政府部门往往不清楚哪些数据可以跨部门共享和向公众开放，相关人员担心政务数据共享开放会引起信息安全问题，担心数据泄密和失控，对数据共享开放具有恐惧感，不敢把掌握的数据资源向他人共享开放。政府数据不该共享开放而共享开放，或者不该大范围共享开放而大范围共享开放可能会带来巨大的损失，甚至可能会危及国家安全，而其中的风险责任又往往难以确定，导致政府部门对共享开放数据持敏感和谨慎态度。

（3）不会共享开放。一方面，目前我国缺乏法律对数据共享开放原则、数据格式、质量标准、可用性、互操作性等做出规范要求，政府部门和公共机构数据共享开放能力较为薄弱，制约了大数据作为基础性战略资源的开发应用和价值释放。另一方面，政府各部门数据开放共享在技术层面也存在问题。由于缺乏公共平台，政府数据开放共享往往依赖于各部门主导的信息系统，而这些系统在前期设计时往往对开放共享考虑不足，因此，实现信息开放共享的技术难度较高。

（4）数据中心共享开放作用不强。在我国大数据产业发展迅猛的当下，大数据产业也存在资源开放共享程度低，数据价值难以被有效挖掘利用、安全性有待加强等问题。尤其伴随着大数据热潮，各地投建了大量的数据中心，其中很多中心因为缺乏运营经验而处于闲置状态，很少发挥作用。

2. 在企业层面的挑战

在企业层面，消除数据孤岛、实现数据整合的挑战主要来自以下3个方面。

（1）系统孤岛挑战。企业内部系统多，系统间数据没有打通，消费者信息存储碎片化，没有完整的消费者视图，很难实现跨渠道消费者洞察和管理。

（2）组织架构挑战。不同业务部门负责不同的系统，如何在一致的利益下搭建统一的消费者数据管理平台，挑战巨大。另外，不同的部门在自己掌控的渠道去面对消费者时通常只考虑自己的需求，而不会站在全盘触点的角度去考虑进行何种互动最合适。

（3）数据合作挑战。当前，消费者数据都在互联网"巨头"手里，且数据交易市场尚不规范，企业缺少外部数据补充，如何联合外部数据拥有者，结合内部数据，拼接完整的消费者画像是一大挑战。

4.2.5　推进数据共享的举措

1. 在政府层面的举措

首先积极共享政府数据资源，提高政府职能部门之间和具有不同创新资源的主体之间的数据共享广度，促进区域内形成"数据共享池"。要改变政府职能部门数据孤岛现象，立足于数据资源的共享互换，设定相对明确的数据标准，实现部门之间的数据对接与共享，推进在制度创新方面的系统集成化，为科技创新提供必要条件。同时，要促进准确及时的数据信息传递，提高部门条线管理，实现"一站式"企业网上办事和政府服务项目"一网通办"的网络信息功能，提高数据质量的可靠性、稳定性与权威性，增加相关信息平台的使用覆盖面，让现存数据"连起来""用起来"。

具体而言，政府要进一步加强不同政府信息平台的部门连接性和数据反映能力的全面性，要使不同省区市之间的数据实现对接与共享，解决数据孤岛的问题，实现数据共享共用。通过数据共享共用，打破地区、行业、部门和区域条块分割状况，提高数据资源利用率，提高生产效率，更好地推进制度创新与科技创新。同时，通过政府数据的跨部门流动和互通，促进政府数据的关联分析能力的有效发挥，建立"用数据说话、用数据决策、用数据管理、用数据创新"的政府管理机制，实现基于数据的科学分析和科学决策，构建适应信息时代的国家治理体系，推进国家治理能力现代化。

目前，各地政府不同程度地制定了数据共享交换办法，明确了政府数据共享的类型、范围、共享义务主体、共享权利主体、共享责任和共享绩效考核评估办法。各级政府部门依据政府数据共享办法制定了本部门政府数据共享目录，依据政府数据共享目录向其他政府部门提供政府数据共享服务；同时，明确了政府数据共享使用的方式，按照全公开使用、半公开使用、不公开使用等不同等级，界定对政府数据共享使用的数据公开范围，并规定了政府数据共享使用人的义务和责任。

各级政府在地方大数据规划中也对数据共享交换计划进行了明确规定，如明确了政府数据共享的年度目标、双年度目标和中长期目标，确定了各政府部门为实现政府数据共享达标所应采取的具体措施和工作安排，明确了政府数据共享的具体程序和工作流程，以及政府数据共享的负责人员、责任部门和责任追究办法。

　　为推动政府信息共享交换工作的落实，多数地方政府制定了政府数据共享绩效考核管理办法，建立了政府数据共享评估指标体系，对各级政府部门提供政府数据共享服务的情况进行评估考核；同时，依托政府数据共享平台的统计和反馈功能，自动、逐项评价共享数据的数量、质量、类型和使用程序等情况；此外，许多地方政府还引入了第三方等级评估机构，对各级政府部门的政府数据共享计划及其执行情况进行评估评级，将评估评级结果纳入政府部门信息化工作考核报告，与电子政府项目立项申报关联起来，严格执行激励约束措施，推动共享数据滚动更新，提高共享数据质量，确保政府数据共享取得实效。

　　2. 在企业层面的举措

　　（1）在企业内部，消除数据孤岛，推进数据融合。对企业而言，信息系统的实施建立在完善的基础数据之上，信息系统的成功运行则基于对基础数据的科学管理。要想消除数据孤岛，必须对现有系统进行全面的升级和改造。而企业数据处理的准确性、及时性和可靠性是以各业务环节数据的完整和准确为基础的，所以必须选择一个系统化的、严密的集成系统，以便将企业各渠道的数据信息综合到一个平台上，供企业管理者和决策者分析利用，为企业创造价值效益。

　　（2）在不同企业之间，建立企业数据共享联盟。通过成立企业数据共享联盟，建立联盟大数据信息数据库，汇集来自各行业的数据资源，促进碎片数据资源进行有效的融合，并指导和带动联盟跨界数据资源的合理、有序分享和开发利用。

4.2.6　数据共享的原则

　　政府与企业之间的数据共享应遵循以下原则。

　　（1）可持续性。既要满足当前需要，又要着眼长远发展；共享机制的建立不是临时性的，可能使用一次或多次。

　　（2）协调性。当数据共享涉及多方时，要充分考虑多个利益方的利益诉求和群体态度，寻求利益的平衡点。

　　（3）互利性。要以效率优先、兼顾公平的原则，在降低控制成本的同时提高效率，争取以最小的成本投入获得最大的收益，不断激发各利益主体进行开放、参与共享的积极性；要承认对有关产品和服务的数据生成所做出的努力。

　　（4）透明性。应明确数据使用者的情况，希望获取数据的类型和详细程度，以及使用数据的目的等。

　　（5）良性竞争。在交换敏感数据时应促进良性竞争，保障数据提供方相关信息不被泄露。

　　以上是一般性原则，企业在将数据开放共享给政府时还应同时遵循以下原则。

　　（1）数据使用的相称性。使用企业数据应以公开透明的公共利益为目的，确保做到具体详细、相关联和数据保护；对于预期的共享收益，应保证企业成本的合理性。

　　（2）目的限制。应在合同或协议条款中明确限制企业数据使用的目的，限定为一个或多个；规定数据使用的期限，同时要保证企业数据不被用于无关的行政或司法程序。

　　（3）不造成伤害。保护企业的商业机密及相应利益。

　　（4）数据再利用。企业与政府的合作应力求互惠互利，尤其在付给酬金时也要考虑公共利益。当其他政府机构也有类似的数据需求时，企业应该无差别对待。

4.3 数据开放

数据开放是指将数据公开提供给社会各界使用，通常以机器可读的形式发布，并允许任何人自由使用、重用和分享。数据开放的主要目的是促进数据的流通和价值的释放，推动社会创新和经济发展。

数据开放和数据共享是两个紧密相关的概念，二者都涉及数据的提供和利用，都要求数据的可访问性、可获取性和可重用性，在一定程度上，数据共享可以被视为数据开放的一种形式，即通过特定方式将数据提供给需要的人或组织。然而，数据开放和数据共享在某些方面也存在一定的差异。数据共享主要关注的是在组织或个人之间的数据传输和提供，而数据开放更强调将数据（尤其是政府数据）广泛地提供给社会公众使用。此外，数据共享更多地涉及数据的整合、交换和共享平台的建设，而数据开放更强调数据的透明度和开放性，要求数据的准确性和完整性。

数据开放涉及的数据范围包括政府数据、企业数据、科研数据等，其中，政府数据开放是核心，因此，本节只讨论政府数据开放。随着大数据时代的发展和智慧服务型政府的创建，数据作为最重要的基石和原料，正在得到各利益相关者的普遍重视，政府数据的资源优势和应用市场优势日益凸显，政府数据资源的共享与开放已成为世界各国政府的共识。政府数据是指由政府或政府所属机构产生的或委托产生的数据与信息，政府数据开放强调政府原始数据的开放。与传统的政府信息公开相比，政府数据开放更利于公众监督政府决策的合理性与分析决策依据，提升政府的管理水平和透明度，也有利于政府积累的大量数据资源被更好地再利用，以促进经济、社会的发展。

本节首先介绍政府开放数据的理论基础，然后指出政府信息公开与政府数据开放的联系与区别，以及政府数据开放的重要意义，接下来介绍国内政府开放数据的实践以及公共数据授权运营，最后介绍政府数据开放的几点启示。

4.3.1 政府开放数据的理论基础

政府开放数据的理论基础主要包括数据资产理论、数据权理论和开放政府理论。

1. 数据资产理论

2004年，一位阵亡的美军士兵的父亲，请求雅虎公司告知其儿子在雅虎的账号和密码，以便获取儿子在雅虎账号中留下的文字、照片、E-mail等数据，以寄托对儿子的思念。雅虎公司以隐私协议为由拒绝了该请求，这位父亲无奈之下将雅虎公司告上法庭。这个事件引起了公众对个人数据财产、数据遗产的高度关注，可以说是一个历史性事件。

现在，我们身处大数据时代，数据已经被当作一种重要的战略资源，也可以成为一种资产。在2002年由英国标准协会制定的信息安全管理体系标准BS7799中指出，数据是一种资产，像其他重要的业务资产一样，对组织具有价值，因此需要妥善保护。2012年，瑞士达沃斯经济论坛的一份报告指出，"数据已经成为一种同货币和黄金一样的新型经济资产类别。"2013年发布的《英国数据能力发展战略规划》和2014年5月美国发布的《大数据：抓住机遇，保存价值》（也就是《美国大数据白皮书》）均使用了"数据资产"的表述。

数据资产是无形资产的延伸，是主要以知识形态存在的重要经济资源，是为其所有者或合法使用者提供某种权利、优势和效益的固定资产。数据资产的通用属性包括：①数据资产是供不同用户使用的资源，不具有实物形态，不能脱离物质载体但独立于物质载体；②数据资产具有归属权和责任；③数据资产具有共享性，可由多个主体共同拥有；④数据资产在可确认的时间内或作为可确认事件的结果而产生或存在，同时也应该在可确认的时间内作为可确认事件的结果而被破坏或终止；⑤数据资产的有效期不确定，受技术和市场的影响；⑥数据资产具有价值和使用价值，通过数据资产产生的价值应大于其生产、维护的成本，且具有外部性，不仅给直接消费者和生产者带来收益和成本，而且给其他人带来收益和成本；⑦数据资产是有生命周期的。

数据资产的类型有很多，常见的数据资产包括书面技术新材料、数据与文档、技术软件、物理资产（主要指通信协议类）、员工与客户（包括竞争对手）、企业形象和声誉以及服务等。同其他资产一样，数据资产也是企业价值创造的工具和资本。随着网络技术的发展以及信息的广泛传播和使用，人们渐渐认识到数据的重要性和巨大价值。尤其在大数据环境下，数据已经渗透到各个行业，已经成为政府和企业的重要资产。企业和政府拥有的数据的规模、活性，以及收集、运用数据的能力，将决定企业和政府的核心竞争力。

与数据资产相关的概念包括数字资产和信息资产，这三者是从不同层面看待数据的，其中，信息资产对应着数据的信息属性，数字资产对应着数据的物理属性，数据资产对应着数据的存在。另外，资产与资源、资本等术语紧密关联，于是就有了信息资产、信息资源、信息资本、数据资产、数据资源、数据资本、数字资产、数字资源、数字资本等比较接近的概念，在很多场合下，这些概念会被相互替代地使用。

政府数据资产是数据资产的一个重要类别。在全球范围内，政府数据资产的管理和价值发挥开始受到广泛重视。2013 年，美国时任总统发表的《开放数据政策——将信息作为资产管理》的备忘录中指出，"信息是国家的宝贵资源，也是政府及其合作伙伴、公众的战略资产。"这份备忘录成为美国政府数据资产管理的纲领性文件。随着大数据价值的逐步显现，越来越多的国家把大数据作为重要的资本看待。如美国政府就认为"数据是一项有价值的国家资本，应对公众开放，而不是把其禁锢在政府体制内"。在我国，最早开始使用"政府数据资产"这一表述的是于 2017 年 7 月 10 日正式发布实施的《贵州省政府数据资产管理登记暂行办法》，该《办法》规定，政府数据资产是指由政务服务实施机构建设、管理、使用的各类业务应用系统，以及利用业务应用系统依法依规直接或间接采集、使用、产生、管理的，具有经济、社会等方面的价值，权属明晰、可量化、可控制、可交换的非涉密政府数据。

从政府数据资产的领域特征来看，其具有与政府职能相结合后的突出特征，包括：①具有经济效益和社会效益的双重价值；②权属更为明晰，主要涉及政府机构自身、法人和个人的各类数据；③可根据应用需求对各种格式和类型的政府数据资产进行量化处理；④政府机构依其职能可通过多种有效手段和机制，对其加以合理、及时的管控；⑤可在全社会领域范围内，进行跨行业、跨组织、跨系统的数据交换和传输。另外，成为政府数据资产的数据，对涉及国家机密、商业机密和个人隐私的内容，需要加强审核和脱敏处理，以确保在充分发挥政府数据资产社会公益价值的同时，不损害国家安全、企业利益和个人的合法权益。

政府数据资产包含多种不同类型，依据政府数据资产的产生方式，可将其划分为 5 个类别，包括：①政府才有权利采集的政府数据资产，如资源类、税收类和财政类等领域的政府数据资产；②政府才有可能汇总或获取的数据资产，如农业总产值、工业总产值等政府数据资产；③由政府管理或主导的活动产生的数据资产，如城市基建、交通基建、医院、教育师资等领域的数据资产；④政府监管职责所拥有的数据资产，如人口普查、金融监管、食品药品管理等领域的数据资产；⑤由政府提供服务所产生的消费和档案数据，如社保、水电和公安等领域的数据资产。

2. 数据权理论

数据权的概念发起于英国，主要将其视为信息社会的一项基本公民权利，让政府所拥有的数据集能够被公众申请和使用，并且按照标准公布数据。早期的数据权强调的是公民利用信息的权利。数据开放运动的兴起，推动了世界各国建设数据网、保障公民应用数据权利的数据民主浪潮。

但是，随着数据的进一步开放，大型网络公司对历史文献资料的数据化，商业集团对客户资料的搜集，政府部门对个人信息的调查与掌握，社会化媒体对社会交往的渗透与呈现，使国家和政府加强了对数据主权的关注，并将其纳入国家主权的范畴。数据主权源于信息主权。信息主权是国家主权在信息活动中的体现，国家对政权管辖地域内任何信息的制造、传播和交易活动，以及相关的组织和制度拥有最高权力。因为数据主权中的数据指的是原始数据，所以数据的外延要大于信息主权的概念。鉴于数据的重要性，各国都在积极加强数据的安全和对其进行保护。

数据权包括两个方面：数据主权和数据权利。数据主权的主体是国家，是一个国家独立自主对本国数据进行管理和利用的权利。目前，大数据已经成为全球高科技竞争的前沿领域，以美国、日本等国为代表的全球发达国家，已经制定了以大数据为核心的新一轮信息战略。一国所拥有数据的规模、活性以及解释、运用数据的能力，从大型、复杂的数字、数据集中提取知识和观点的能力，将成为国家的核心竞争力。国家数据主权，即对数据的占有和控制，将成为继边防、海防、空防之后，另一个大国博弈的空间。数据权利的主体是公民，是相对公民数据采集义务而形成的对数据利用的权利，这种对数据的利用是建立在数据主权之下的。只有在数据主权的法定框架下，公民才可自由行使数据权利。公民的数据权利，是一项新兴的基本人权，它是信息时代的产物，是公民个人的基本权利。公民数据权的保护，不仅具有正当合理性，而且其作为一种人权来保障已经成为世界性趋势。2010年5月，戴维·卡梅伦领导的保守党在英国大选中获胜，他在出任首相后，提出了"数据权"的概念，卡梅伦认为"数据权"是信息时代每一个公民拥有的一项基本权利，并郑重承诺要在全社会普及"数据权"。不久，英国女王在议会发表演讲，强调政府要全面保障公众的"数据权"。2011年4月，英国劳工部、商业部宣布一个旨在保障全民数据权的新项目——"我的数据"，提出一个响亮的口号——"你的数据，你可以做主！"近年来，我国逐渐开始重视对客户数据所有权的保护。2015年7月22日，阿里云在分享日上发起"数据保护倡议"：数据是客户资产，云计算平台不得移作他用。这份公开倡议书中明确指出，任何运行在云计算平台上的开发者、公司、政府、社会机构的数据，所有权绝对属于客户，云计算平台不得将这些数据移作他用。平台方有责任和义务，帮助客户保障其数据的私密性、完整性和可用性。这是中国云计算服务商首次定义行业标准，针对用户普遍关注的数据安全问题进行清晰的界定。

3. 开放政府理论

20世纪70年代，有些国家掀起了新公共管理运动，这场世界性的运动涉及政府的各个方面，包括政府的管理、技术、程序和过程等。学者们也从不同的角度反思政府，提出了多种政府理论，如有限政府理论、无缝隙政府理论、责任政府理论、服务型政府理论等。随着政府改革实践的不断深入，越来越多的学者和政府深刻意识到，要实现政府的各种改革目标，首先要实现开放政府。

开放政府最早出现在20世纪50年代有关信息自由立法的介绍当中。1957年，帕克（Park）发表的论文《开放政府原则：依据宪法的知情权》中首次提出开放政府理念，其核心内容是关于信息自由方面的。帕克认为公众使用政府信息应该是常态，并且如果没有特殊情况都应该允许使用。在当时的背景下，帕克的观点引起了一场关于开放政府和需要政府将信息的提供作为默认状态的辩论，尤其是关于问责理念的认识。自1966年美国政府颁布了《信息自由法》之后，开放政府理论就很少有人问津了。

随着很多国家对信息法案的修订，尤其在2009年奥巴马政府公布了《开放政府指令》后，开放政府理论又被重新提起。2009年1月21日，在关于政府透明和开放化的备忘录上，时任美国总统奥巴马指示美国行政管理和预算局局长发布一份《开放政府指令》，开放政府由此被提出。奥巴马政府认为，开放政府是前所未有的透明政府，是能为公众信任、使公众积极参与和协作的开放系统，其中，开放是民主的良药，能提高政府的效率并保障决策的有效性。开放政府的提出得到了包括我国在内的很多国家的学者的认同。我国有学者认为，美国的开放政府启示我国在电子政府发展过程中，要强化政府服务意识，以用户为中心，关注用户体验，围绕政府职责与任务，形成与企业、公众良好的互动，促进数据开发与应用共享，同时需要重视资源整合，提供整体解决方案，开展一站式服务。

当然，奥巴马政府所指的开放政府和帕克当时所指的开放政府有很大的差别。奥巴马政府所提出的开放政府是在大数据环境下，将政府的开放与信息技术结合起来，并且在原有"透明政府"的基础上，增加促进政府创新、合作、参与、有效率和灵活性等因素，进一步丰富开放政府的内涵。

自 2009 年开放政府理论被重新提起后，世界各国都在努力使用信息技术革新政府，并在 2011 年建立了"开放政府联盟"。开放政府联盟的主要目标是：联盟的国家和政府要为促进透明、赋权公民、反腐败和利用新的技术加强治理付诸行动和努力。在其纲领性文件《开放政府宣言》中，该组织的第一承诺就是：向本国社会公开更多的信息。该《宣言》中还特别强调："要用系统的方法来收集、公开关于各种公共服务、公共活动的数据，这种公开不仅要及时主动，还要使用可供重复使用的格式。"随着政府开放数据的不断发展，越来越多的国家加入开放政府联盟。

近年来，随着大数据时代的发展和智慧服务型政府的创建，数据作为最重要的基石和原料正在得到各利益相关者的普遍重视，政府数据的资源优势和应用市场优势日益凸显，政府数据资源的共享与开放已成为世界各国政府的共识。自 2009 年开始，以美国、英国、加拿大、法国等为代表的发达国家相继加入政府数据开放运动并积极推动政府数据开放，2011 年以来，以巴西、印度、中国等为代表的发展中国家也陆续加入。2012 年 6 月，以"上海市政府数据服务网"的上线为标志，我国也开始了政府数据开放的实践。截至 2018 年，全球已有 139 个国家提供了政府数据开放平台或目录，我国已有 46 个地市级以上的政府提供了数据开放平台。

4.3.2　政府信息公开与政府数据开放的联系与区别

政府信息公开与政府数据开放是一对既相互联系又相互区别的概念。数据是没有经过任何加工与解读的原始记录，没有明确的含义；而信息是经过加工处理，被赋予一定含义的数据。政府信息公开主要是实现公众对政府信息的查阅和理解，从而监督政府和参与决策。政府数据开放是以"开放型政府""服务型政府""智慧型政府"为目标的开放政府运动的必然产物。2009 年，奥巴马签署的《透明与开放政府备忘录》确定了"透明""参与""协作"三大原则，这就决定了政府数据开放超越了对公众知情权的满足，而上升至鼓励社会力量的参与和协作，推进政府数据的增值开发与协作创新。政府信息公开主要是为了满足公众的知情权而出现的，政府信息公开既可以理解为一项制度，又可以理解为一种行为。作为一项制度，主要是指国家和地方制定并用于规范和调整信息公开活动的法规规定；作为一种行为，主要是指掌握信息的主体，即行政机关、单位向不特定的社会对象发布信息，或者向特定的对象提供所掌握的信息的活动。政府数据开放是政府信息公开的自然延伸，它将开放对象延伸至原始数据的粒度。政府数据开放强调的是数据的再利用，公众可以分享数据、利用数据创造经济和社会价值，并且可以根据对数据的分析判断政府的决策是否合理。政府信息公开更侧重将与公众相关的信息通过报纸、互联网、电视等媒体的发布，更强调程序公开，正义公开仍是难点，比如对数据的可视化处理、简单的归纳统计，以及无法进行再次利用的信息产品和服务等。而政府数据开放更侧重数据的利用层面和公有属性，更强调数据开放的格式、数据更新的频率、数据的全面性、API调用次数、数据下载次数、数据目录总量、数据集总量等指标，也包含政府在透明性、公众参与性方面的价值追求。

4.3.3　政府数据开放的重要意义

生产资料是劳动者进行生产时所需要使用的资源或工具。如果说土地是农业生产中最重要的生产资料，机器是工业社会最重要的生产资料，那么信息社会中最重要的生产资料是数据。数据已经成为当今社会一种独立的生产要素。2012年，世界经济论坛曾指出，大数据是新财富，价值堪比石油。麦肯锡公司指出大数据是下一个创新、竞争和生产力提高的前沿，数据就是生产资料。

大数据作为无形的生产资料，它的合理共享和利用将会创造出巨大的财富。但是，大数据的一个显著特征就是价值密度很低，也就是说，在大量的数据里面，真正有价值的数据可能只是很少的一部分。为了充分发挥大数据的价值，就需要更多的参与方从这些"垃圾"里找出有价值的东西。所以，政府开放数据，可以让社会中更多的人或企业从大数据中"挖掘金矿"。

世界银行在2012年发表的《如何认识开放政府数据提高政府的责任感》报告认为：政府开放数据是开放数据的一部分，是指政府所产生的、收集和拥有的数据，在知识共享许可下发布，允许共享、分发、修改，甚至对其进行商业使用的具有正当归属的数据。政府开放数据不仅有利于促进透明政府的建设，在经济发展、社会治理等方面同样具有重要的意义。

1. 政府开放数据有利于促进开放透明政府的形成

政府开放数据是更高层次的政府信息公开，而政府信息公开也将推动政府民主法治进程。知情权是公民的基本权利之一，也是民主政府建设的前提。1789年，法国政府颁布了《人权宣言》，其中就规定了公众有权知晓政府工作。随着政府民主法治进程的推进，政府事务不断增加，涉及民生的公共活动也不断增多。随着互联网的快速发展，一方面政府能方便快捷地了解、掌握各种公共和个人信息，另一方面公众提出了更多了解、监督政府公共活动的新需求。政府信息公开的程度也成了判断政府民主法治程度的依据。很多国家出台了信息公开制度并实施，比如美国出台了《信息自由法》。近年来，我国也越来越重视政府信息公开，2007年，我国颁布了《中华人民共和国政府信息公开条例》（以下简称《政府信息公开条例》），确立了对公民知情权的法律保障。

原始数据的开放是政府信息资源开放和利用的本质要求，因为原始数据经不同的分析处理可得到不同的价值，在大数据时代，原始数据的价值更加丰富。

数据是政府手中的重要资源，政府开放数据的范围、程度、速度都代表着政府开放的程度。一般来说，政府开放数据的范围越广、程度越深、速度越快，就越有助于提高政府的公信力，从而增加政府的权威，以及提高公众参与公共事务的程度。政府开放数据在政治上最大的意义，就是促进政府开放透明。因此，在大数据环境下，政府有必要通过完善政府信息公开制度来进一步扩大数据开放的范围，从而保障公民的知情权。

2. 政府开放数据有利于创新创业和经济增长

政府开放数据对经济增长的促进作用明显，企业可以从数据中挖掘对企业自身发展有价值的信息，提升竞争力。随着大数据时代的到来，美国政府通过政府开放数据实现了经济增长。例如，美国是气象灾害频发的国家，为减少气象灾害带来的严重损失，2014年3月，美国白宫宣布：美国国家海洋大气局、美国国家航空航天局、美国地质调查局以及其他联邦机构进行合作，将各自所拥有的气象数据发布在美国政府数据网上。除了基本的气象数据之外，各机构还在美国政府数据网上提供了若干工具和资源来帮助参与者更好地发掘数据背后的价值。美国政府希望通过这项数据开放计划让更多的社会机构和研究团体参与到气候研究中来，进而减少极端天气带来的损失。随后，与气象相关的企业服务应运而生，包括各种气象播报、气象顾问、气象保险等，形成了新的产业链，创造出了极高的经济价值。又如，美国政府向社会开放了原先用于军事的GPS，随后美国乃至世界各国都利用这个系统开发、创新了很多产品，包括飞机导航系统，以及目前非常流行的基于位置的移动互联网服务，不仅带来了经济效益，而且增加了就业岗位。

政府数据的再利用，在欧洲也创造出很高的经济价值。2010年，欧盟公布的数据显示，欧洲利用政府公开的数据创造出的价值达到320亿欧元，同时带来了更多的商业和就业机会。英国的国家健康服务机构通过收集和开放很多医疗机构的数据，让公众了解相关信息，获得最佳服务，同时公众反馈的很多建议也提高了医疗机构的效率。

3. 政府开放数据有利于社会治理创新

在传统的以政府为中心的社会管理体制下，政府数据的流通渠道并不畅通，民众与政府之间存在信息壁垒，导致民众不了解行政程序，无法监督行政行为，利益诉求也无法表达，更谈不上参与社会治理。

政府数据的开放不仅打破了政府部门对数据的垄断，促进了数据价值的发挥，而且构建起了政府同市场、社会、公众之间互动的平台。数据分享和大数据技术应用，不仅可以有效推动政府各部门在公共活动中实现协同治理，提高政府决策的水平，而且能够充分调动各方的积极性来完成社会事务，实现社会治理机制的创新，给公众的生活带来便利，比如缓解交通压力、保障食品安全、解决环境污染等。

在社会治理创新方面，欧洲很多城市已经从政府数据开放中受益。比如欧洲一些政府向社会开放交通流量数据，公众可以凭借这些数据选择最佳驾车路径，回避拥堵路段，极大地改善交通拥堵的状况。在美国政府开放数据后，美国出现了很多的App（应用）。其中，一个名为RAIDS Online的App就很受美国公众的欢迎。该App通过对政府开放的数据进行分析，告知公众在哪些区域容易出现抢劫、盗窃等犯罪行为，公众根据这些信息可以提前做好预防或者减少在这些区域的活动，这明显地降低了犯罪率，增加了社会的安全性。又如，美国交通部开放全美航班数据，有程序员利用这些数据开发了航班延误时间的分析系统，并向全社会免费开放，任何人都可以通过它查询分析全国各次航班的延误率和机场等候时间，为人们出行节省了时间，创造了极大的社会效益。

4.3.4　我国政府开放数据

政府数据资源是体量大、集中度高、辐射范围广、与社会公众关联紧密、开发利用价值高、集聚带动效应明显的大数据资源。推进落实政府数据开放建设工程，逐步实现政府数据向社会开放，是建立健全数据驱动型增长新模式，推动经济社会全面发展，促进治理能力现代化的重要抓手。在我国政府职能转变和产业转型发展的背景下，在《政府信息公开条例》的基础上，面对大数据时代社会公众对政府数据的强烈需求，我国政府正在逐步从日趋成熟的"政府信息公开"向蹒跚起步的"政府数据开放"探索前进。

1. 概述

2015年两会（中华人民共和国全国人民代表大会和中国人民政治协商会议的简称）政府工作报告中指出"政府掌握的数据要公开，除依法涉密的之外，数据要尽可能地公开，以便于云计算企业为社会服务，也为政府决策、监管服务"。随后，国务院办公厅印发《2015年政府信息公开工作要点》，要求政府数据全面公开。这些都表明，大数据时代政府数据开放是时代发展的新要求。

大数据被看作信息化时代的"石油"。政府是数据最大的生产者和拥有者，政府数据约占整个社会数据的80%以上，通过开放数据来挖掘数据价值的思维和应用已经逐渐渗透到国家治理的范畴内。在全面深化改革的过程中，我们面临着政策不透明、信息不对称、资源不均衡等诸多问题，这些问题可能导致政府公信力减弱，社会信用缺失，人们幸福感下降。开放数据，是治理这些问题的一剂良药。

由于政府数据开放十分有限，造成部门之间的"数据保密"与"数据隔阂"，不仅制约了政府协同治理水平的提升，也限制了公众参与国家治理的程度。在现有体制下，一些政府部门因自身利益扩张，故意隐瞒或删改数据，掩饰公共利益部门化的弊端。一些地方政府利用数据不开放的机制弊端，虚报反映政绩的数据（如国民生产总值、工业产值、财政收入等），甚至故意瞒报数据（如常住人口、事故死亡人数等），造成人均数据虚高的假政绩。政府数据开放度不高，数据加工失真，也影响了学术界经济社会研究成果的实用价值，阻碍了基于大数据分析的智库建设。通过开放决策过程数据，可以提高政府的公信力；通过开放商业数据，可以驱动经济转型；通过开放各类奖惩信息，可以提高社会信用；通过开放社会统计基础数据，可以促进社会发展科学化。政府开放数据对国家治理理念、治理范式、治理内容、治理手段等都能产生积极的影响。然而，与发达国家政府开放数据、挖掘数据资源能力相比，我国还存在很多不足，对政府开放数据的担忧、对政府开放数据路径的茫然，严重制约着我们跟上数据时代的步伐，需要尽快研究并提出对策。

2. 我国政府数据开放制度体系

我国的政府数据开放制度建设起步相对较晚。2015年，《促进大数据发展行动纲要》颁布实施。地方立法层面，贵州作为地方政府数据开放重镇先行先试，《贵州省大数据发展应用促进条例》《贵阳市政府数据共享开放条例》《贵阳市大数据安全管理条例》已先后实施，为国家层面的修法立法提供了重要参考。

法规条例是制度的重要反映和体现。目前，我国以《政府信息公开条例》和《促进大数据发展行动纲要》等一系列国家政策文件为核心，围绕建设政府数据开放监督制度、行为制度、保障制度和内容制度，共同构建并形成了我国政府数据开放制度体系（见图4-2）。

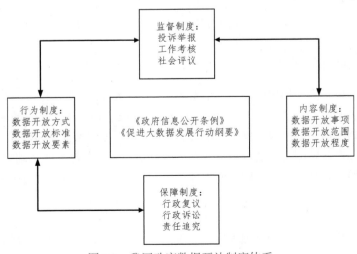

图4-2　我国政府数据开放制度体系

由图4-2可知，我国政府数据开放监督制度包括投诉举报、工作考核和社会评议等内容，行为制度由政府数据开放方式、标准以及要素等内容构成，保障制度含行政复议、行政诉讼和责任追究等措施，内容制度涵盖政府数据开放事项、范围以及程度等各个方面。我国政府数据开放的主题思想是，政府机关在政府数据开放的过程中，必须依法严格按照条例规定对需要开放的信息进行开放，不得编造政府数据，不得以各种理由拒绝、拖延政府数据开放，对于不开放政府数据或违法违规开放政府数据的单位，一经查实，必将受到司法部门的追责与制裁。《政府信息公开条例》第二十条详细界定了政府数据开放的范围；第二十三条"行政机关应当建立健全政府信息发布机制，将主动公开的政府信息通过政府公报、政府网站或者其他互联网政务媒体、新闻发布会以及报刊、广播、电视等途径予以公开"和第四十条"行政机关依申请公开政府信息，应当根据申请人的要求及行政机关保存政府信息的实际情况，确定提供政府信息的具体形式；按照申请人要求的形式提供政府信息，可能危及政府信息载体安全或者公开成本过高的，可以通过电子数据以及其他适当形式提供，或者安排申请人查阅、抄录相关政府信息"，详细界定了政府数据开放的方式和程序；第四十六条"各级人民政府应当建立健全政府信息公开工作考核制度、社会评议制度和责任追究制度，定期对政府信息公开工作进行考核、评议"，详细界定了政府数据开放的监督和保障机制。

3. 当前政府数据开放存在的主要问题

（1）数据开放存在安全性问题。现有的政府数据开放平台，不管是国外的还是国内的，都是基于传统方法来存储数据，将数据以文件存储、将相关信息以数据库存储，这种方式虽然简单方便，但是安全性不高，极易被黑客或别有用心的不法分子利用和篡改。另外，现有的政府数据开放平台的数据都是免费的数据，政府对数据开放平台的管理还处于起步阶段，对数据的流通还没有明确的法律法规。目前，我国进入了经济发展的新阶段，大数据作为经济增长的新动力、政府科学决策的新方法，迫切需要探索一种新的政府大数据管理和使用模式，制定一定的规范，使政府大数据既可以方便群众、构建一个更高效／更透明的政府，又可以创造一定的价值和收益，带来一定的经济效益，进而不断推动政府开放更多更有价值的数据。

数据作为一种资源和资产，只有共享才能发挥出它的潜在价值。当前由政府主导的政府数据开放平台的运行，仍处于不成熟的阶段，很多有价值的数据都还没有开放。因此，如何能在确保数据安全的前提下，开放更多更有价值的政府数据，将会是今后发展的趋势。

（2）数据开放面临隐私权和知情权的冲突。政府数据开放是控制行政权的有力手段之一，"阳光是最好的防腐剂"。通过推行政府数据开放，政府机构及其工作人员的行政活动能够得到有效约束。社会公众和媒体舆论将通过比对数据开放的内容对政府的行政活动进行监督，比照既定的政府权力清单和义务清单对政府的施政业绩给予评价，这在无形中鞭策政府机构规范行政行为、提高行政效率。政府数据开放的根本目的是保障社会公众对政府行政活动的知情权，公民作为社会政治系统中的最小要素，从出生到死亡无时无刻不与政府行政活动打交道。政府开放的数据绝大多数都来源于公民的个人信息，又要服务于广大民众。在这个过程中，公民要有知情权，他们要知道政府是否利用了他们的信息，政府究竟利用他们的信息在做什么，是怎样做的，政府有没有侵犯他们的隐私，政府的这些做法到底产生了什么样的社会效益。但是，目前数据开放面临隐私权和知情权的冲突，涉及知悉权、支配权、修改权、保障权和救济权这几种隐私子权利，具体如下。

①知悉权是隐私权利人具有的依法了解自身信息资料是否被行政主体利用的权利，在政府主导的数据开放体制下，公民可能难以知道自己的隐私信息有没有被行政主体利用，也难以确定自己的隐私信息有没有被泄露。

②支配权是隐私权利人的基本权利之一，隐私权利人对自己的个人信息的收集、储存、传播、使用、开放等享有支配权。值得注意的是，由于政府数据开放的内容来源于个人信息，个人信息数

据在很多情况下都是以服从政府数据开放为由，或以服务于公共利益为由，在不征求公民个人同意的情况下直接向社会传播和开放，这在一定程度上侵犯了公民的隐私。

③修改权是指公民发现有行政部门将个人的信息记载有误时，有权要求主管部门对行为事实进行调查、复议并及时将有误的个人信息修改更正。在政府数据开放中，政府数据开放涉及的信息资料数量多、内容杂，难免会发生政府数据开放中涉及公民个人的信息资料记载有误或政府提供的信息资料与个人实际情况不符的情况。

④保障权是指公民有权要求政府在数据开放的过程中保障涉及其个人隐私的信息资料不被开放、不被滥用和不被泄露。在政府数据开放过程中，若对于涉及公民隐私的信息不加处理，直接将其纳入政府数据开放的内容中，可能会导致公民的隐私信息不知不觉地"被开放"。

⑤救济权是公民在自身的合法权益受到侵害时，按照法定程序采取法律手段维护自身权益的权利。救济权是隐私权保护的最后一道关卡，也是隐私权的捍卫之盾。

（3）政策与立法滞后。首先，国家层面数据开放共享政策滞后。我国在数据开放共享政策方面处于起步阶段，在部门、地方、国家3个层面的政策缺少协同发展的有效机制。在国家层面上，我国缺乏顶层设计，数据开放共享政策比较缺乏。到目前为止，在已经出台的数据开放政策中，国家层面的政策占比略低。而且，在国家层面的政策中，大多数都集中在对政府数据开放的解释及开放过程中的处理意见，而不是规划性强、具有较好前瞻性的政策，这会直接影响政府数据开放的进程。

其次，缺乏完善的法律保障体系。目前，国家层面的政府数据开放基本法较为缺乏，法规略显分散。贵州省作为全国大数据产业发展的先行先试者，在政府数据开放的地方性法律法规方面，做出了有益的尝试和探索。2017年4月，贵州省发布了《贵阳市政府数据共享开放条例》，这是我国第一部地方性政府数据开放法规。该条例使得贵阳市在数据开放、数据使用、数据采集汇聚、数据共享等方面实现了有法可依，为国内其他地方政府起到了引领和示范的作用。

（4）数据利用价值低，难回应公民需求。首先，各地方平台开放格式数据集及API数量少，数据利用价值低。不符合标准要求的所谓"数据集"比比皆是，或为加工汇总后的统计报表，或为非结构化的、不可机读的文本内容，或为拆分后或未整合的单行数据，甚至还有的数据集名称下面不存在可获取的数据集。这些"数据集"无法被利用，难以产生价值，将会使数据开放最终流于形式，使得数据利用价值无法得到充分发挥。

其次，数据更新频率慢，难以回应公民的需求。多数平台上的数据仍然以承诺按年或者不定期更新为主。

再次，数据开放领域不全面，难以全面满足公民需求。开放各个领域的数据集有利于提高数据的广度和覆盖面，有利于数据利用者充分获取和融合来自多个领域的数据，进行深度的挖掘利用。现在各地方开放平台开放的领域主要集中在财政税收、交通服务、贸易物流、文体娱乐、医疗健康、教育科技、社会民生、生态农业等14个领域。贸易物流、社会民生、医疗健康领域的开放数据集较多，生态农业、财政税收领域的开放数据集偏少。就全国而言，北京市政府数据开放平台的开放的数据领域最广，涉及13个领域，而大部分地方平台开放的数据领域较少，涉及领域不到8个。

（5）平台功能不健全，缺乏人才支撑。首先，数据开放平台起步较晚，功能不健全。目前，我国政府数据开放平台的建设仍然处于起步阶段，很多数据开放平台的功能还不够完善。我国政府数据开放平台主要提供分类、检索、应用程序上传与下载、交流互动、建议反馈等功能。部分平台没有构建起高效的分类和检索功能，致使用户在平台上寻找数据时存在诸多困难，需要花费大量时间精力查找自己想要的数据，因而阻碍了数据价值的发挥。另外，由于缺乏国家层面的统一数据开放平台，导致各地方数据开放整合困难。

其次，数据开放平台缺乏技术与人才支撑。政府数据开放平台的运营离不开科学技术和复合型人才的强有力支撑，但是，目前的现状是，我国在数据处理技术、平台建设技术等方面缺少技术积累，熟悉数据采集、数据清洗、数据处理、统计分析、数据可视化、数据安全等技术知识的大数据复合型人才仍然比较匮乏。大数据作为一种新兴的事物，世界各国都在争先恐后投入大量的财政资源进行数据领域的技术研究与人才培养，但专业人才短缺是全球数据开放国家面临的一个共性问题，同时也是我国政府数据开放中的难题之一。科学技术和人才短缺的问题得不到解决，政府数据开放就难以摆脱现状、有所发展。

（6）基础数据库运行缺乏整体协同。基础数据库为政府数据开放系统运行提供了强有力保障，它能提供海量的原始数据和实现资源的有效整合，为政府各部门数据资源共享和利用开发奠定坚实的基础。我国基础数据库主要由基础信息库、单位基础信息库、宏观经济信息数据库、自然资源空间和地理基础信息数据库4个子系统构成。目前，我国基础数据库缺乏整体规划，子系统之间缺乏协同机制，数据之间缺少互通互联，基本处于"数据孤岛"状态。在4个子系统中，4个基础数据库的发展存在相对不平衡的问题，除了自然资源空间和地理基础信息数据库基本建成外，其他3个数据库的建设进展一直比较缓慢，主要原因在于信息收集难、建设难度大、涉及多方等，这种发展不平衡成为基础数据库运行整体协同的重要制约因素。

4. 公共数据授权运营

公共数据是指政府和公共部门持有的数据，范围包括职能履行受公共财政保障的机关单位在依法履行公共管理职责或提供公共服务过程中收集、产生的数据（来自政务体系的公共数据），受公共财政支持、无行政职能的非营利事业单位或社会组织在公共利益领域内收集、产生的数据（来自科教文卫等公共事业的公共数据），以及公共服务运营单位在提供供水、供电、供气、公共交通等公共服务的过程中收集、产生的数据。

IDC预测，到2025年，中国将成为世界上最大的数据圈，数据要素市场化潜力巨大。其中，公共数据至关重要。政府和公共部门持有的公共数据，相比其他数据而言，主题明确、规模大、价值高，具有很强的公共属性，是数据资源供给体系的重要组成。公共数据既是一座价值不可低估的金矿，又是一块难啃的硬骨头，涉及制度、模式、技术等诸多方面的突破。强化公共数据开发利用、促进公共数据价值的释放，已经成为当前我国数据要素发展的布局重点。

2023年9月20日，国家工业信息安全发展研究中心发布《公共数据授权运营平台技术要求（征求意见稿）》，面向全社会公开征求意见，引起了业界的关注。"公共数据授权运营"是一个广泛的概念，通常涉及政府或组织将公共数据授权给第三方实体或运营者，以便更广泛地利用这些数据，从而促进创新、经济增长和社会福祉。

公共数据授权运营作为数据要素产业乃至数字经济发展的重要拼图，肩负着盘活数据要素、释放产业价值的重任。公共数据授权运营是一道名副其实的难题。与其他生产要素不同，数据要素具有非稀缺性、非竞争性等特征，这使得数据要素市场存在主体多元化、权属多重化、需求多样化、治理复杂化等现实情况。具体到公共数据授权运营层面，公共数据价值高、敏感信息多、安全等级要求严。当前，欧美的数据信托模式和数据中介模式都难言成功，在数据隐私安全、监管机制等方面各自存在着不少短板。因此，我国在公共数据授权运营上取长补短、探索出一条创新之路，对于数据要素产业化和数字经济长远发展都具有重要意义。

公共数据授权运营主要有3种模式。

（1）行业数据管理机构授权企业统一运营，即由国有企业提供统一的公共数据运营服务的"建管运一体化"模式。行业数据管理机构是监管者，委托授权行业、地方成立的国有全资或国有资产控股的大数据企业来作为公共数据统一运营机构（如中国民航信息集团将民航相关数据统一委托给航旅纵横）。

（2）地方数据整体授权综合数据运营方。以区域内数据管理方统筹建设公共数据管理平台，并整体授权给综合数据运营方开展公共数据运营平台建设，形成多领域数据资源池（如易华录和抚州政府成立合资公司，整体运营抚州公共数据）。

（3）地方数据分类授权垂直领域数据运营方。由地方政府中数据归口管理部门制定实施相关管理制度，统筹建设公共数据管理平台，并通过多次分类授权引入垂直领域数据运营方，运用公共数据管理平台开展相关数据服务（如北京市将金融数据授权给北京下属国企金融控股集团统一运营）。

当前我国公共数据运营主要面临3个挑战。

（1）规模化的数据资源汇聚挑战。数据持有者数据供给意愿较低，技术层面又存在着标准不统一、安全风险严峻等情况，使得规模化的数据资源汇聚存在一定的难度。

（2）成熟的市场化路径有待探索。高质量数据供给不足、应用场景挖掘力度不够、运营模式有待进一步完善，是数据要素市场化下一个阶段需要克服的重大挑战。

（3）尚未构建起完善的保障体系。制度体系尚未形成一套科学合理的理论框架，数据隐私保护面临诸多安全风险，涉及主体角色众多、良性生态有待形成等。

当前，经济社会对高质量、高价值数据的强烈需求与不平衡、不充分的数据供给之间的矛盾日益突出，且矛盾的主要方面在于公共数据供给侧这一方。目前来看，公共数据授权运营是公共数据社会化流通赋能实体经济的关键路径，以及探索数据要素全面市场化的关键突破口。

当前，北京、上海、深圳、杭州、德阳、大理等地纷纷出台公共数据相关政策，授权有条件的运营主体，积极开展公共数据运营的落地工作。目前，各地政府在探索中尤为看重两个方面：公共数据授权运营体系的建立，以及如何将公共数据授权运营体系在实践中落在实处。

2023年7月18日，北京市政府推出了《北京市公共数据专区授权运营管理办法（征求意见稿）》，面向社会公开征求意见。2023年8月22日，浙江省人民政府办公厅印发了《浙江省公共数据授权运营管理办法（试行）》，开启了公共数据授权运营在本省内的试点工作。2023年5月1日，广州市开始施行《广州市公共数据开放管理办法》，同年5月10日，在广州数据交易所，广州首个公共数据运营产品"企业经营健康指数"顺利完成交易。这一产品的主要目的是服务中小企业，解决融资难的问题，推动了数据要素高效、便利、合规的场内交易。其实早在2020年前后，已有部分地区引入企业主体开展公共数据的社会化利用，例如北京市以建设金融数据专区的形式授权北京金融控股集团进行公共数据的运营开发。2021年3月，《中华人民共和国国民经济和社会发展第十四个五年规划和2035年远景目标纲要》提出"探索将公共数据服务纳入公共服务体系"，首次明确要"开展政府数据授权运营试点，鼓励第三方深化对公共数据的挖掘利用"。此后，上海、浙江等地先后将"公共数据授权运营"写入地方法律文件，海南、广东、四川等地也各自开展了公共数据授权运营探索，在整体运行逻辑基本一致的基础上探索了各具特色的政企合作运营模式。此外，人力资源和社会保障部、中国民用航空局等垂直管理的行业主管部门也开展了以行业为单位的公共数据授权运营探索，形成了电子社保卡、航旅纵横等公共数据产品及相关服务，为公共数据要素的价值释放提供新的思路。

公共数据授权运营是一项具有系统性、复杂性的新生业态，涉及数据要素高质量供给、数据要素开发利用、数据要素市场流通三大环节，除了运营体系的创新之外，良好的生态也是其长效化运行的关键所在。本质上，公共数据授权运营更像是一个平台生态模式，运营主体需要构建好技术环境和政策环境，吸引更多合作伙伴，并且在平台中高效、便捷地发布数据产品和开展业务，并最终实现整个生态的良性发展。目前，数据要素已经是各个地方政府发展数字经济的核心主线，地方政府尤其看重通过公共数据授权运营形成良性的公共数据生态，实现赋能当地产业发展和高质量发展。

4.3.5　政府数据开放的几点启示

人类社会已经进入大数据时代，数据成为经济社会创新发展的战略资源，而政府是数据的最大拥有者之一，建立健全政府数据开放体系，消除数据孤岛，激活数据创新应用，增强城市智慧化水平，塑造透明、公平协同的治理体系，成为世界各国政府的战略选择。总体而言，关于政府数据开放，有以下几点启示。

（1）开放数据是技术、政策、文化三位一体的系统工程。开放数据能够促进政府的高效、透明、廉洁和创新，这是共识，但是，真正推动政府的透明，存在很大的挑战。政府向社会开放其拥有的公共数据，是一项创新性工作，不仅涉及技术问题，而且涉及理念、文化等问题，需要强有力的政策引导和推动。营造文化、增强数据质量和可用性、开发新应用，对推动数据开放非常重要。

（2）发布机器可读的高价值数据和推动数据开发利用是当前数据开放的重点。开放数据有四大特征：一是每个人都可以获取；二是机器可读；三是获取不需要成本；四是对数据再使用和分发没有限制。开放数据并不是简单地将数据电子化、格式化，降低数据获取的难度和提高数据的再利用程度才是核心。当前发达国家开放数据的重点工作：一是以机器可读方式优先发布高价值数据；二是采取激励措施鼓励企业和创新者利用开放数据开发应用，发展数据产业，国外已经有多个利用开放数据创业成功的企业。我国正在大力推进信息消费，政府数据是激发创新和促进信息消费的一个重要信息来源。

（3）加大数据使用、安全和隐私保护等法律法规和规则的制定，以更好地迎接开放数据带来的挑战。开放数据面临着信息安全、隐私保护、数据质量等诸多挑战，政府作为开放数据的重要来源和规则制定者，应加强相关立法，积极制定规则以促进数据开放。此外，政府应该加强实践指导，鼓励和引导数据的开放和开发利用。

（4）推进数据开放过程中应该注重政府和民间的合作。国外开放数据的成功案例表明，在推进政府数据开放过程中，应注重政府和企业、非营利组织的广泛合作。民间组织对于推进数据的开发和再利用、促进创新和应用，能发挥重要的作用。

4.4　大数据交易

数据是继土地、劳动力、资本、技术之后的第五种生产要素。随着云计算和大数据的快速发展，全球掀起了新的大数据产业浪潮，人类正从IT时代迅速向DT（Data Technology，数据科技）时代迈进，数据资源的价值也进一步得到提升。数据的流动和共享是大数据产业发展的基础，大数据交易作为一种以大数据为"交易标的"的商事交换行为，能够提升大数据的流通率，增加大数据价值。随着大数据产业的快速发展，大数据交易市场成为一个快速崛起的新兴市场，与此同时，随着数据的资源价值逐渐得到认可，大数据交易的市场需求不断增加。

本节首先概述大数据交易并介绍大数据交易发展现状；然后讨论大数据交易平台，包括交易平台的类型、数据来源、产品类型、涉及的主要领域、交易规则、运营模式以及代表性的大数据交易平台；最后讨论大数据交易在发展过程中出现的问题，给出推进大数据交易发展的对策，并介绍大数据交易顺利开展的制度基础——数据产权制度。

4.4.1 概述

大数据交易应当是买卖数据的活动，是以货币为交易媒介获取数据这种商品的过程，具有3种特征：一是标的物受到严格的限制，只有经过处理之后的数据才能交易；二是涉及的主体众多，包括数据提供方、数据购买方、数据平台等；三是交易过程烦琐，涉及大数据的多个产业链，如数据源的获取、数据安全的保障、数据的后续利用等。

目前进行大数据交易的形式有以下几种。

（1）大数据交易公司。这一形式又包括两种类型，一类是大数据交易公司主要作为数据提供方向买家出售数据，比如国内的数据堂公司；另一类是为用户直接出售个人数据提供场所的公司。

（2）数据交易所。以电子交易为主要形式，面向全国提供数据交易服务。比如贵阳大数据交易所、长江大数据交易中心、上海数据交易中心、浙江大数据交易中心等。

（3）API模式。通过向用户提供接口，允许其对平台的数据进行访问，而不是直接将数据传输给用户。

（4）其他。如中国知网、北大法宝等，通过收取费用向用户提供各种文章、裁判文书等内容，这类主体并非严格意义上的数据交易主体，但是其出售的商品属于现在数据平台所交易的部分数据。

大数据交易是大数据产业生态系统中的重要一环，与大数据交易相关的其他环节包括数据源、大数据硬件层、大数据技术层、大数据应用层、大数据衍生层等，如图4-3所示。其中，数据源是大数据交易的起点，也是大数据交易的基础；大数据硬件层包括一系列保障大数据产业运行的

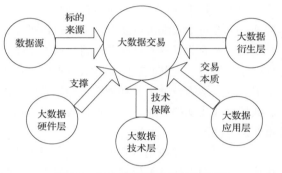

图4-3 与大数据交易相关的环节

硬件设备，是大数据交易的支撑；大数据技术层为大数据交易提供必要的技术手段，包括数据采集、存储管理、处理分析、可视化等；大数据应用层是大数据价值的体现，可以帮助实现数据价值的最大化；大数据衍生层是基于大数据分析和应用而衍生出的各种新业态，如互联网基金、互联网理财、大数据咨询和大数据金融等。

4.4.2 大数据交易发展现状

数据交易由来已久，并不是最近几年才出现的新型交易方式。早期交易的数据主要是个人信息，包括网购类、银行类、医疗类、通信类、考试类、邮递类信息等。进入大数据时代以后，大数据资源愈加丰富，数据市场概貌如图4-4所示，从电信、金融、社保、房地产、医疗、政务、交通、物流、征信体系等部门，到电力、石化、气象、教育、制造等传统行业，再到电子商务平台、社交网站等，覆盖广泛。庞大的大数据资源为大数据交易的兴起奠定了坚实的基础。此外，在政策层面，我国政府十分重视大数据交易的发展，2015年国务院出台的《促进大数据发展行动纲要》明确提出要"引导培育大数据交易市场，开展面向应用的数据交易市场试点，探索开展大数据衍生品交易，鼓励产业链各环节的市场主体进行数据交换和交易，促进数据资源流通，建立健全大数据交易机制和定价机制，规范交易行为"。2021年7月发布的《深圳经济特区数据条例》，肯定了市场主体对合法处理形成的数据产品和服务享有的使用权、收益权和处分权，强调充分发挥数据交易所的积极作用。2021年11月通过的《上海市数据条例》积极探索数据确权问题，明确了数据同时具有人格权

益和财产权益双重属性，提出建立数据资产评估、数据生产要素统计核算和数据交易服务体系等。为了促进数据交易的发展，2021年10月发布的《广东省公共数据管理办法》在国内首次明确了数据交易的标的，并强调政府应通过数据交易平台加强对数据交易的监管。近年来，在国家及地方政府相关政策的积极推动与扶持下，全国各地陆续设立大数据交易平台，在探索大数据交易进程中取得了良好效果。

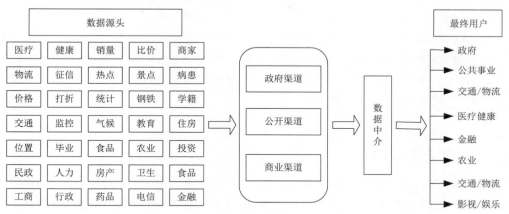

图 4-4　数据市场概貌

在政策的引导下，2014年以来，国内不仅出现了数据堂、京东万象、中关村数海、浪潮卓数、聚合数据等一批数据交易平台，各地方政府也成立了混合所有制形式的数据交易机构，包括贵阳大数据交易所、上海数据交易中心、长江大数据交易中心、浙江大数据交易中心、北京国际大数据交易所、北部湾大数据交易中心、湖南大数据交易所、北方大数据交易中心、福建大数据交易所等（见表4-1）。2021年7月，上海数据交易中心携手天津、内蒙古、浙江、安徽、山东等13个省（自治区、直辖市）数据交易机构共同成立全国数据交易联盟，共同推动数据要素市场建设和发展，推动更大范围、更深层次的数据定价和数据确权。大数据交易所的繁荣发展，一定程度上也体现出我国大数据行业整体的快速发展。全国其他地区的大数据交易规模增长和变现能力的提升，也呈现出良好的态势。由此可以预见，随着中国大数据交易的进一步发展，大数据产业将成为未来提振中国经济发展的支柱产业，并将持续推动中国从数据大国向数据强国转变。

伴随着大数据交易组织机构数量的迅猛增加，各大交易机构的服务体系也在不断完善，一些交易机构已经制定大数据交易相关标准及规范，为会员提供完善的数据确权、数据定价、数据交易、结算、交付等服务支撑体系，在很大程度上促进了中国大数据交易从"分散化""无序化"向"平台化""规范化"的转变。

表4-1　中国大数据交易平台

序号	名称	成立时间	序号	名称	成立时间
1	中关村数海大数据交易平台	2014年1月	7	重庆大数据交易市场	2015年11月
2	北京国际大数据交易所	2014年12月	8	华东江苏大数据交易中心	2015年11月
3	贵阳大数据交易所	2015年4月	9	华中大数据交易所	2015年11月
4	长江大数据交易中心	2015年7月	10	河北大数据交易中心	2015年12月
5	武汉东湖大数据交易中心	2015年7月	11	哈尔滨数据交易中心	2016年1月
6	西咸新区大数据交易所	2015年8月	12	上海数据交易中心	2016年4月

续表

序号	名称	成立时间	序号	名称	成立时间
13	浙江大数据交易中心	2016年5月	22	吉林省东北亚大数据交易服务中心	2018年1月
14	广州数据交易平台	2016年6月	23	山西数据交易服务平台	2020年7月
15	钱塘大数据交易中心	2016年7月	24	北部湾大数据交易中心	2020年8月
16	中原大数据交易平台	2017年2月	25	北京国际大数据交易所	2021年3月
17	青岛大数据交易中心	2017年4月	26	上海数据交易所	2021年11月
18	潍坊大数据交易中心	2017年4月	27	北方大数据交易中心	2021年11月
19	山东省新动能大数据交易中心	2017年6月	28	湖南大数据交易所	2022年1月
20	山东省先行大数据交易中心	2017年6月	29	福建大数据交易所	2022年7月
21	河南平原大数据交易中心	2017年11月			

4.4.3 大数据交易平台

大数据交易平台是有效推动大数据流通、充分发挥大数据价值的基础与核心，它使得数据资源可以在不同组织之间流动，从而让单个组织能够获得更多、更全面的数据。这样不仅提高了数据资源的利用效率，也有助于其通过数据分析发现更多的潜在规律，从而对内提高自身的效率，对外促进整个社会的不断进步。

本节介绍交易平台的类型、数据来源、产品类型、涉及的主要领域。

1. 交易平台的类型

大数据交易平台主要包括综合数据服务平台和第三方数据交易平台两种。综合数据服务平台为用户提供定制化的数据服务，由于需要涉及数据的处理加工，因此，该类型平台的业务相对复杂，国内的大数据交易平台大多属于这种类型。而第三方数据交易平台的业务则相对简单明确，主要负责对交易过程的监管，通常可以提供数据出售、数据购买、数据供应方查询以及数据需求发布等服务。

此外，从大数据交易平台的建设与运营主体角度而言，目前的大数据交易平台还可以划分为3种类型：政府主导的大数据交易平台、企业以市场需求为导向建立的大数据交易平台、产业联盟性质的大数据交易平台。其中，产业联盟性质的大数据交易平台（中关村大数据产业联盟、上海大数据联盟），侧重于数据的共享，而不是数据的交易。

2. 交易平台的数据来源

交易平台的数据来源主要包括政府公开数据、企业内部数据、数据供应方数据、网页爬虫数据等。

（1）政府公开数据。政府数据资源开放共享是世界各国实施大数据发展战略的重要举措。政府作为公共数据的核心生产者和拥有者，汇集了极具挖掘价值的数据资源，加快政府数据开放共享，释放政府数据和机构数据的价值，对大数据交易市场的繁荣将起到重要影响。

（2）企业内部数据。企业在生产经营过程中，积累了海量的数据，包括产品数据、设备数据、研发数据、供应链数据、运营数据、管理数据、销售数据、消费者数据等，这些数据经过加工处理以后，是具有重要商业价值的数据源。

（3）数据供应方数据。该类型的数据一般是由数据供应方在数据交易平台上根据交易平台的规则和流程提供的自己所拥有的数据。

（4）网页爬虫数据。该类型的数据是通过相关技术手段，从全球范围内的互联网网站爬取的数据。

多种数据来源可以使得交易平台数据更加丰富，但是，同时也增加了数据监管难度。在信息飞速发展的时代，信息收集变得更加容易，信息滥用、个人数据倒卖情况屡见不鲜，因此，在数据来源广泛的情况下，更要加强对交易平台的安全监管。

3. 交易平台的产品类型

不同的交易平台会根据自己的目标和定位，提供不同的产品类型，用户可以根据自己的个性化需求合理地选择交易平台。交易平台的产品类型主要有以下几种：API、数据包、云服务、解决方案、数据定制服务以及数据产品。

（1）API。API是数据供应方对外提供的数据访问接口，数据需求方可直接通过调用接口来获得所需的数据。

（2）数据包。数据包的数据，既可以是未经处理的原始数据，也可以是经过加工处理以后的数据。

（3）云服务。云服务是在云计算不断发展的背景下产生的，通常通过互联网来提供实时的、动态的资源。

（4）解决方案。解决方案是在特定的情景下，利用已有的数据，为需求方提供处理问题的方案，比如数据分析报告等。

（5）数据定制服务。在某些情况下，数据需求方的个性化数据需求很可能无法直接得到满足。这时，数据需求方可以向交易平台提出自己的明确需求，然后交易平台围绕需求去采集、处理数据，得到相应的数据后提供给需求方。

（6）数据产品。数据产品主要是对数据的应用，比如数据采集的系统、软件等。

4. 交易平台的产品涉及的主要领域

国内外大数据交易平台的产品涉及的主要领域包括政府、经济、教育、环境、法律、医疗、人文、地理、交通、通信、人工智能、商业、农业、工业等。了解交易平台的产品涉及的主要领域，可以帮助用户根据自己的个性化需求有针对性地选择合适的交易平台。国内外交易平台基本上都涉及多个领域，交易平台提供的多领域数据，可以较好地满足目前广泛存在的用户对跨学科、跨领域数据的需求。

5. 交易平台的交易规则

交易平台的交易规则既是对交易平台中的用户行为的规范，也是用户安全有效进行交易的保障，还是大数据交易平台对各个用户进行监管的法律依据。由于大数据这种商品的特殊性，对大数据交易过程监管的难度更高，这对交易规则的制定提出了更高的要求。

相对于国外的数据交易平台来说，国内的数据交易平台大多发布了系统的总体规则，规定更详细，在很多方面也更严格。如《中关村数海大数据交易平台规则》《贵阳大数据交易所702公约》等，以条文的形式对整个交易平台的运营体系、遵守原则都进行了详细规定，明确了交易主体、交易对象、交易资格、交易品种、交易格式、数据定价、交易融合和交易确权等内容。随着我国数据流通行业的发展，部分企业间已经推出了跨企业的数据交易规则或自律准则。可以说，目前我国建立广泛的数据流通行业自律公约的时机已经相对成熟，行业内部各企业对数据交易自律性协议的需求呼之欲出。

4.4.4 大数据交易在发展过程中出现的问题

中国大数据交易市场发展还处于起步阶段，发展过程中出现的问题归纳起来主要包括以下几个方面。

（1）互联网数据马太效应显现。互联网数据是大数据的重要组成部分，随着中国互联网的大发展，互联网数据正在猛增。但是，在互联网数据猛增的同时，我们也应看到，互联网数据资源日渐向以腾讯为代表的社交入口、以百度为代表的搜索入口和以阿里巴巴为代表的电商入口集中，互联网数据垄断格局基本形成，"马太效应"初步显现，富者愈富（拥有更多的数据），穷者愈穷（无法获得足够的数据）。互联网数据马太效应的出现，不利于数据的自由流通，在很大程度上会限制大数据交易市场走向成熟。

（2）大数据产权界定不清晰。清晰的产权界定是大数据交易市场建立和发展的必要前提，产权界定不清的数据将给未来交易市场带来更大的风险和不确定性，在很大程度上会阻碍大数据交易市场的正常运行。在数据产权无法明晰的情况下，数据供应方往往缺乏积极参与数据交易的意愿，大数据交易市场一旦缺少数据来源，就会失去发展的活力与前进的动力。比如，商户在电商平台上的交易数据以及用户在运营商网络里的行为数据，应该属于平台或运营商还是用户，在法律上还很难界定清楚。类似的问题，必须在大数据交易市场不断走向成熟的过程中得到妥善解决。

（3）大数据交易法律法规和监管机构缺乏。目前，在我国大数据交易过程中，缺乏专门性法律法规和专门监管机构对大数据交易过程进行约束和监管。缺少法律约束，导致对数据是否可以进行直接交易、处理后交易或者禁止交易等，缺少明确清晰的判断。缺乏监管机构，导致大数据交易市场无法建立起有效的市场信用体系，技术服务方、数据分发商、数据查询节点等私下缓存并对外共享、交易数据，数据使用企业不按协议要求私自留存、复制甚至转卖数据的现象普遍存在。这些问题的存在，会令潜在的数据供应方产生顾虑，削弱其参与市场交易的积极性和主动性，最终影响到大数据交易市场的健康稳步发展。此外，各大大数据交易平台缺乏统一的标准，国内几类大数据交易组织机构并存，各自建立规则，存在隐藏的盲点和误区，数据标准化程度低，这不仅增加了数据交易市场的交易成本，而且降低了整个社会的运行效率。

（4）数据估值定价机制有待完善。数据资产是一种无形资产，而且内容千差万别，如何评价数据价值还是一个开放性问题。通常可以从如下维度评价数据价值。第一，数据样本量，样本量越大，越接近全样本，大数据产品的价值越高；第二，数据品种，包含报表型数据、多维分析型数据等，不同品种的数据的价值不同；第三，数据完整性，没有缺失或缺失程度低的数据的完整度高，价值自然就高；第四，数据时间跨度，数据时间跨度越大，价值越高；第五，数据实时性，实时数据比历史数据更能反映事物当前的情况，价值自然更高；第六，数据深度，对于某类数据的某种属性，分析更透彻的数据的价值更高；第七，数据样本覆盖度，可以理解为数据广度、数据维度越大，样本覆盖度越高，数据产品价值更高；第八，数据稀缺性，物以稀为贵，一般来说，数据越罕见，价值越高。目前大数据交易市场上的主要估值定价机制包括平台预定价、自动计价、拍卖式定价、自由定价、协议定价、捆绑式定价等。其中，平台预定价和自动计价都是以大数据交易平台自有的数据质量评价指标为前提，拍卖式定价以大数据产品的使用价值为前提，自由定价、协议定价、捆绑式定价等虽然没有明确的定价原则，但也可以认为是以大数据产品的使用价值为前提的。但是，这些估值定价机制在实际交易运作过程中都存在很大的改进空间。在大数据交易市场后续的发展过程中，需要根据数据资产所属行业特点、数据资产特征、应用环境、商业模式等多角度综合分析数据资产价值维度，通过提取量化指标，建立适合不同行业、不同属性的数据资产价值评估模型。这方面的研究刚刚开始，需要较长时间才能逐步走向成熟。

（5）大数据需求不明确，抑制交易市场发展。企业利用大数据进行商业分析，分析结果可以指导企业的日常经营管理，帮助企业创造新的价值。但是，利用大数据创造新价值的前提是，企业深刻理解业务痛点，并能够在此基础上提出明确的大数据需求。而如今在大数据产业发展起步阶段，很多企业的业务部门并不了解大数据以及大数据的应用场景和价值，不懂得如何使用大数据解决业务痛点，因此，很难提出对大数据的准确需求。这在很大程度上影响了企业在大数据方向的发展，阻碍了企业积累和挖掘自身大数据资产的潜力，甚至存在由于数据没有应用场景，致使很多具有实际价值的历史数据被盲目删除的情况，导致企业大数据资产流失。

（6）大数据交易平台定位不清。从2014年中国首家大数据交易平台"贵阳大数据交易所"诞生以来，各地大数据交易平台如雨后春笋般发展起来。如此众多的交易平台，缺乏统一的组织规划，难免出现重复建设、各自为战、条块分割等问题，无法形成集聚性综合优势。以湖北省为例，目前已经投入运营的大数据交易平台就包括湖北大数据交易平台、武汉东湖大数据交易中心、华中大数据交易所和长江大数据交易中心等，这些机构条块分割、各自为战，缺少"一盘棋"的统一规划，导致各大数据交易平台之间缺乏自由流动性，从而使整个数据交易市场呈现交易规模小、交易价格无序、交易频次较低等特点，难以真正实现平台化、规模化、产业化发展，无法有序发挥大数据交易平台的功能优势。

（7）用户隐私保护隐患重重。在现实生活中，大数据的监管不同于保护普通的有形财产，由于所有权人同数据占有者的分离，数据所有权人不但不占有数据，甚至接触、支配自己的数据财产也非常困难。并且，用户一旦丧失了个人数据的控制权，将直接导致个人数据控制权不可逆转地丧失，而且这种权利丧失，可能带来个人隐私暴露于交易市场的巨大隐患。随着大数据的指数级增长，在大数据交易过程中隐私泄露事件时有发生，一些数据供应方可能会把自己所有的、包含个人隐私信息的数据在流通环节进行交易，这在很大程度上侵害了用户的隐私权，如果不能加以遏制，将会极大抑制大数据交易工作的顺利开展和大数据产业的有序推进。

（8）大数据交易专业人才缺乏。大数据是一种新生事物，大数据交易更是如此。大数据交易是一个专业的商品交易过程，其中涉及计算机、法律、金融、管理等跨学科知识，这就对参与大数据交易的人员提出了更高的要求。从目前的人才市场现状来看，大数据交易人才主要是在大数据交易机构中成长起来的，高校还没有设置相关专业专门培养这类市场急需的人才。大数据交易市场的快速发展和大数据交易人才的紧缺，成为今后一段时期快速推进大数据交易发展必须要解决的矛盾。

4.4.5　推进大数据交易发展的对策

总体而言，可以从以下几个方面推进大数据交易的健康有序发展。

（1）加快完善隐私保护相关法律法规。大数据时代的不断推进和大数据交易的快速发展，在推动社会发展变革的同时，也为企业和个人信息保护带来了新的挑战。特别是近些年，个人信息在被各类主体挖掘和利用的同时，因个人信息泄露所引发的侵权、欺诈等信息犯罪行为日益严重，已给全社会造成了巨大损失。对此，国家陆续颁布、实施了一系列法律、规范。2017年6月1日正式实施的《中华人民共和国网络安全法》，强调了中国境内网络运营者对所收集到的个人信息应承担的保护责任和违规处罚措施。此外，国家迫切需要完善相关法律法规，加强数据安全和个人隐私保护，明确数据安全边界，保障大数据采集、使用等环节中个人隐私信息不受侵犯。要扎扎实实地为大数据交易与交换发展营造良好的法律法规制度环境，助力中国成为世界"数据强国"。

（2）加快推进政府数据开放共享。政府是数据最大的生产者和拥有者，政府数据约占整个社会数据的80%以上，因此，政府数据是大数据交易市场中的一个重要数据来源。目前，政府数据资源开放共享步伐缓慢。由于政府数据开放十分有限，造成部门之间的"数据保密"与"数据隔阂"，不仅制约了政府协同治理水平的提升，而且限制了公众参与国家治理。政府数据开放度不高，数据加工失真，影响了学术界经济社会研究成果的实用价值，阻碍了基于大数据分析的智库建设。通过开放决策过程数据，可以提高政府的公信力；通过开放商业数据，可以驱动经济转型；通过开放各类奖惩信息，可以提高社会信用；通过开放社会统计基础数据，可以促进社会发展科学化。政府开放数据共享对国家治理理念、治理范式、治理内容、治理手段等都能产生积极的影响。治理时下一些部门存在的"不愿开放共享""不会开放共享""不敢开放共享"问题，有助于破解目前大数据发展面临的"数据孤岛""数据碎片化"难题，进而推动大数据资源整合与集成应用，提高数据质量，促进互联互通、实现数据资源开放共享，加快推进大数据交易市场化步伐。

（3）加快完善市场交易机制。大数据交易是一种新生事物，我国大数据交易市场日益活跃，越来越多的主体参与到数据交易过程中，但是，交易规则、交易标准等缺失，已严重制约大数据交易市场健康有序发展。贵阳大数据交易所、中关村数海大数据交易平台等虽然也出台了各自的数据交易规则和相关标准，但是，目前尚未形成统一规范的大数据交易市场规则，更没有形成成熟的商用数据交易模式。应该采取切实措施积极探索加快数据交易统一机制的建设，优化大数据交易与交换市场环境。数据交易市场的繁荣将助力大数据产业的健康有序发展，大数据产业的健康有序发展又将进一步推进大数据交易的持续发展，实现良性循环。

（4）加快布局大数据交易监管职能部门。构建良好的大数据交易环境，不仅要有法律法规的保障和数据标准规范的支撑，而且需要来自政府部门的监管。近几年，我国大数据交易市场处在快速发展的关键时期，在这个发展的关键期，政府部门的监管职能尤为重要，不能缺位。由于缺少政府部门的有效监管，各地大数据交易市场乱象丛生，有些地方做低水平重复建设，行业内缺乏统一标准导致交易价格无序，不同交易机构之间条块分割、各自为战。这些现象的存在凸显了政府监管的必要性及重要性。应当在政府层面布局大数据交易监管职能部门，制定相应法规，强化事前监管，加大事后惩治力度，充分发挥"有为政府"的作用，规范大数据交易活动，维护公平、公正有序的市场竞争秩序，实现"有为政府"与"有效市场"的有机统一，充分发挥市场在资源配置中的决定性作用。

（5）加快培育大数据交易人才。当前，大数据交易人才相对稀缺，市场缺口较大，而大数据交易对人才的理论水平和实践能力都有很高要求，这就对大数据交易人才的培养提出了更高的要求。要不断完善人才培养机制，以大数据交易发展需要和市场需求为导向，要明确重点，建立人才培养机制。应坚持政府主导推进，走政府、高校、企业多元化培育复合型人才路径。政府要把大数据交易人才队伍建设纳入国家人才建设总体布局，做出专项部署，明确大数据交易人才培养的目标和路径，扶持高等院校发展大数据相关专业。高校是培养大数据交易人才最直接、最重要的场所，要加快进行师资队伍建设、人才培养模式等统筹规划，推进课程体系改革，开设一系列既符合当前需求又能满足未来需求的大数据交易技术和管理的相关课程，扎扎实实地培养大数据交易人才。

4.4.6　数据产权制度

当前，我国数据要素市场的建设尚处于探索阶段，数据要素确权、定价、流通、监管等基础制度体系尚不健全，从数据要素市场的全流程看，数据要素的供给与流通环节均待进一步优化和完善。数据权益和行为规则界定不清带来的一些问题日益显现，数据权益相关纠纷呈上升趋势。因此，必须通过构建数据产权制度，实现数据要素的获取、加工、流通、利用以及收益分配等行为有法可依、有规可循，才能推动数据要素市场规范化、制度化建设，最终有效提升数据要素的市场化配置效率。

　　没有归属清晰、合规使用、保障权益的数据产权制度，就无法形成高效公平、安全可控的数据要素市场。数据要素市场运行的前提是产权配置清晰，确立数据产权制度，需要解决数据产权在两大层面的清晰问题：一是数据在法律层面清晰；二是数据在经济层面清晰。

　　数据确权是世界性难题，目前欧盟、美国等正探索数据要素的确权授权机制。构建具有中国特色的数据产权制度体系是我国未来数据要素发展的方向。国家发展和改革委员会提出构建数据产权制度的主要思路：一是探索数据产权结构性分置制度；二是建立健全数据要素各参与方合法权益保护制度；三是数据分类分级确权授权，主要针对数据持有主体——公共数据、企业数据和个人数据。

　　"数据二十条"提出探索数据产权结构性分置制度，"建立数据资源持有权、数据加工使用权、数据产品经营权等分置的产权运行机制"，并指出推进实施公共数据确权授权机制、推动建立企业数据确权授权机制、建立健全个人数据确权授权机制。"数据二十条"对公共数据、企业数据、个人数据的确权授权提出系列性指导意见，也为构建数据产权制度提供了发展方向和主要思路。

　　建立"归属清晰、合规使用、保障权益"的数据产权制度，可以为数据要素流通和交易制度体系、数据要素收益分配制度体系、数据要素治理制度体系夯实基础，促进我国数据基础制度建设，激活数据要素潜能，推动我国数字经济高质量发展，加快建设数字中国，助力实现中国式现代化。

　　纵观国内现有与数据产权权属相关的研究，主要有隐私权说、新型人格权说、知识产权说3种。每种理论的解释都有其合理性和一定缺陷。隐私权说很好地贴合了一直以来各方对个人数据的隐私属性的认同，新型人格权说则强调了数据的财产权属性，但两者都局限于个人数据的层次。知识产权与数据产权在法律属性上相似，但具体使用的理论更为复杂。目前国内几种主流的数据产权说各有利弊。首先，我国大多将数据权定位在隐私权、财产权以及知识产权之间，这侧面反映了数据权属的不明确，这对法律政策的出台形成了阻碍。其次，以人格隐私权、财产权、知识产权为逻辑起点的数据权属定位，无法为数据权以及个人信息权提供完善的保护路径。正如有学者指出，大数据技术下的个人数据信息具有数量大、价值密度低、智能处理以及信息获得和其使用结果之间相关性弱等特征。这些特征使得个人无法以私权为制度工具对个人数据信息的产生、存储、转移和使用进行符合自己意志的控制。最后，以财产权说、知识产权说为逻辑起点的数据权属定位，在大数据运用与交易过程中，数据得以纳入法律调整的方式是作为债权的客体。这也是目前数据在收集、加工、分析、交易环节中主要采取的法律规制方式。这种数据权之债权调整方式仅仅具有主体相对性，而缺乏对世权的绝对保护。

4.5　大数据安全

　　大数据时代，数据的安全问题愈发凸显。大数据因其蕴藏的巨大价值和集中化的存储管理模式，更易成为网络攻击的重点目标，针对大数据的勒索攻击和数据泄露问题日益严重，全球范围内大数据安全事件频发。大数据呈现在人类面前的是一幅让人喜忧参半的未来图景：可喜之处在于，它开拓了一片广阔的天地，带来了一场生活、工作与思维的大变革；忧虑之处在于，它使我们面临更多的风险和挑战。大数据安全问题是人类社会在信息化发展过程中无法回避的问题，它将网络空间与现实社会连接得更紧密，使传统安全与非传统安全"熔于一炉"，不仅给个人和企业带来了威胁，甚至可能危及和影响社会安全、国家安全。

　　本节首先介绍传统数据安全，并指出大数据安全与传统数据安全的不同，以及大数据时代数据安全面临的挑战，然后讨论大数据安全问题、大数据安全威胁和不同形式的大数据安全风险，并给出相关的典型案例，最后，讨论大数据保护的基本原则，给出大数据时代数据安全与隐私保护的对策。

4.5.1 传统数据安全

数据作为一种资源，它的普遍性、共享性、增值性、可处理性和多效用性，使其对于人类具有特别重要的意义。数据安全的实质就是要保护信息系统或信息网络中的数据资源免受各种类型的威胁、干扰和破坏，即保证数据的安全性。

传统数据安全的威胁主要包括如下几个方面。

（1）计算机病毒。计算机病毒（特别是一些针对盗取各类数据信息的木马病毒等）能影响计算机软件、硬件的正常运行，破坏数据的正确与完整，甚至导致系统崩溃。目前杀毒软件（比如免费的360杀毒软件）普及较广，计算机病毒造成的数据信息安全威胁隐患得到了很大程度的缓解。

（2）黑客攻击。计算机被入侵、账号泄露、资料丢失、网页被黑等是企业信息安全管理中经常遇到的问题。其特点是往往具有明确的目标。当黑客要攻击一个目标时，通常是首先收集被攻击方的有关信息，分析被攻击方可能存在的漏洞，然后建立模拟环境，进行模拟攻击，测试对方可能的反应，再利用适当的工具进行扫描，最后通过已知的漏洞实施攻击。攻击成功后就可以读取邮件、搜索和盗窃文件、毁坏重要数据、破坏整个系统，造成不堪设想的后果。

（3）信息存储介质的损坏。在物理介质层次上对存储和传输的信息进行安全保护，是信息安全的基本保障。物理安全隐患大致包括3个方面：一是自然灾害（如地震、火灾、洪水、雷电等）、物理损坏（如硬盘损坏、设备使用到期、外力损坏等）和设备故障（如停电断电、电磁干扰等）；二是电磁辐射、信息泄露、痕迹泄露（如口令、密钥等保管不善）；三是操作失误（如删除文件、格式化硬盘、线路拆除）、意外疏漏等。

4.5.2 大数据安全与传统数据安全的不同

传统数据安全理论重点关注数据作为资料的保密性、完整性和可用性（"三性"），其受到的主要威胁在于数据泄露、篡改、灭失所导致的"三性"破坏。随着信息化和信息技术的进一步发展，信息社会从小数据时代进入更高级的形态——大数据时代。在此阶段，通过共享、交易等流通方式，数据质量和价值得到更大程度的实现和提升，数据动态利用逐渐走向常态化、多元化，这使得大数据安全表现出与传统数据安全不同的特征，具体来说有以下几个方面。

（1）传统"老三样"防御手段面临挑战。回顾过去，不难发现传统数据安全以防火墙、杀毒软件和入侵检测等"老三样"为代表的安全产品体系为基础。传统数据安全防护的任务关键是把好门，这就好比古代战争中的防守一样。守方会在国与国、城与城之间的边界区域，建立一些防御工事，安全区域在以护城河、城墙为安全壁垒的区域内，外敌入侵时会很"配合"地选择同样的防御线路进行攻击，需要攻克守方事先建好的层层壁垒，才能最终拿下城池，其全程主要用力点是放在客观存在的物理边界上的。纵观当下，云计算、移动互联网、物联网、大数据等新技术蓬勃发展，数据高效共享、远程访问、云端共享，原有的安全边界被"打破"了，这意味着传统边界式防护失效和无边界时代的来临。

（2）大数据成为网络攻击的显著目标。在网络空间中，数据越多，受到的关注也越高，因此，大数据是更容易被发现的大目标。一方面，大数据对于潜在的攻击者具有较大的吸引力，因为大数据不仅量大，而且包含大量复杂和敏感的数据；另一方面，当数据在一个地方大量聚集以后，安全屏障一旦被攻破，攻击者就能一次性获得较大的收益。

（3）大数据加大了隐私泄露风险。从大数据技术角度看，Hadoop等大数据平台对数据的聚合增加了数据泄露的风险。Hadoop作为一个分布式系统架构，具有存储海量数据的能力，存储的数据量可以达到拍字节（PB）级别；一旦数据保护机制被突破，将给企业带来不可估量的巨额损失。对于这些大数据平台，企业必须实施严格的安全访问机制和数据保护机制。同样，目前被企业广泛推崇的 NoSQL 数据库（非关系数据库），由于发展时间较短，还没有形成一整套完备的安全防护机制，相对于传统的关系数据库而言，NoSQL 数据库具有更高的安全风险。比如，MongoDB 作为一款具有代表性的 NoSQL 数据库产品，就发生过被黑客攻击导致数据库泄密的情况。另外，NoSQL 数据库对来自不同系统、不同应用程序及不同活动的数据进行关联，也加大了隐私泄露的风险。

（4）大数据技术被应用到攻击手段中。大数据为企业带来商业价值的同时，也可能会被黑客利用来攻击企业，给企业造成损失。为了实现更加精准的攻击，黑客会收集各种各样的数据，如社交网络、邮件、微博、电子商务、电话和家庭住址等，这些海量数据为黑客发起攻击提供了更多的机会。

（5）大数据成为高级持续性威胁的载体。在大数据时代，黑客往往将自己的攻击行为进行较好的隐藏，依靠传统的安全防护机制很难被监测到。因为传统的安全检测机制一般是基于单个时间点进行的基于威胁特征的实时匹配检测，而高级持续性威胁（Advanced Persistent Threat, APT）是一个实施过程，并不具备能够被实时检测出来的明显特征，所以无法被实时检测。

4.5.3　大数据时代数据安全面临的挑战

大数据时代，数据的产生、流通和应用变得空前密集。分布式计算存储架构、数据深度发掘及可视化等新型技术大大提升了数据资源的存储规模和处理能力，也给安全防护工作带来了巨大的挑战。

首先，系统安全边界模糊或引入更多未知漏洞，分布式节点和大数据相关组件之间的通信安全薄弱性明显。

其次，分布式数据资源池汇集大量用户数据，用户数据隔离困难，网络与数据安全技术需齐驱并进。因此，突破传统基于安全边界的防护策略，从防御纵深上实现更细粒度的安全访问控制，提升加密算法能力和密钥管理能力，是保证数据安全的关键举措。

再次，各方对数据资源的存储与使用的需求持续猛增，数据被广泛收集并共享开放，多方数据汇聚后的分析利用价值越来越得到重视，甚至已成为许多组织或单位的核心资产。随之而来的安全防护及个人信息保护需求愈发突出，实现“数据可用不可见、身份可算不可识”是重大命题，也是市场机遇。

最后，数字化生活、智慧城市、工业大数据等创造出多样的数据应用场景，使得数据安全防护实际情境更为复杂多变。如何保护数据的机密性、完整性、可用性、可信性、安全性等问题更加突出和关键。

4.5.4　大数据安全问题

2018 年，美国 Facebook 数据事件扭转了大众对大数据风险的传统认知，大数据风险不再仅是个人和企业层面的保护问题，更是深入涉及政治权力的攫取，直接影响社会稳定和国家政治安全。总的来说，数据从静态安全到动态利用安全的转变，使得数据安全不再只是确保数据本身的保密性、完整性和可用性，更承载着个人、企业、国家等多方主体的利益诉求，关涉个人权益保障、企业知识产权保护、市场秩序维持、产业健康生态建立、社会公共安全乃至国家安全维护等诸多数据治理问题。

1. 隐私和个人信息安全问题

传统的隐私是隐蔽、不公开的私事，实际上是个人的秘密。大数据时代的隐私与传统的隐私不同，内容更多，分为个人信息、个人事务、个人领域，即隐私是一种与公共利益、群体利益无关，当事人不愿他人知道或他人不便知道的个人信息，当事人不愿他人干涉或他人不便干涉的个人私事，以及当事人不愿他人侵入或他人不便侵入的个人领域。隐私是客观存在的个人自然权利。在大数据时代，个人身份、健康状况、个人信用和财产状况以及自己和恋人的亲密过程是隐私；使用设备、位置信息、电子邮件也是隐私；同时上网浏览情况、应用的App、在网上参加的活动、发表及阅读什么帖子、点赞，也可能是隐私。

大数据的价值并不单纯地来源于它的用途，而更多地源自其二次利用。在大数据时代，无论是个人日常购物消费等琐碎小事，还是读书、买房、生儿育女等人生大事，都会在各式各样的数据系统中留下"数据脚印"。就单个系统而言，这些"小数据"可能无关痛痒，但一旦将它们通过自动化技术整合后，就会逐渐还原和预测个人生活的轨迹和全貌，使个人隐私无所遁形。

哈佛大学研究显示，只要知道一个人的年龄、性别和邮政编码，就可以在公开的数据库中识别出此人87%的身份。在小数据时代，一般只有政府机构才能掌握个人数据，而如今许多企业、社会组织也拥有海量数据，甚至在某些方面超过政府，这些海量数据的汇集使敏感数据暴露的可能性加大，对大数据的收集、处理、保存不当更是会加剧数据信息泄露的风险。

人类进入大数据时代以来，数据泄密事件时有发生。2011年4月，全球最大的互联网娱乐社区之一，日本的索尼PlayStation网络遭受黑客攻击，导致7700万用户数据外泄，引发了新媒体传输的信用危机。2012年6月，商务社交网站LinkedIn的650万用户的密码遭泄露，被发布在俄罗斯一家黑客网站上。2012年7月，雅虎旗下网站Yahoo Voice的45万多个用户名和密码被盗。2013年6月，IBM公司发布的《数据泄露年度成本研究报告》显示，2013年平均每起数据泄露事件的成本较2012年上升了15%，达350万美元。2013年9月，欧盟官员在第四届欧洲数据保护年会上表示，92%的欧洲人认为智能手机的应用未经允许就在收集个人数据，89%的欧洲智能手机个人数据被非法收集。2014年1月，澳大利亚政府网站60万份个人信息遭泄露。2014年1月，德国约1600万网络用户的邮箱信息被盗。2014年3月，韩国电信1200万用户信息遭泄露。2014年5月，美国《消费者报告》称，2013年1/7的美国人曾被告知个人信息遭泄露，1120万美国人曾遭遇了电子邮件钓鱼欺诈，29%美国网民的家用计算机感染了恶意软件。2014年8月，美国霍尔德网络公司称，俄罗斯黑客从美国大企业和世界各地其他企业盗取了12亿组互联网用户信息。2015年1月，俄罗斯约会网站Topface有2000万访客的用户名和电子邮件地址被盗。

Gemalto（金雅拓）发布的《2017数据泄露水平指数报告》显示，2017年上半年全球范围内数据泄露总量为19亿条，超过2016年全年总量（14亿条），比2016年下半年增长了160%多，数据泄露的数目呈逐年上涨的趋势。仅2017年，全球就发生了多起影响重大的数据泄露事件，美国共和党下属数据分析公司、征信结构先后发生大规模用户数据泄露事件，影响人数均达到亿级规模。2017年11月，美国五角大楼由于AWS S3配置错误，意外暴露了美国国防部的分类数据库，其中包含美国当局在全球社交媒体平台中收集到的18亿用户的个人信息。2017年11月，两名黑客通过外部代码托管网站GitHub获得了Uber工程师在AWS上的账号和密码，从而盗取了5000万乘客的姓名、电子邮件和电话号码，以及约60万名美国司机的姓名和驾照号码。2018年3月，美国Facebook公司5000万用户隐私数据发生泄露，公司股价暴跌。2018年12月，一位名叫鲍勃·迪亚琴科（Bob Diachenko）的网友在国外社交平台Twitter（推特）上爆料，一个包含2.02亿份个简历信息的数据库泄露，这些简历内容非常详细，包括姓名、生日、手机号码、邮箱、婚姻状况和工作经历等。

2020年1月，微软意外地在网上曝光了2.5亿条客户服务和支持记录，泄露的数据包含客户电子邮件地址、IP（Internet Protocol，互联网协议）地址、地点、CSS（Cascading Style Sheets，串联样式表）声明和案例的描述、案例编号、解决方案和备注等。微软确认此数据泄露，并揭示此泄露是由微软内部案例分析数据库的配置错误导致的。2020年4月，Zoom被曝出漏洞，黑客通过凭据注入攻击收集数据，在 Dark Web 和黑客论坛上出售超过50万个Zoom账户，1块钱可以买7 000个，泄露数据包括邮箱、密码以及个人会议链接和密钥，甚至许多账户还被免费赠送。

据IBM统计，2020—2021年全球企业数据泄露成本突破纪录，高达424万美元，其中业务损失成本上升至159万美元，并且约44%的数据泄露事件涉及个人信息。

2. 企业数据安全问题

迈入大数据时代，企业数据安全面临多重挑战。企业在获得大数据时代信息价值增益的同时，其风险也在不断地累积，大数据安全方面的挑战日益增大。黑客窃密与病毒木马会入侵企业信息系统，大数据在云系统中进行上传、下载、交换的同时，极易成为黑客的攻击对象。而大数据一旦被入侵并产生泄密，就会对企业的品牌、信誉、研发、销售等多方面造成严重冲击以及难以估量的损失。通常，那些对大数据分析有较高要求的企业，会面临更多的挑战，涉及电子商务、金融领域、天气预报的分析预测、复杂网络计算和广域网感知等。任何一个误导目标信息提取和检索的攻击都是有效攻击，因为这些攻击会对厂商的大数据安全分析产生误导，导致其分析偏离正确的检测方向。要应对这些攻击需要我们集合大量数据，进行关联分析才能够知道其攻击意图。大数据安全是与大数据业务相对应的，传统时代的安全防护思路难以奏效，并且成本过高。无论是从防范黑客对数据的恶意攻击，还是从对内部数据的安全管控角度，为了保障企业数据安全，迫切需要一种更为有效的方法对企业大数据的安全性进行有效管理。

3. 国家安全问题

大数据作为一种社会资源，不仅给互联网领域带来变革，而且给全球的政治、经济、军事、文化等带来影响，已经成为衡量综合国力的重要标准。大数据事关国家主权和安全，必须加以高度重视。

（1）大数据成为国家之间博弈的新战场。大数据意味着海量的数据，也意味着更复杂、更敏感的数据，特别是关系国家安全和利益的数据，如国防建设数据、军事数据、外交数据等，极易成为网络攻击的目标。一旦机密情报被窃取或泄露，就会关系到整个国家的命运。

"维基揭秘"网站泄露美国军方机密，令美国政府愤怒。美国国家安全顾问和白宫发言人强烈谴责维基揭秘的行为危害了其国家安全，置美军和盟友危险于不顾。此外，"棱镜门"事件，更是昭示着国家安全经历着大数据的严酷挑战。在大数据时代，数据安全问题的严重性愈发凸显，已超过其他传统安全问题。

此外，对于数据的跨国流通，若没有掌握数据主权，势必影响国家主权。因为发达国家的跨国公司或政府机构，凭借其高科技优势，通过各种渠道收集、分析、存储及传输数据的能力会强于发展中国家，若发展中国家向外国政府或企业购买其所需数据，只要卖方有所保留（如重要的数据故意不提供），其在数据不完整的情形下则无法做出正确的形势研判，经济上的竞争力势必大打折扣，发展中国家在经济发展的自主权上也会受到侵犯。漫无限制的数据跨国流通，尤其是当一国经济、政治方面的数据均由他国收集、分析并进而控制的时候，数据输出国会以其特有之价值观念对所收集的数据加以分析研判，无形中会主导数据输入国的价值观及世界观，对该国文化主权造成威胁。此外，对数据跨国流通不加限制还会导致国内大数据产业仰人鼻息，无法自立自足，从而丧失本国的数据主权，危及国家安全。

因此，大数据安全已经作为非传统安全因素，受到各国的重视。大数据重新定义了大国博弈的空间，国家强弱不仅以政治、经济、军事实力为着眼点，数据主权同样决定国家的命运。目前，电子政务、社交媒体等已经扎根在人的生活方式、思维方式中，各个行业的有序运转已经离不开大数据，此时，数据一旦失守，将会给国家安全带来不可估量的损失。

（2）自媒体平台成为影响国家安全的重要因素。自媒体又称"公民媒体"或"个人媒体"，是指私人化、平民化、普泛化、自主化的传播者，以现代化、电子化的手段，向不特定的大多数或者特定的单个人传递规范性及非规范性信息的新媒体的总称。自媒体平台包括博客、微博、微信、抖音、百度贴吧、论坛等。大数据时代的到来重塑着媒体表达方式，传统媒体不再一枝独秀，自媒体迅速崛起，使得每个人都是自由发声的独立媒体，都有在网络平台有发表自己观点的权利。但是，自媒体的发展良莠不齐，一些自媒体平台上垃圾文章、低劣文章层出不穷，甚至一些自媒体为了追求点击率，不惜突破道德底线发布虚假信息，受众群体难以分辨真伪，冲击了主流发布的权威性。网络舆情是人民参政议政、舆论监督的重要反映，但是网络的通达性使其容易受到境外敌对势力的利用和渗透，成为民粹的传播渠道，削弱了国家主流意识形态的传播，对国家的主权安全、意识形态安全和政治制度安全都会产生很大影响。

4.5.5　大数据安全威胁

在大数据环境下，各行业和领域的安全需求正在发生改变，从数据采集、数据整合、数据提炼、数据挖掘到数据发布，这一流程已经形成新的完整链条。随着数据的进一步集中和数据量的增大，对产业链中的数据进行安全防护变得更加困难。同时，数据的分布式、协作式、开放式处理也加大了数据泄露的风险，在大数据的应用过程中，如何确保用户及自身信息资源不被泄露将在很长一段时间内成为企业重点考虑的问题。然而，现有的信息安全手段已不能满足大数据时代的信息安全要求，安全威胁将逐渐成为制约大数据技术发展的瓶颈。

1.大数据基础设施安全威胁

大数据基础设施包括存储设备、运算设备、一体机和其他基础软件（如虚拟化软件）等。为了支持大数据的应用，需要创建支持大数据环境的基础设施。例如，需要高速的网络来收集各种数据源，需要大规模的存储设备对海量数据进行存储，还需要各种服务器和计算设备对数据进行分析与应用，并且这些基础设施带有虚拟化和分布式性质等特点。大数据基础设施给用户带来各种大数据新应用的同时，也会遭受到安全威胁，主要如下。

（1）非授权访问。非授权访问是指没有预先经过同意，就使用网络或计算机资源。例如，有意避开系统访问控制机制，对网络设备及资源进行非正常使用，或擅自扩大使用权限，越权访问信息。主要形式有假冒身份攻击、非法用户进入网络系统进行违法操作，以及合法用户以未授权方式进行操作等。

（2）信息泄露或丢失。信息泄露或丢失包括数据在传输中泄露或丢失（例如，利用电磁泄露或搭线窃听方式截获机密信息，或通过对信息流向、流量、通信频度和长度等参数的分析，窃取有用信息等），在存储介质中丢失或泄露，以及黑客通过建立隐蔽隧道窃取敏感信息等。

（3）网络基础设施传输过程中破坏数据的完整性。大数据采用的分布式和虚拟化架构，意味着比传统的基础设施有更多的数据传输，大量数据在一个共享的系统里被集成和复制，当加密强度不够的数据在网络基础设施中传输时，攻击者能通过实施嗅探、中间人攻击、重放攻击来窃取或篡改数据。

（4）拒绝服务攻击。拒绝服务攻击通过对网络服务系统的不断干扰，改变其正常的作业流程或执行无关程序，导致系统响应迟缓，影响合法用户的正常使用，甚至使合法用户遭到排斥，不能得到相应的服务。

（5）网络病毒传播和黑客攻击。网络病毒传播是指通过信息网络传播计算机病毒。针对虚拟化技术的安全漏洞攻击，黑客可利用虚拟机管理系统自身的漏洞，入侵到宿主机或同一宿主机上的其他虚拟机。

2. 大数据存储安全威胁

大数据存储安全威胁是当前信息技术领域亟待解决的重要问题。随着数据量的激增，大数据存储系统成为企业运营和决策的核心基础设施。然而，这一庞大的数据存储量也带来了前所未有的安全挑战。黑客利用高级技术手段，不断寻找存储系统中的安全漏洞，企图窃取、篡改或破坏关键数据，给企业的业务运营和声誉带来巨大风险。

大数据存储安全威胁还体现在数据的复杂性和多样性上。不同类型的数据需要不同的存储和处理方式，这也增加了数据保护的难度。同时，分布式存储架构虽然提高了系统的扩展性和可用性，但也使得数据管理和安全控制更加复杂。

因此，为了应对大数据存储安全威胁，企业需要采取综合性的安全策略，包括加强数据访问控制、采用先进的加密技术、定期进行安全审计和漏洞扫描等。只有这样，才能确保大数据存储系统的安全性和稳定性，为企业的发展提供坚实的数据支撑。

3. 大数据网络安全威胁

互联网及移动互联网的快速发展不断地改变人们的工作、生活方式，同时也带来严重的安全威胁。网络面临的风险可分为广度风险和深度风险。广度风险是指安全问题随网络节点数量的增加呈指数级上升。深度风险是指传统攻击依然存在且手段多样；APT攻击逐渐增多且造成的损失不断增大；攻击者的工具和手段呈现平台化、集成化和自动化的特点，具有更强的隐蔽性、更长的攻击与潜伏时间、更加明确和特定的攻击目标。结合广度风险与深度风险，大规模网络主要面临的问题包括：安全数据规模巨大，安全事件难以发现，安全的整体状况无法描述，安全态势难以感知等。

通过上述分析，可知网络安全是大数据安全防护的重要内容。现有的安全机制对大数据环境下的网络安全防护并不完美。一方面，大数据时代的信息爆炸，导致来自网络的非法入侵次数急剧增长，网络防御形势十分严峻。另一方面，由于攻击技术的不断成熟，现在的网络攻击手段越来越难以辨识，给现有的数据防护机制带来了巨大的压力。因此，对于大型网络，在网络安全层面，除了访问控制、入侵检测、身份识别等基础防御手段，还需要管理人员能够及时感知网络中的异常事件与整体安全态势，从成千上万的安全事件和日志中找到迫切需要处理和解决的安全问题，从而保障网络的安全状态。

4.5.6　典型案例

1. "棱镜门"事件

2013年6月，斯诺登将美国国家安全局关于"棱镜计划"的秘密文档披露给了《卫报》和《华盛顿邮报》，引起世界关注。

"棱镜计划"是一项由美国国家安全局自2007年起开始实施的电子监听计划，该计划的正式名号为"US-984XN"。在该计划中，美国国家安全局和联邦调查局利用平台和技术上的优势，开展全球范围内的监听活动。众所周知，全世界管理互联网的根服务器共有13台，包括1台主根服务器和12台辅根服务器，其中1台主根服务器和9台辅根服务器在美国本部，美国有最大的管理权限，所以可以直接进入相关网际公司的核心服务器里拿到数据、获得情报，对全世界重点地区、部门、公司甚至个人进行布控，监控范围包括信息发布、电子邮件、即时聊天消息、音视频、图片、备份数据、文件传输、视频会议、登录和离线时间、社交网络资料的细节、部门和个人的联系方式与行动等。其中包括两个秘密监视项目，一是监视、监听民众电话的通话记录，二是监视民众的网络活动。

通过"棱镜计划"，美国国家安全局甚至可以实时全球监控一个人正在进行的网络搜索内容。可以收集大量个人网上痕迹，诸如聊天记录、登录日志、备份文件、数据传输、语音通信、个人社交信息等，一天可以获得50亿人次的通话记录。美国国家安全局全方位、高强度监控全球互联网与电信业务的"棱镜"等计划，使得网络信息安全受到前所未有的关注，将深刻影响网络时代的国家战略与规划。

2. 维基揭秘泄露机密文件

维基揭秘是一个国际性非营利的媒体组织，专门公开来自匿名来源和网络泄露的文档。澳大利亚人朱利安·保罗·阿桑奇通常被视为维基揭秘的创建者、主编和总监。维基揭秘网站成立于2006年12月，由阳光媒体（The Sunshine Press）运作。在成立一年后，网站宣称其文档数据库包含逾120万份文件。维基揭秘大量发布机密文件的做法使其饱受争议。支持者认为维基揭秘捍卫了民主和新闻自由，而反对者则认为大量机密文件的泄露威胁了相关国家的国家安全，并影响国际外交。2010年3月，一份由美国军方反谍报机构在2008年制作的军方机密报告称，维基揭秘网站的行为已经对美国军方机构的"情报安全和运作安全"构成了严重的威胁。这份机密报告称，该网站上泄漏的一些机密可能会"影响到美国军方在国内和海外的运作安全"。

3. Facebook数据滥用事件

很多人在谈到大数据安全时，会把数据泄密和数据滥用混为一谈，但是，一些被称为"数据泄密"的场景，实际上属于"数据滥用"，即把获得的用户授权的数据用于损害用户利益的用途。

2018年3月中旬，《纽约时报》等媒体揭露称一家服务特朗普竞选团队的数据分析公司剑桥分析（Cambridge Analytica）获得了Facebook数千万用户的数据，并进行违规滥用。随后，Facebook创始人马克·扎克伯格发表声明，承认平台曾犯下的错误，随后相关国家和机构开启调查。4月5日，Facebook首席技术官博客文章称，Facebook上约有8 700万用户受影响，随后剑桥分析驳斥称受影响用户不超过3 000万。4月6日，欧盟声称Facebook确认270万欧洲人的数据被不当共享。根据告密者克里斯托夫·维利的指控，剑桥分析在2016年美国总统大选前获得了5 000万名Facebook用户的数据。这些数据最初由亚历山大·科根通过一款名为"this is your digital life"的心理测试应用程序收集。通过这款应用程序，剑桥分析不仅从接受科根性格测试的用户处收集信息，而且获得了他们好友的资料，涉及数千万用户的数据。能参与科根研究的Facebook用户必须拥有约185名好友，因此覆盖的Facebook用户总数达到5000万人。

获取Facebook的用户数据以后，剑桥分析研究人员会将这些数据用于精准地归纳关于个体用户的高敏感度信息（如性格等）。根据现代心理学中描述人格特质的大五人格理论，研究人员将个人性格分为不受语言或文化影响的5个维度，其中包括坦率（Openness）、认真（Conscientiousness）、外向（Extraversion）、和善（Agreeableness）以及情绪不稳定性（Neuroticism）。研究人员将5.8万名志愿者作为研究对象，跟踪他们在Facebook上的点赞倾向，并由此发掘了很多有趣的相关性现象，比如给某歌手点赞的人们与"外向"高度相关、多次表达对Hello Kitty的喜爱是"坦率"的表现等。手动利用大五人格理论只能较为泛泛地解释一些现象。相比之下，一套机器学习算法能发掘出更深层次的关联，比如存在于人们给不同对象的"赞"、他们在性格测试上的答案，以及其他个人数字足迹（Digital Footprint）之间的关联。这样，一个更全面且富有细节的个人特征档案就可以被创造出来了。通过建模分析人们在 Facebook 上留下的记录，发掘他们的个性特点，就可以定向推送广告，影响人们在大选中的选举行为。

随着 Facebook "数据门"不断发酵，在各国媒体的深挖中，背后的数据分析公司——剑桥分析也逐渐清晰起来，浮现在大众眼前。据英媒报道，剑桥分析至少参与了各国超过 200 场竞选，其中包括尼日利亚、肯尼亚、马来西亚、捷克、墨西哥、印度和阿根廷等。在这些国家的选举中，剑桥分析公司使用大量的个人数据来构建心理分析图，以确定选民的政治和宗教信仰、肤色和政治行为等，这些分析结果被用于改变选民的选举倾向，从而最终影响到选举的结果。

4. 手机 App 过度采集个人信息

个人信息买卖已形成一条规模大、链条长、利益大的产业链，这条产业链结构完整、分工细化，个人信息被明码标价。个人信息泄露的一条主要途径就是经营者未经本人同意暗自收集个人信息，然后泄露、出售或者非法向他人提供个人信息。在我们的日常生活中，部分手机 App 往往会"私自窃密"。例如，部分记账理财 App 会通过留存消费者的个人网银登录账号、密码等信息，并模仿消费者登录网银的方式，获取账户交易明细等信息。有的 App 在提供服务时，采取特殊方式来获得用户授权，这本质上仍属"未经同意"。例如，在用户协议中，将"同意"相关选项设置为较小字体，且已经预先勾选，导致部分消费者在未知情情况下进行授权。手机 App 过度采集个人信息呈现普遍趋势，其中最突出的是在非必要的情况下获取位置信息和访问联系人权限，比如，像天气预报、手电筒这类功能单一的手机 App，在安装协议中也提出要读取通讯录，这与《全国人民代表大会常务委员会关于加强网络信息保护的决定》指出的手机 App 在获取用户信息时要坚持"必要"原则相悖。面对一些存在"过分"权限要求的 App，很多时候，用户只能被迫选择接受，因为不接受就无法使用 App。2019 年，央视"3.15"晚会就点名了一款手机 App，在晚会现场，经主持人实际操作发现，当用户在该 App 上输入身份号码、社保账号、手机号等信息完成注册后，远程计算机就能截取到用户的几乎所有信息，而且该 App 还通过不平等、不合理条款强制索取用户隐私权，并且未得到政府相关部门的官方授权。经央视曝光后，工业和信息化部立即启动应用商店联动处置机制，要求国内主要应用商店全面下架该 App，并对该 App 的责任主体进行核查处理。

此外，在社交平台广泛传播的各种测试小程序，也可能在窃取用户个人信息。众多网友在授权登录测试页面时，微信号、QQ 号、姓名、生日、手机号等很多个人信息都会被测试程序的后台获得，这些信息很可能被用作商业用途，给网友的切身利益造成损失。同时，不法分子还设计了更加隐蔽的个人信息获取方式，比如，制作多种测试小程序在社交平台进行分发，有的测试小程序负责收集参与测试用户的个人喜好，有些测试小程序负责收集用户的收入水平，有些测试小程序负责收集用户的朋友关系，这样，虽然用户参与某个测试只是提供了部分个人信息，但是，当用户长期下来参与了多个测试以后，不法分子就可以获得某个用户较为全面的个人信息。

5. 免费 Wi-Fi 窃取用户信息

所谓 Wi-Fi，就是人们通常对无线网络技术的简称。作为应用非常广泛的无线上网技术，Wi-Fi 能够将在其覆盖区域内的笔记本计算机、智能手机以及平板计算机等设备与互联网高速连接，使用户随时随地上网冲浪。随着智能手机和平板计算机的普及，这项便捷的无线上网技术越来越受到人们的欢迎。免费的 Wi-Fi 网络已经成为宾馆、酒店、咖啡厅、餐厅以及各色商铺的标准配置，"免费 Wi-Fi"的标志在城市里几乎随处可见。许多年轻人无论走到哪里，总是喜欢先搜寻一下无线信号，"有免费 Wi-Fi 吗？密码是多少？"也成为他们消费时向商家询问非常多的问题。不过，在免费上网的背后，其实也存在着不小的信息安全风险，或许一不小心，就落入了黑客们设计的 Wi-Fi 陷阱之中。

曾经有黑客在某网络论坛发帖称，只需要一台计算机、一套无线网络设备和一个网络包分析软件，他就能轻松地搭建出一个不设密码的Wi-Fi，而一旦其他用户用移动设备连接上这个Wi-Fi，再使用手机浏览器登录电子邮箱、网络论坛等账号时，他就能很快分析出该用户的各种密码，进而窃取用户的私密信息，甚至利用用户的QQ、微博、微信等通信工具发布广告诈骗信息，整个过程往往几分钟内就能得手。而这种说法也在专业实验中被多次证实。

随着Wi-Fi运用的普及，除了黑客之外，许多商家也针对Wi-Fi打起了自己的算盘。例如，通过Wi-Fi后台记录上网者的手机号等联系信息，可以更加有针对性地投放广告短信，达到精准营销、招揽客户的目的。许多顾客在使用Wi-Fi之后会收到大量的广告信息，甚至自己的手机号码也会被当作信息进行多次买卖。

4.5.7 大数据保护的基本原则

目前，我国在大数据保护方面的政策法规尚不完善，建章立制并非朝夕之间即可完成，但基本原则的统率和指导却必不可缺。保护大数据，应该在"实现数据的保护"与"数据自由流通、合理利用"这两者之间寻求平衡。一方面，要积极制定规则，确认与数据相关的权利；另一方面，要努力构建数据平台，促进数据的自由流通和利用。大数据保护的基本原则包括数据主权原则、数据保护原则、数据自由流通原则和数据安全原则，具体如下。

（1）数据主权原则。数据主权原则是大数据保护的首要原则。数据是关系到个人安全、社会安全和国家安全的重要战略资源。大数据时代，无论是在经济发展和国家建设方面，还是在社会稳定方面，世界各国对数据资源的依赖都越来越大，国家之间竞争和博弈的主战场也从传统领域逐渐转向到大数据领域。数据主权原则指的是一个国家独立自主地对本国数据进行占有、管理、控制、利用和保护的权力。数据主权原则对内体现为一个国家对其政权管辖地域内任何数据的生成、传播、处理、分析、利用和交易等拥有最高权力，对外表现为一个国家有权决定以何种程序、何种方式参加到国际数据活动中，并有权采取必要措施保护数据权益免受其他国家侵害。

（2）数据保护原则。数据保护原则的主旨是确认数据为独立的法律关系客体，奠定构建数据规则的制度基础。在这一原则之下，数据的法律性质和法律地位得以明确，从而使数据成为一种独立利益而受到法律的确认和保护。具体而言，数据保护原则包含两个方面的含义。第一，数据不是人类的"共同财产"，数据的权属关系应该受到法律的调整，法律须确认权利人对数据的权利。第二，数据应该由法律进行保护，数据的流通过程须受到法律的保护，规范合理的数据流通不但能够确保数据的合理使用，而且能够促进数据的再生和再利用。

（3）数据自由流通原则。数据自由流通原则是指法律应该确保数据作为独立的客体能够在市场上自由流通，而不对数据流通给予不必要的限制。这一原则的含义主要体现在以下两个方面。一是促进数据自由流通。数据作为一种独立的生产要素，只有充分流通起来，才能够促进社会生产力的发展。二是反对数据垄断。对于那些利用数据技术优势阻碍数据自由流通的行为，应该予以坚决抵制。为了确保数据共享的顺利实现，要积极贯彻落实数据自由流通原则，唯有如此，才能在全球范围内消除数字鸿沟，建立国际数据共享的新秩序。由于各个国家、地区在信息技术发展方面存在严重不平衡，这就使得数据的获取和使用出现严重的地区差异，进而影响到数据在全球范围的自由共享。因此，为实现数据共享，要坚持数据自由流通原则，加强政府对数据共享的宏观控制能力，在数据共享的发展战略上保持适度超前的政策管理，建立促进数据共享的政策法规制度，加强信息技术的共享。

（4）数据安全原则。数据安全原则是指通过法律机制来保障数据的安全，以免数据面临遗失、不法接触、毁坏、利用、变更或泄露的危险。从安全形态上讲，数据安全包括数据存储安全和数据传输安全；从内容上讲，数据安全可分为信息网络的硬件、软件的安全，数据系统的安全和数据系统中数据的安全；从主体角度看，数据安全可以分为国家数据安全、社会数据安全、企业数据安全和个人数据安全。具体而言，数据安全原则包括以下几个方面的含义：第一，保障数据的真实性和完整性，既要加强对静态存储的数据的安全保护，使其不被非授权访问、篡改和伪造，也要加强对数据传输过程的安全保护，使其不被中途篡改、不发生丢失和缺损等；第二，保障数据的安全使用，也就是说，数据及其使用必须具有保密性，禁止任何机构和个人的非授权访问，仅为取得授权的机构和个人获取与使用；第三，以合理的安全措施保障数据系统具有可用性，可以为确定合法授权的使用者提供服务。

4.5.8　大数据时代数据安全与隐私保护的对策

大数据时代，可以从以下几个方面加强数据安全与隐私保护。

第一，从国家层面进行管控。目前国内涉及数据安全和隐私保护的法律法规等有《互联网个人信息安全保护指南》《全国人民代表大会常务委员会关于加强网络信息保护的决定》《电信和互联网用户个人信息保护规定》，以及《中华人民共和国网络安全法》等。从国家法律层面来讲，为顺应大数据时代发展趋势，还需要进一步细化和完善对个人信息安全的立法，出台相应的细化标准与措施。2021 年 11 月 1 日，《中华人民共和国个人信息保护法》正式实施。

第二，从企业端源头进行遏制。企业是个人数据收集、存储、使用、传播的主体，因此要从企业端进行遏制、规范。除了要遵循国家法律法规的约束之外，企业应积极采取措施加强和完善对个人数据的保护，不能过度收集个人数据，避免因个人数据的不当使用和泄露而对多方造成损失。

第三，提高个人意识，应用安全技术。生活在大数据下的每一个人，都应该主动去学习这方面的知识，了解大数据时代下可能会存在的一些关于个人隐私泄露的风险，从而学会如何去保护自己的隐私数据不被泄露；同时还要加强个人日常生活中的安全意识，例如保护密码等敏感信息，不在社交平台上发布个人定位信息，不连接公共 Wi-Fi 进行支付等重要操作，等等。

4.6　大数据治理

大数据的"潘多拉魔盒"已经打开，社交网站、电商巨头、电信运营商乃至金融、医疗、教育等行业，都纷纷加入大数据的"淘金"热潮。如何将海量数据应用于决策、营销和产品创新，如何利用大数据平台优化产品、流程和服务，如何利用大数据更科学地制定公共政策、实现社会治理，所有这一切，都离不开大数据治理。可以说，大数据时代给数据治理带来了新的机遇和挑战。一方面，数据科学研究的兴起为数据治理提供了新的研究范式，使得数据治理的视角、过程和方法都发生了显著的变化；另一方面，海量、多源、异构的数据给数据的管理、存储和应用均提出了新的要求。因此，顺应时代发展趋势，构建起完整的数据治理体系，提供全面的数据治理保障，从而充分发挥数据资产的价值，更好地支持数据治理的应用实践，成为学术界、业界和政界共同关注的焦点问题。

本节首先概述数据治理及数据治理工作范围，然后介绍大数据治理的概念，接下来介绍大数据治理要素、大数据治理原则、大数据治理范围和大数据治理模型，最后阐述大数据治理保障机制。

4.6.1　数据治理概述

本节首先介绍数据治理相关概念、为什么需要数据治理以及数据治理的概念，然后介绍数据治理的发展历程、数据治理在组织中的价值定位、数据治理对于企业的重要作用，最后介绍数据治理与数据管理的关系。

1. 数据治理相关概念

在介绍数据治理之前，需要先介绍数据治理相关概念，主要包括元数据和主数据。

（1）元数据。元数据（Metadata）是关于数据的组织、数据域及其关系的信息，简单来说，元数据就是用来描述数据的数据。

概念阐述总归生涩，下面用几个简单的例子来比喻一下。

①元数据是"户口簿"。有了"户口簿"，我们不仅能了解个人的出生年月等基本信息，而且能知晓他的亲属关系。这些信息就构成了对这个人的详细描述，这些信息就是描述这个人的元数据。

②元数据是"图书目录"。图书馆中的图书目录包含图书名称、编号、作者、位置等信息，有了它，图书管理员就能快速查找图书。类似地，元数据能够帮助数据管理员管理数据。

③元数据是"藏宝图"，按图索骥就能找到宝藏。元数据能够帮助企业盘点自己有哪些数据，以及这些数据的位置、来源、去向、路径等。

按照不同领域和功能，元数据一般可分为技术元数据、业务元数据、操作元数据、管理元数据，具体如下。

①技术元数据是用于开发和日常管理数据仓库时用的数据。它作为数据的结构化，能够方便计算机、数据库对数据进行识别、存储、传输和交换。对开发人员来说，它有助于明确数据的存储、结构，为应用开发和系统集成打牢基础；对业务人员来说，它有助于理清数据关系，从而能够更加快速地找到想要的数据，进而对数据的来源和去向进行分析，支持数据"血缘"追溯和影响分析。常见的技术元数据包括物理数据表名称、列名称、字段长度、字段类型、约束信息、数据依赖关系等。

②业务元数据描述的对象，是数据的业务含义、业务规则等。通过对业务元数据的明确，人们对数据的理解和使用会变得更加容易。元数据使得数据的二义性不复存在，人们对数据含义能够产生一致的认知，避免了"自说自话"的情况，进而为数据分析和应用提供支撑。常见的业务元数据包括业务定义、业务术语解释、业务指标名称、计算口径、衍生指标、业务规则引擎的规则、数据质量检测规则、数据挖掘算法等。

③操作元数据描述了数据的操作属性，比如管理部门、管理责任人等。数据的操作属性的明确，有助于将数据管理责任落实到部门和个人，是数据安全管理的基础条件。常见的操作元数据包括数据所有者、使用者、数据的访问方式、访问时间、访问限制、数据访问权限、组和角色、数据处理作业的结果、系统执行日志、数据备份、归档人、归档时间等。

④管理元数据包含数据管理的信息，例如表的业务属主、表的技术负责人。常见的管理元数据包括数据的来源、数据的功用、数据的负责人等。

（2）主数据。主数据是指在一个组织或系统中被广泛使用、共享和管理的核心数据实体。主数据通常是对于特定领域或业务过程至关重要的数据，对组织的运营和决策具有重要影响，它通常不经常更改。常见的主数据类型包括供应商主数据、客户主数据、物料主数据、价格主数据、科目主数据、组织主数据、人员主数据等。根据企业业务类型的不同，还会有产品主数据、项目主数据等细分。

2. 为什么需要数据治理

企业的信息系统建设烙印着企业规模和信息技术的发展轨迹，普遍存在各系统间数据标准和规范不同、信息相互不通等问题，致使系统的协同性不足等问题越来越显著，具体表现在以下几个方面。

• 系统建设缺少统一规划，各自为政，导致存在数据孤岛问题；在主要业务数据方面，无法实现有序集中整合，从而无法保证业务数据的完整性和正确性。

- 缺乏统一的数据规范和数据模型，导致组织内对数据的描述和理解存在不一致的情况。
- 缺少完备的数据管理职能体系，对于一些重点领域（比如元数据、主数据、数据质量等）的管理，没有明确职责，不能保障数据标准和规范的有效执行以及数据质量的有效控制。
- 在数据更新、维护、备份、销毁等数据全生命周期管理方面，缺乏相关的机制。

数据治理成为解决以上问题的有效手段，为多源、异构、跨界数据应用夯实基础。数据治理可以帮助实现数据资产管理活动始终处于规范、有序、可控的状态，通过多重机制保障基于数据的相关决策是科学的、有效的、前瞻的，以实现资产价值最大化，提升组织的竞争力。

3. 数据治理的概念

"治理"（Governance）来源于拉丁文和希腊语中的"掌舵"一词，是指控制、引导和操纵的行动或方式，经常在国家公共事务相关的情景下与"统治"（Government）一词交叉使用。随着对"治理"概念的不断挖掘，目前比较主流的观点认为"治理"是一个采取联合行动的过程，它强调协调，而不是控制。

数据治理是组织中涉及数据使用的一整套管理行为。关于数据治理的定义尚未形成一个统一的标准。在当前已有的定义中，DAMA（The Global Data Management Community，国际数据管理协会）、DGI（The Data Governance Institute，国际数据治理研究所）、IBM DG Council（数据治理委员会）等机构提出的定义具有代表性和权威性，详见表4-2。

表 4-2　"数据治理"代表性定义

机构	定义
DAMA	数据治理是指对数据资产管理行使权力和控制的活动集合
DGI	数据治理是包含信息相关过程的决策权及责任制的体系，根据基于共识的模型执行，描述谁在何时何种情况下采取什么样的行动、使用什么样的方法
IBM DG Council	数据治理是针对数据管理的质量控制规范，它将严密性和纪律性植入企业的数据管理、利用、优化和保护过程中

上述定义较为概括和抽象。为了方便理解，这里从以下4个方面来解释数据治理的概念的内涵。

（1）明确数据治理的目标。这里的"目标"是指，在管理数据资产的过程中，确保数据的相关决策始终是正确、及时、有效和有前瞻性的，确保数据管理活动始终处于规范、有序和可控的状态，确保数据资产得到正确、有效的管理，并最终实现数据资产价值的最大化。

（2）理解数据治理的职能。从决策的角度，数据治理的职能是"决定如何做决策"，因此，数据治理必须回答决策过程中所遇到的问题，即为什么、什么时间、在哪些领域、由谁做决策，以及应该做哪些决策；从具体活动的角度，数据治理的职能是"评估、指导和监督"，即评估数据利益相关者的需求、条件和选择，以达成一致的数据获取和管理的目标，通过优先排序和决策机制来设定数据管理职能的发展方向，然后根据方向和目标来监督数据资产的绩效与是否合规。

（3）把握数据治理的核心。数据治理关注的焦点问题是，通过何种机制才能确保所做决策的正确性。决策权分配和职责分工就是确保做出正确有效决策的核心机制，因而也就成为数据治理的核心。

（4）抓住数据治理的本质。对机构的数据管理和利用进行评估、指导和监督，通过提供不断创新的数据服务，为其创造价值，这是数据治理的本质（见图4-5）。

4. 数据治理的发展历程

（1）萌芽期：数据概念的形成。数据治理发端于数据概念的形成，没有数据，数据治理也就无从谈起。数据是一个被广泛使用的词汇，在不同的语境下，该词的内涵和外延具有较大差异，特别在计算机技术产生后，数据的内涵发生了较大的变化。数据到底是什么？简单来说是一种表示符号，是对现实的反映。当我们创建数据时，首先需要对真实世界的特征进行抽象，至于要对哪些特征进行抽象，以怎样的方式进行抽象，往往需要预先确定的规则，而这些规则将为创建和解读数据提供重要指导。总而言之，这是一个观察、抽象、表示的过程，从这个意义上说，数据就是现实的"模型"。当数据概念形成以后，数据的巨大应用价值开始显现出来。数据可以支持分析、推理、计算和决策。事实确实如此，在科学领域，数据可以用来建立知识体系、检验假说、推进思路；企业等其他营利性组织可以通过使用数据来提供更

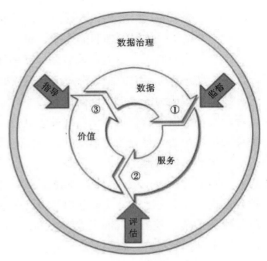

图4-5　数据治理的本质

好的产品和服务，提高自身利润、降低运营成本和控制风险；在政府、教育部门和非营利组织中，数据则可以被用来提供更好的公共服务、指导日常运营和制定发展战略。数据的价值性，反过来推动企业和政府部门投入更多的资源收集和整理数据，促使数据的规模不断增加，继而带来更大的潜在价值。

（2）成长期：信息化发展。信息化是指通过计算机、通信和网络等信息技术手段，将各种信息资源组织、处理、传递和利用的过程。它的主要目的是提高信息的质量和效率，以便更好地支持和促进社会经济发展。在信息化实现过程中，现实世界发生的业务活动被抽象为各种对象、概念和事件的特征信息，主要以结构化数据的形式被创建、记录下来，实现了业务数据化。

在信息化发展初期，一般是以业务发展优先的思路进行业务系统的建设，这一时期中凸显出很多不足之处，特别是没有进行整体性的规划设计，而是按照业务发展的要求独立进行建设，业务系统之间是隔离的。这种模式的业务系统，具有典型烟囱式系统的特点，大量的数据分布在不同系统中，或者存储在个人计算机中。

在信息化发展中期，由于前期烟囱式的系统建设缺少整体规划，系统之间协同困难的问题日益严重，尤其是之前的系统是一些数据孤岛，造成数据共享、交换困难。在这个时期会建设独立的数据库或数据中心，应用、数据分离实现数据的集中。在数据集中的过程中，已经开始进行初步的数据治理，比如，医疗行业CDR（Clinical Data Repository，临床数据仓库）系统和政府行业的共享交换平台。部分行业已经着手一些新应用的建设，如建设业务中台和数据中台，以此来支撑集成式的系统建设和数据共享、交换。

在信息化发展后期，数据已经实现集中，并且通过初步数据治理实现共享、交换。在这一阶段，数据作为一种重要资产，参与到政府、企业的经营管理和决策中，这时，企业一般会基于元数据、主数据等，进行数据治理活动。

信息化的快速发展，离不开数据的有效治理，通过数据治理，可加强组织数据的规范化管理和共享，促进数据的流通和应用，从而实现数据的最大价值。

（3）成型期：数据治理"三大件"的形成。数据治理发展进入成型期的标志是数据治理"三大件"（即数据标准、数据质量和元数据管理）的形成。

数据标准是指对分散在各系统中的数据提供一套统一的有关数据命名、数据定义、数据类型、

赋值规则等的定义基准，并通过标准评估确保数据在复杂数据环境中维持企业数据模型的一致性、规范性。

数据质量是指有效识别各类数据质量问题，建立数据监管，形成数据质量管理体系，监控并揭示数据质量问题，提供问题明细查询和质量改进建议。

元数据管理是指对涉及的业务元数据、技术元数据、操作元数据进行盘点、集成和管理。采用科学有效的机制对元数据进行管理，并面向开发人员、业务用户提供元数据服务，可以满足用户的业务需求，为企业业务系统的开发、维护和数据分析等提供支持。

一般的数据治理流程，会先从制定数据标准开始，制定数据标准的过程称之为定标。定好标准之后，就要完成落标，这个过程中需要用到元数据采集、元数据注册以及元数据审批发布。落标实现数据模型和数据标准之间的连接，接下来就可以利用数据标准里面定义的数据元约束，对数据质量进行稽核，将不符合标准的数据质量问题抓出来，推动进行整改。这就是一个非常标准的数据治理流程。

（4）成熟期：数字化转型必经之路。随着大数据的发展，"万物数化、万物互联"的数字化时代全面开启，各行各业都面临越来越庞大且复杂的数据，这些数据如果不能被有效管理，不但不能成为企业的资产，反而可能成为拖累企业的"包袱"。以数据治理为基础，构建企业数据资产管理体系，提供可用、好用的数据，支持企业业务流程改造、产品创新、风险防控，不断提升企业数据应用能力，挖掘企业数据资产价值，已经成为企业数字化转型的必经之路，对提升企业业务运营效率和创新企业商业模式具有重要意义。对于企业来讲，实施数据治理可以带来6个方面的价值，即降低运营成本，提升业务处理效率，提高数据质量，控制数据风险，增强数据安全和赋能管理决策。

在全球数字化背景下，放眼中国数字化形势，"十四五规划纲要"党的二十大报告等文件中明确指出迎接数字时代，激活数据要素潜能，以数字化转型整体驱动生产方式、生活方式和治理方式变革，打造数字经济新优势，加强关键数字技术的创新应用，加快推动数字产业化，推进产业数字化转型。数据治理已经成为全方位数字化转型的重要驱动力量。一方面，数据治理正在打破组织内部数据孤岛、重塑业务流程、革新组织架构，打造出权责明确而又高效统一的组织管理模式；另一方面，数据治理反哺更广阔的经济和社会数字化转型，既为市场增效，又为企业社会赋权。

数据治理就是数字时代的治理新范式，其核心特征是全社会的数据互通、数字化的全面协同与跨部门的流程再造，形成"用数据说话、用数据决策、用数据管理、用数据创新"的治理机制。作为数字时代的治理新范式，数据治理主要包括以下3方面。

①对数据的治理，即治理对象扩大到涵盖数据要素。作为新型生产要素和关键的治理资源，数据要素成为大国竞争的主要领域，对数据的治理成为制定数字经济规则的重要内容，数据要素的所有权、使用权、监管权以及信息保护和数据安全等，都需要全新治理体系。

②运用数字技术进行治理，即运用数字与智能技术优化治理技术体系，进而提升治理能力。大数据、人工智能等新一代数字技术，可以为国家治理进行全方位的"数字赋能"，改进治理技术、治理手段和治理模式，实现复杂治理问题的超大范围协同、精准"滴灌"、双向触达和超时空预判。

③对数字融合空间进行治理。随着越来越多的经济社会活动转移到线上，治理场域也拓展到数字空间。未来会有越来越多的经济社会活动发生在线上，数字融合空间会以全新的方式创造经济价值、塑造社会关系，意味着需要适应数字融合世界的治理体系，对数字融合空间的新生事物进行有效治理。

数字化转型是经济高质量发展的重要引擎，是构筑国际竞争新优势的有效路径，是构建创新驱动发展格局的有力抓手。数据是数字化转型的基础，只有做好数据治理，充分挖掘数据价值，才能更快、更好地推进数字化转型。

总的来说，数据已然成为新的生产力，且数据治理体系已成为新的生产关系的典型代表，企业想要健康发展，在市场中参与竞争，获取数字经济红利，这就要求企业以数据为对象，在确保数据安全的前提下，建立健全规则体系，理顺各方参与者在数据流通的各个环节的权责关系，形成多方参与者良性互动、共建共治共享的数据流通模式，从而最大限度地释放数据价值，推动数据要素治理体系现代化发展，最终达到激活数据价值，赋能企业发展的目的。

5. 数据治理在组织中的价值定位

（1）数据治理的对象：数据资产。企业在发展过程中，积累了大量的数据，伴随着大数据时代各种数据应用的发展，不断积淀的数据逐渐发挥它的价值。所以，各行各业都认识到要将数据作为一项资产，助力企业的发展。那么，什么样的数据可以称之为数据资产呢？

数据资产是指由组织（政府机构、企事业单位等）合法拥有或控制的数据，以电子或其他方式记录，例如文本、图像、语音、视频、传感信号等结构化或非结构化数据，可进行计量或交易，能直接或间接带来社会效益和经济效益。

在组织中，并非所有的数据都能构成数据资产，数据资产是能够为组织产生价值的数据，数据资产的形成需要对数据进行主动管理并形成有效控制。

通过上面这个定义可以看出，数据资产有以下几层含义。

①并不是所有的数据都能成为组织的数据资产，有些数据如果得不到很好的处理，还可能成为组织的负担。因此，那些能够为组织带来社会效益或者经济效益的数据才能称之为数据资产。

②这些数据资产能够为组织拥有或者控制，且是合法途径。这说明，数据资产是可以来自组织外部，不完全是组织内部产生的数据，但是，需要通过合法合规的方式获得才可以。

③数据资产的形式和格式可以是多样的，不一定都是结构化数据，大量的非结构化数据也会成为组织的数据资产。

④数据资产可以从某些维度进行量化并进行交易，这点与经济效益相关。

随着组织业务的发展，海量、多源、异构的大规模数据资产不断沉淀下来，各行各业都在探索如何让"沉睡的数据资产"发挥更大的价值，但在这个过程中，面临着各种问题和挑战。例如，数据标准有缺失或执行不到位，各系统难以协同或融合应用，数据孤岛现象依然存在；数据供给能力不足，数据获取难度大、门槛高，无法快速满足业务发展的需要；数据价值转化能力不足，缺乏多样化的数据价值实现途径；数据安全整体意识不足，数据安全保障能力较为薄弱。这些问题和挑战极大地限制了数据资产价值的释放。

构建完整的数据治理体系，提供全面的数据治理保障，更好地支撑数字化转型工作，从而充分发挥数据资产的价值，成为各组织关注的焦点。

（2）数据资产价值发挥面临的挑战。目前很多组织已经广泛认识到数据资产的价值和数据应用的重要性，但大部分组织不能充分利用、发挥数据价值，其中经常遇到的问题和挑战如下。

①数据战略方向不明确。当前，很多组织还不存在单独的数据战略或者具体的规划，往往发布的或者执行的都是信息化规划或者数字化规划等方面的文件，尽管在其中或涉及数据管理相关的内容，但还不足以为组织未来的数据资产管理工作指明方向。有些组织可能单独做了数据战略相关的规划，但是不具备落地性或者执行路径不清晰，导致有方向无路径，无法执行下去。还有一部分的组织，根本没有做数据战略的规划，直接按照一些相关方法论的框架就开始建设，做了一些数据管

理方向的工作，但又说不清楚这些工作能起到什么作用、有什么价值，最后事倍功半甚或徒劳无功。

②数据质量不可控。数据质量管理是释放数据价值的关键环节。但是，组织在梳理数据资产以及应用过程中会发现，经常会出现数据质量问题，例如数据的完整性、一致性、精确性和及时性得不到保障，导致数据资产应用的精准性、可信赖性都大大降低，不能满足业务运营和决策分析的需求。

③专业人才缺乏，管理机制不健全。数据治理组织是数据治理工作的主体。目前很多组织的数据资产分析和管理工作主要由传统的IT部门和业务部门配合完成，少数组织成立了单独的数据资产管理部门，例如数据治理办公室、数据资产运营中心等类似部门，进行数据资产运营和管理的统筹工作，但在权责定位的清晰度、管理流程或者机制的可执行性等方面都还存在不足。尤为关键的是，与之对应的"业务部门"参与度低，从而导致其在组织中的位置尴尬。加之从事数据资产管理工作的专业人才比较稀缺，团队专业能力不足，更是有心无力，最后，数据资产的管理工作又回归到传统的技术工作，达不到组织设置该部门的初衷。

④数据安全风险日益凸显。需要强调的是，数据价值释放过程中亦存在诸多数据安全风险，新业态、新技术在推动经济转型升级的同时，数据规模不断扩大，数据泄露、滥用等风险日益凸显，对于企业发展、行业合规甚至国家安全，都带来不容忽视的阻碍。因此，在促进数据资产应用、共享和流通的过程中，如何保障数据的安全可控，防范数据安全风险、构建数据安全保护体系成为各方的共识。

（3）数据治理在组织中的定位：地基工程。解决数据资产价值发挥面临的问题和挑战，是数据治理工作的重要目标，数据治理在一个组织中应该起到"地基"的作用和定位（见图4-6），如此才能够充分助力数据资产价值的发挥和释放。

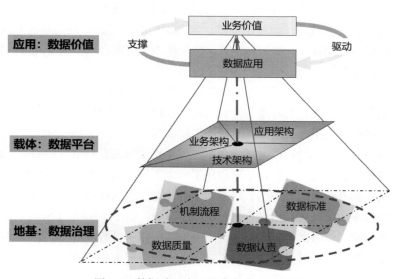

图4-6　数据治理在组织中的作用和定位

现在诸多组织在完成主要业务信息化系统建设后，开始搭建数据平台（例如数据仓库、数据中台、大数据平台等），从而实现数据的集中化处理，进一步构建各种数据应用和分析平台，支撑业务运营与决策分析。在数据集中和使用的过程中，抽取、存储、传输、应用等各个环节都存在数据问题和风险，如果这些问题和风险得不到有效处理和控制，则数据平台和数据应用无法发挥相应的价值，有可能一个指标口径的不一致，就会导致经营决策的巨大偏差，出现"差之毫厘，谬以千里"的局面！那么，这些花费巨大人力物力建设的平台、应用，就属于无源之水、空中楼阁。

这些问题的解决是一个成体系的工作，涉及业务、管理、技术等多方面，而这些就是数据治理的核心工作。因此可以说，数据治理在一个组织的数据工作中是"地基工程"，这个"地基工程"越夯实，上层平台和应用则越能安心地释放价值。

对于数据治理这个"地基工程"来说，其最核心的价值主要包含4个方面：

- 回答数据工作的方向在哪里；
- 统一全局性标准规范；
- 促进数据可信可用；
- 构建良好的运营保障体制。

数据治理通过数据模型管理、数据标准管理、数据质量管理、主数据管理、数据安全管理、元数据管理、数据开发管理等数据资源化活动职能，明确数据创建、采集、加工、应用的全链路职责，确保企业数据的准确性、一致性、时效性和完整性，提升数据质量，保障数据安全，推动内外部数据流通，将原始数据转变成数据资源，使数据具备一定的潜在价值，然后通过数据资产化和资产价值化，逐渐将数据资源转变为数据资产。没有数据治理体系作为保障，数据不但不能转变为企业资产，而且很容易让企业陷入"数据沼泽"的陷阱。一个良好的数据治理体系，将为数据资产管理打下坚实的基础，是新形势下企业数字化转型的基石。

6. 数据治理对于企业的重要作用

数据治理是有效管理企业数据的重要举措，是实现数字化转型的必经之路，对提升企业业务运营效率和创新企业商业模式具有重要意义，具体表现在以下几个方面。

（1）降低运营成本。有效的数据治理，能够降低企业IT和业务运营成本。一致性的数据环境，可让系统应用集成、数据清理实现自动化，减少过程中的人工成本；标准化的数据定义，让业务部门之间的沟通保持顺畅，降低由于数据不标准、定义不明确引发的各种沟通成本。通过数据治理，重新调整当前的组织角色和责任、结构和工具，使工作流程更加合理，减少冗杂消耗，以经济的成本及时产生有意义的业务洞察力。

（2）提升运营效率。有效的数据治理可以提高企业的运营效率。高质量的数据环境和高效的数据服务，让企业员工可以方便、及时地查询到所需的数据，然后即可展开自己的工作，而无须在部门与部门之间进行协调、汇报等，从而有效提高工作效率。

（3）提升数据质量。有效的数据治理，对企业数据质量的提升是不言而喻的，数据质量的提升本就是数据治理的核心目的之一。数据治理创建了一个工作环境，可确保数据的一致性、完整性和准确性。高质量的数据有利于提升应用集成的效率和质量，提高数据分析的可信度，提升数据质量意味着提升产品和服务质量，数据质量直接影响品牌声誉。

（4）控制数据风险。有效的数据治理通过系统地解决在不良数据处理之后可能危及业务的关键问题，来降低企业运营风险，保护企业免受不良和不一致的数据可能带来的合规和监管问题。有效的数据治理，有利于建立基于知识图谱的数据分析服务，例如，360°客户画像、全息数据地图、企业关系图谱等，帮助企业实现供应链、投融资的风险控制。良好的数据可以帮助企业更好地应对公共领域的风险，如食品的来源风险等。企业拥有可靠的数据，就意味着拥有了更好的风险控制和应对能力。

（5）增强数据安全。有效的数据治理，可以更好地保证数据的安全防护、敏感数据保护和数据的合规使用。通过数据梳理识别敏感数据，再通过实施相应的数据安全处理技术，例如数据加密/解密、数据脱敏/脱密、数据安全传输、数据访问控制、数据分级授权等手段，实现数据的安全防护和使用合规。

（6）赋能管理决策。有效的数据治理，有利于提升数据分析和预测的准确性，从而改善决策水平。良好的决策是基于经验和事实的，不可靠的数据就意味着不可靠的决策。通过数据治理对企业数据收集、融合、清洗、处理等过程进行管理和控制，持续输出高质量数据，从而制定出更好的决策和提供一流的客户体验，所有这些都将有助于企业的业务发展和管理创新。

7. 数据治理与数据管理的关系

数据治理和数据管理这两个概念比较容易混淆，要想正确理解数据治理，必须厘清二者的关系。实际上，治理和管理是完全不同的活动：治理负责对管理活动进行评估、指导和监督，而管理根据治理所做的决策来具体计划、建设和运营。治理的重点在于，设计一种制度架构，以达到相关利益主体之间的权利、责任和利益的相互制衡，实现效率和公平的合理统一，因此，理性的治理主体通常追求治理效率。而管理则更加关注经营权的分配，强调的是在治理架构下，通过计划、组织、控制、指挥和协同等职能来实现目标，理性的管理主体通常追求经营效率。从上述论述可以看出，数据治理对数据管理负有领导职能，即指导如何正确履行数据管理职能。

数据治理主要聚焦于宏观层面，它通过明确战略方针、组织架构、政策和过程，并制定相关规则和规范，来评估、指导和监督数据管理活动的执行（见图 4-7）。相对而言，数据管理会显得更加微观和具体，它负责采取相应的行动，即通过计划、建设、运营和监控相关方针、活动和项目，来实现数据治理所做的决策，并把执行结果反馈给数据治理。

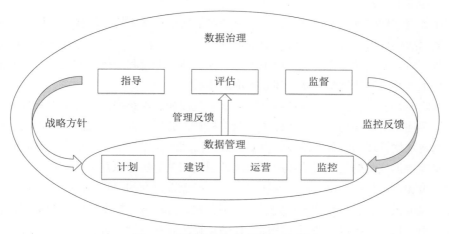

图 4-7　数据治理与数据管理的关系

4.6.2　数据治理的工作范围

数据治理的职能是指导所有其他数据管理领域的活动。数据治理的目的是确保根据数据管理制度和最佳实践正确地管理数据。数据管理的整体驱动力是确保组织可以从其数据中获得价值，而数据治理则聚焦于如何制定有关数据的决策，以及人员和流程在数据方面的行为方式。数据治理的工作范围和焦点依赖于组织需求，在我国首个数据治理标准 GB/T 34960.5—2018《信息技术服务　治理　第 5 部分：数据治理规范》中，对数据治理领域进行了细化，提出了数据治理的顶层设计、数据治理环境、数据治理域以及数据治理过程的总体框架，进一步明确了数据治理的工作内容和范围，具体如图 4-8 所示。

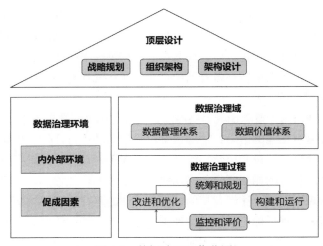

图 4-8　数据治理工作范围

1. 顶层设计

顶层设计包含数据相关的战略规划、组织架构和架构设计，是数据治理实施的基础。

（1）战略规划。数据战略规划应保持与业务规划、信息技术规划一致，并明确战略规划实施的策略，主要包括以下内容：

①理解业务规划和信息技术规划，调研需求并评估数据现状、技术现状、应用现状和环境；

②制定数据战略规划，包含但不限于愿景、目标、任务、内容、边界、环境和蓝图等；

③指导数据治理方案的建立，包含但不限于实施主体、责权利、技术方案、管控方案、实施策略和实施路线等，并明确数据管理体系和数据价值体系；

④明确风险偏好、符合性、绩效和审计等要求，监控和评价数据治理的实施并持续改进。

（2）组织架构。组织架构应聚焦责任主体及责权利，通过完善组织机制，获得利益相关方的理解和支持，制定数据管理的流程和制度，以支撑数据治理的实施，主要包括以下方面的内容：

①建立支撑数据战略的组织机构和组织机制，明确相关的实施原则和策略；

②明确决策和实施机构，设立岗位并明确角色，确保责权利的一致；

③建立相关的授权、决策和沟通机制，保证利益相关方理解、接受相应的职责和权利；

④实现决策、执行、控制和监督等职能，评估运行绩效并持续改进和优化。

（3）架构设计。架构设计应关注技术架构、应用架构和架构管理体系等，通过持续的评估、改进和优化，以支撑数据的应用和服务，主要包括以下方面的内容：

①建立与战略一致的数据架构，明确技术方向、管理策略和支撑体系，以满足数据管理、数据流通、数据服务和数据洞察的应用需求；

②评估数据架构设计的合理性和先进性，监督数据架构的管理和应用；

③评估数据架构的管理机制和有效性，并持续改进和优化。

2. 数据治理环境

数据治理环境包含内外部环境及促成因素，是数据治理实施的保障。

（1）内外部环境。组织应分析业务、市场和利益相关方的需求，适应内外部环境变化，支撑数据治理的实施，主要包括以下方面的内容：

①遵循法律法规、行业监管和内部管控，满足数据风险控制、数据安全和隐私的要求；

②遵从组织的业务战略和数据战略，满足利益相关方需求；

③识别并评估市场发展、竞争地位和技术变革等变化；

④规划并满足数据治理对各类资源的需求，包括人员、经费和基础设施等。

（2）促成因素。组织应识别数据治理的促成因素，保障数据治理的实施，主要内容包括：

①获得数据治理决策机构的授权和支持；

②明确人员的业务技能及职业发展路径，开展培训和能力提升；

③关注技术发展趋势和技术体系建设，开展技术研发和创新；

④制定数据治理实施流程和制度，并持续改进和优化；

⑤营造数据驱动的创新文化，构建数据管理体系和数据价值体系；

⑥评估数据资源的管理水平和数据资产的运营能力，不断提升数据应用能力。

3. 数据治理域

数据治理域包含数据管理体系和数据价值体系，是数据治理实施的对象。

（1）数据管理体系。组织应围绕数据标准、数据质量、数据安全、元数据管理和数据生存周期等，开展数据管理体系的治理，主要内容包括：

①评估数据管理的现状和能力，分析和评估数据管理的成熟度；

②指导数据管理体系治理方案的实施，满足数据战略和管理要求；

③监督数据管理的绩效和符合性，并持续改进和优化。

（2）数据价值体系。组织应围绕数据流通、数据服务和数据洞察等，开展数据资产运营和应用的治理，主要内容包括：

①评估数据资产的运营和应用能力，支撑数据价值转化和实现；

②指导数据价值体系治理方案的实施，满足数据资产的运营和应用要求；

③监督数据价值实现的绩效和符合性，并持续改进和优化。

4. 数据治理过程

数据治理过程包含统筹和规划、构建和运行、监控和评价以及改进和优化，是数据治理实施的方法。

（1）统筹和规划。明确数据治理的目标和任务，营造必要的治理环境，做好数据治理实施的准备，主要包括：

①评估数据治理的资源、环境和人员能力等现状，分析与法律法规、行业监管、业务发展以及利益相关方需求等方面的差距，为数据治理方案的制定提供依据；

②指导数据治理方案的制定，包括组织机构和责权利的规划、治理范围和任务的明确以及实施策略和流程的设计；

③监督数据治理的统筹和规划过程，保证现状评估的客观、组织机构设计的合理以及数据治理方案的可行。

（2）构建和运行。构建数据治理实施的机制和路径，确保数据治理实施的有序运行，主要内容包括：

①评估数据治理方案与现有资源、环境和能力的匹配程度，为数据治理的实施提供指导；

②制定数据治理实施的方案，包括组织机构和团队的构建，责权利的划分、实施路线图的制定、实施方法的选择以及管理制度的建立和运行等；

③监督数据治理的构建和运行过程，保证数据治理实施过程与方案的符合、治理资源的可用和治理活动的可持续。

（3）监控和评价。监控数据治理的过程，评价数据治理的绩效、风险与合规，保障数据治理目标的实现，包括：

①构建必要的绩效评估体系、内控体系或审计体系，制定评价机制、流程和制度；

②评估数据治理成效与目标的符合性，必要时可聘请外部机构进行评估，为数据治理方案的改进和优化提供参考；

③定期评价数据治理实施的有效性、合规性，确保数据及其应用符合法律法规和行业监管要求。

（4）改进和优化。改进数据治理方案，优化数据治理实施策略、方法和流程，促进数据治理体系的完善，包括：

①持续评估数据治理相关的资源、环境、能力、实施和绩效等，支撑数据治理体系的建设；

②指导数据治理方案的改进，优化数据治理的实施策略、方法、流程和制度，促进数据管理体系和数据价值体系的完善；

③监督数据治理的改进和优化过程，为数据资源的管理和数据价值的实现提供保障。

组织在开展数据治理工作时，应在组织内多个层次上实践数据管理，并参与组织变革管理工作，积极向组织传达改进数据治理的好处以及成功地将数据作为资产管理所必需的行为。对于多数组织而言，采用正式的数据治理需要进行组织变革管理，以及得到来自最高层管理者（C级别）的支持，如CRO（Chief Risk Officer，首席风险官）、CFO（Chief Finance Officer，首席财务官）或者CDO（Chief Data Officer，首席数据官）。

4.6.3　大数据治理概念

"大数据治理"不是一个横空出世的概念，它是在传统的数据治理基础上提出的适应大数据时代的产物。由于大数据治理是基于数据治理衍生出的概念，因此，二者存在着千丝万缕的联系，我们可以基于数据治理的概念，从阐述两者之间的区别和联系的角度来理解大数据治理的概念。

与传统数据相比，大数据的"4V"特征（数据量大、数据类型繁多、价值密度低和处理速度快）导致大数据治理范围更广、层次更高、需要的资源投入更多，从而导致在目的、权利层次等方面与数据治理有一定程度的区别，但是在治理对象、解决的实际问题等关于治理问题的核心维度上有一定的相似性，因此，下面主要从大数据治理目的、权利层次、对象和解决的实际问题4个维度对大数据治理和数据治理的概念内涵进行比较，如表4-3所示。

表4-3　大数据治理与数据治理的概念内涵比较

概念维度	大数据治理概念内涵	数据治理概念内涵
目的	鼓励"实现价值"和"管控风险"期望行为的发生，大数据治理更强调效益实现和管控风险	鼓励"实现价值"和"管控风险"期望行为的发生，数据治理更强调效率提升
权利层次	企业外部的大数据治理强调所有权分配；企业内部的大数据治理强调经营权分配	数据治理强调企业内部经营权分配
对象	权责安排，即决策权归属和责任担当	权责安排，即决策权归属和责任担当
解决的实际问题	有哪些决策；由谁来做决策；如何做出决策；如何对决策进行监控	有哪些决策；由谁来做决策；如何做出决策；如何对决策进行监控

总体而言，大数据治理与数据治理的区别和联系如下。

（1）大数据治理和数据治理的目的相同。大数据治理和数据治理的目的都是鼓励期望行为的发生，具体而言就是实现价值和管控风险，即如何从大数据中挖掘出更多有价值的信息，如何保证大

续表

数据使用的合规性，以及如何保证在大数据开发利用过程中不泄露用户隐私。在相同的目的下，数据治理和大数据治理还存在细微的差别：由于大数据具有多源数据融合的特性，数据源既包括企业内部的数据，也包括企业外部的数据，由此带来了较大的安全和隐私的风险；此外，需要企业进行大量投入才能满足对异构、实时和海量数据的处理需求，这也造成了大数据治理更强调效益实现。与此相对应，数据治理通常发生在企业内部，很难衡量其经济价值和经济效益，因此更强调内部效率提升；由于主要是内部数据，因而引发的安全和隐私的风险较小。因此，大数据治理更强调效益和风险管控，而数据治理更强调效率。

（2）大数据治理和数据治理的权利层次不同。大数据治理涉及企业内外部数据融合，旨在利用企业外部数据来提升企业价值，因此会涉及所有权分配问题，具体包括占有、使用、收益和处置4种权能在不同利益相关者之间的分配。而数据治理重点在于企业内部的数据融合，主要关注经营权分配问题。因此，大数据治理强调所有权和经营权分配，而数据治理主要关注经营权分配。

（3）大数据治理和数据治理的对象相同。二者都关注决策权分配，即决策权归属和责任担当。权利和责任匹配，是在权责分配的过程中必须要实现的一个原则，即具有决策权的主体也必须承担相应的责任。大数据治理模式存在多样性，不同类型的企业、不同时期的企业、不同产业的企业，其治理模式都可能不一样，但是无论何种治理模式，保证企业中行为人（包括管理者和普通员工）责、权、利的对应，是衡量治理绩效的重要标准。

（4）大数据治理和数据治理解决的实际问题相同。围绕着决策权归属和责任担当，产生了4个需要解决的实际问题：为了保证有效地管理和使用大数据，应该做出哪些范围的决策，由谁/哪些人决策，如何做出决策，如何监控这些决策。大数据治理和数据治理都面临着相同的问题，但是，由于大数据独有的特性，导致在解决这些问题的时候，大数据治理更复杂，因为大数据治理涉及的范围更广、技术更复杂、投入更多。

4.7　本章小结

国内外高校都十分重视学生数字素养的教育。数字素养的学习内容不仅包括复杂的大数据专业技能（比如编程语言、操作系统、网络、数据库、大数据处理架构等）的学习，而且包括大数据基础知识（比如大数据安全、大数据思维、大数据治理等）的学习。本章围绕非技术性内容做了大量的论述，详细讨论了大数据思维、数据共享、数据开放、大数据交易、大数据安全、大数据治理等内容。期望通过对这些内容的介绍，为培养学生的数字素养奠定坚实的基础。

4.8　习题

1. 请阐述传统的数据安全的威胁主要包括哪些。
2. 请阐述大数据安全与传统数据安全的不同。
3. 请列举几个大数据安全问题的实例。
4. 请阐述机械思维的核心思想。
5. 请阐述大数据时代为什么需要新的思维方式。
6. 请阐述大数据时代人类思维方式的转变主要体现在哪些方面。
7. 请根据自己的生活实践举出一个大数据思维的典型案例。

8. 请阐述为什么需要数据治理。

9. 请阐述数据治理的基本概念。

10. 请阐述数据治理的发展历程。

11. 请阐述数据治理在组织中的价值定位。

12. 请阐述数据治理与数据管理的关系。

13. 请阐述大数据治理的概念。

14. 请阐述大数据治理与数据治理的关系。

15. 请阐述什么是政府数据孤岛。

16. 请阐述什么是企业数据孤岛。

17. 请阐述政府数据孤岛产生的原因。

18. 请阐述企业数据孤岛产生的原因。

19. 请阐述消除数据孤岛对政府和企业的重要意义。

20. 请阐述政府开放数据的理论基础。

21. 请阐述政府信息公开与政府数据开放的联系与区别。

22. 请阐述政府数据开放的重要意义。

23. 请阐述交易平台包括哪些类型。

24. 请阐述交易平台的数据来源有哪些。

25. 请阐述交易平台的产品类型有哪些。

26. 请阐述大数据治理包括哪些关键领域。

27. 请阐述大数据生存周期管理主要包括哪些部分。

28. 请阐述大数据架构主要包括哪几个层次。

29. 请阐述大数据产生质量问题的具体原因有哪些。

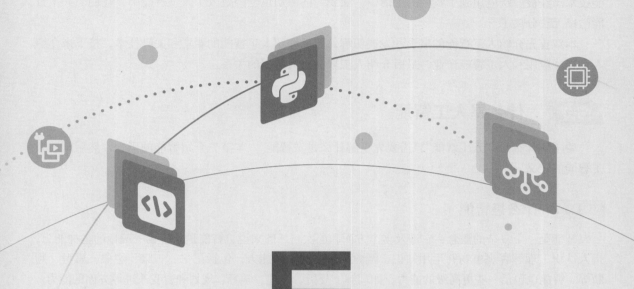

第 **5** 章

人工智能

这些年来，科技的发展非常迅速，由原先的信息时代迅速进入了智能时代，人工智能技术成了未来时代的主题。人工智能从20世纪50年代被明确提出，2016年3月，人工智能系统AlphaGo以4比1的总比分战胜人类围棋世界冠军、职业九段棋手李世石，引起世人对人工智能的瞩目。2023年，以ChatGPT为代表的"大模型"技术火遍全球，再度颠覆了人们对于人工智能的认知。今天，人工智能技术已经被广泛应用到了我们的生活中，而我们的一切也已经融入了人工智能中，我们与人工智能已经无法分离了。

本章首先介绍人工智能的概念和发展历程，然后介绍人工智能的要素和关键技术，接下来介绍人工智能应用和人工智能产业，最后介绍人工智能与大数据的关系。

5.1　什么是人工智能

要了解什么是"人工智能"，需要先了解什么是"智能"。本节先介绍智能的概念，然后阐述人工智能的定义。

5.1.1　什么是智能

智能是一个复杂的概念，它涉及多个方面和层次。一般来说，智能是指生物一般性的精神能力，指人认识、理解客观事物并运用知识、经验等解决问题的能力，包括记忆、观察、想象、思考、判断等。智能也包括一些更高级的能力，如理解、分析、推理、学习、规划和自我改进等方面的能力。

多元智能理论是由美国教育学家和心理学家霍华德·加德纳（Howard Gardner）博士提出的一种全新的关于人类智能结构的理论。这一理论认为，智能是一种创造力和解决问题的能力的体现，而智能本身是多元化的，每个人身上都存在着很多种类型的智能。

根据多元智能理论，每个人至少有7种智能，包括语言智能、数理逻辑智能、音乐智能、空间智能、身体运动智能、人际关系智能、自我认识智能，具体如下。

（1）语言智能。这种智能主要指个体在口头和书面语言方面的运用能力，包括听、说、读、写4种能力。这种智能表现为个体能够流畅、高效地使用语言来描述事件、表达思想并与人进行有效交流。作家、演讲家、记者、编辑、节目主持人、播音员和律师等职业对这种智能有着较高的要求。

（2）数理逻辑智能。这种智能是指有效地计算、测量、推理、归纳、分类并进行复杂数学运算的能力。从事与数字相关工作的专业人士，特别需要具备有效运用数字和推理的智能。他们通过推理来思考和学习，喜欢提出问题并进行实验以寻找答案；善于寻找事物的规律和逻辑顺序，并对科学的新发展保持浓厚的兴趣；同时善于寻找他人言谈和行为中的逻辑缺陷，并且更容易接受可被测量、归类和分析的事物。

（3）音乐智能。这种智能主要是指个体对音调、旋律、节奏和音色等音乐元素的敏锐感知能力。它表现为个人对音乐节奏、音调、音色和旋律的敏感，以及通过作曲、演奏和歌唱等方式来表达音乐的能力。这种智能在作曲家、指挥家、歌唱家、乐师、乐器制作者及音乐评论家等人员中都有出色的表现。

（4）空间智能。空间智能强调的是个体对色彩、线条、形状、形式、空间及其关系的敏感性，以及感受、辨别、记忆和改变物体空间关系的能力。这种智能通过平面图形和立体造型表现出来，并以此表达思想和情感。个体能够准确地感知视觉空间，并将其所感知到的表现出来。具有空间智能这种智能优势的人在学习时通常使用意象和图像进行思考。空间智能可以进一步划分为形象的空间智能和抽象的空间智能两种能力。形象的空间智能是画家的特长，而抽象的空间智能是几何学家的特长。建筑学家则同时具备形象和抽象的空间智能。

（5）身体运动智能。这种智能主要是指人调节身体运动及用巧妙的双手改变物体的技能。表现为能够较好地控制自己的身体，对事件能够做出恰当的身体反应以及善于利用身体语言来表达自己的思想。运动员、舞蹈家、外科医生、手艺人都有这种智能优势。

（6）人际关系智能。人际关系智能是指个体能够有效地理解他人及其关系，并具备与人交往的能力。这种智能包括以下四大要素：①组织能力，包括群体动员与协调能力，能够组织和指导团队，促进成员之间的合作和协作。②协商能力，指仲裁与排解纷争的能力，能够通过沟通和协商解决冲突，维护和谐的人际关系。③分析能力，指能够敏锐察知他人的情感动向与想法，了解他人的需求和感受，从而建立密切的关系。④人际联系，指对他人表现出关心，善解人意，适于团体合作的能力。具备人际关系智能的人能够在社交场合中表现出自信、善于沟通、善于表达情感，并且能够有效地处理人际关系中的各种问题。

（7）自我认识智能。这种智能主要是指个体能够认识到自己的能力，并准确认识自己的长处和短处。具备自我认识智能的人能够控制自己的情绪、意向、动机和欲望，对自己的生活有明确的规划和目标，能够保持自尊和自律，并能够吸收他人的优点。此外，他们会通过各种反馈渠道了解自己的优劣，经常静思以规划自己的人生目标。他们喜欢独处，以深入自我思考的方式来看待问题；喜欢独立工作，并拥有自我选择的自由空间。这种智能在政治家、哲学家、心理学家和教师等人员中都有出色的表现。

5.1.2　人工智能的定义

人工智能目前还没有统一的定义。麦卡锡（McCarthy）认为，人工智能就是要让机器的行为看起来像是人所表现出的智能行为一样。尼尔森（Nilsson）认为，人工智能是关于人造物的智能行为，包括知觉、推理、学习、交流和在复杂环境中的行为。巴尔（Barr）和费根鲍姆（Feigenbaum）认为，人工智能属于计算机科学的一个分支，旨在设计智能的计算机系统，也就是说，对照人类在自然语言理解、学习、推理问题求解等方面的智能行为，设计的系统应呈现出与之类似的特征。

本书认为人工智能是研究、开发用于模拟、延伸和扩展人的智能的理论、方法、技术及应用系统的一门新的技术科学。人工智能知识体系涉及多个学科，包括数学、逻辑学、归纳学、统计学、系统学、控制学、计算机科学等。

5.1.3　强人工智能与弱人工智能

强人工智能是指能够完全取代人类工作的人工智能，它具有自我思考和学习能力，能够模仿人类的决策和行为。强人工智能的目标是创造能够像人类一样思考和感知的智能机器。与弱人工智能不同，强人工智能具有适应性、创造性和自主性等特点，能够处理复杂的问题，并提供创新的解决方案。它使用一系列的算法和技术，如机器学习、深度学习、自然语言处理、计算机视觉等，来模拟人类的思维和行为。

弱人工智能是指不能制造出真正地推理和解决问题的智能机器，这些机器只不过看起来像是智能的，但并不具备真正的智能和自主意识。

弱人工智能有许多应用，包括问题求解、逻辑推理与定理证明、自然语言理解、专家系统、机器学习、人工神经网络、机器人学、模式识别、机器视觉等。在图像识别领域，基于深度学习的人脸识别、物体识别、行为识别等，在医疗、交通、教育等行业都有广泛的用途，能够有效提高安全防范水平，打击犯罪和恐怖主义，惩治交通违法行为，提升交通安全水平等。"深度学习+数据"模式在文学创作、司法审判、新闻编辑、音乐和美术作品创作等方面也有惊人的表现，能够极大地提升工作效率和质量，降低人类的工作强度，激发人类的创作灵感，创作出更好的作品。

5.2　人工智能的发展历程

人工智能自从1956年诞生以来，其发展过程颇为坎坷，目前正处于蓬勃发展期。

5.2.1　图灵测试

1950年，"计算机之父"和"人工智能之父"艾伦·M.图灵（Alan M. Turing）发表了论文《计算机器与智能》，这篇论文被誉为人工智能科学的开山之作。在论文的开篇，图灵提出了一个引人深思的问题："机器能思考吗？"。这个问题激发了人们无尽的想象，同时也奠定了人工智能的基本概念和雏形。

在这篇论文中，图灵提出了鉴别机器是否具有智能的方法，这就是人工智能领域著名的"图灵测试"。如图5-1所示，其基本思想是测试者在与被测试者（一个人和一台机器）隔离的情况下，通过一些装置（如键盘）向被测试者随意提问。在进行多次测试后，如果机器让测试者做出超过30%的误判，那么这台机器就通过了测试，并被认为具有人类智能。

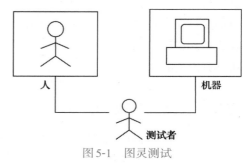

图5-1　图灵测试

5.2.2　人工智能的诞生

人工智能的诞生可以追溯到20世纪50年代。当时，计算机科学刚刚起步，人们开始尝试通过计算机程序来模拟人类的思维和行为。在这个背景下，一些杰出的科学家和工程师开始研究如何使计算机具备更高级的功能。

1956年8月，在美国达特茅斯学院举办的人工智能夏季研讨会（即达特茅斯会议），是人工智能领域具有里程碑意义的一次重要会议。这次会议汇聚了众多杰出的科学家和工程师，他们共同探讨和研究人工智能的发展和应用前景。

这次会议的主题围绕着人工智能的定义、研究方法和应用场景展开。与会者深入探讨了人工智能的基本概念、算法和技术，以及其在各个领域的应用潜力。他们共同认识到，人工智能的研究和发展将为人类带来巨大的变革和进步。

在这次会议上，"人工智能"这个词汇被约翰·麦卡锡（John McCarthy）首次提出。与会者不仅对人工智能的研究和应用前景进行了深入探讨，还提出了许多重要的观点和思路，为人工智能的发展奠定了基础。这次会议的召开标志着人工智能作为一个独立学科的正式诞生，因此，达特茅斯会议被称为"人工智能的开端"，1956年也被称为"人工智能元年"。这次会议不仅为人工智能的研究和发展奠定了基础，还为人类带来了巨大的变革和进步。

5.2.3　人工智能的发展阶段

从1956年人工智能元年至今，人工智能的发展历程大致可以划分为以下6个发展阶段（见图5-2）。

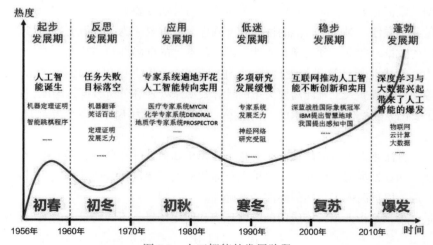

图5-2　人工智能的发展阶段

（1）起步发展期。这个阶段主要是20世纪50年代中期到20世纪60年代初期，人工智能的研究刚刚起步，取得了一定的研究成果，比如机器定理证明、智能跳棋程序等。这个阶段的研究成果比较有限，但是为后续的研究奠定了基础。

（2）反思发展期。这个阶段主要是20世纪60年代初期到20世纪70年代初期，人工智能的研究遭遇了瓶颈，许多项目失败，人们对人工智能的期望开始降低。这个阶段的研究开始反思人工智能的局限性和存在的问题，开始探索新的方法和思路。

（3）应用发展期。这个阶段主要是20世纪70年代初期到20世纪80年代中期，人工智能开始应用于各个领域，如自然语言处理、图像处理、机器翻译等。这个阶段的研究主要集中在应用领域，为人工智能的实际应用提供了支持。

（4）低迷发展期。这个阶段主要是20世纪80年代中期到20世纪90年代中期，人工智能在实际应用中的效果不佳，研究热度逐渐降低。这个阶段的研究主要集中在算法和技术的优化上，但进展比较缓慢。

（5）稳步发展期。这个阶段主要是20世纪90年代中期到2010年，随着计算机性能和数据处理能力的提高，人工智能的研究和应用逐渐进入稳步发展阶段。这个阶段的研究主要集中在深度学习、自然语言处理、计算机视觉等领域，取得了许多重要的成果。

（6）蓬勃发展期。这个阶段主要是2011年至今，随着互联网、云计算、物联网、大数据等信息技术的发展，泛在感知数据和图形处理单元（Graphics Processing Unit，GPU）等计算平台推动以深度神经网络为代表的人工智能技术飞速发展，大幅跨越科学与应用之间的"技术鸿沟"，图像分类、语音识别、知识问答、人机对弈、无人驾驶等具有广阔应用前景的人工智能技术，实现了从"不能用、不好用"到"可以用"的突破，人工智能发展进入爆发式增长的新高潮。

5.3　人工智能的要素

人工智能的4个要素包括数据、算力、算法和场景。人工智能的智能都蕴含在大数据中，数据量越大，智能程度越高；算力为人工智能提供了基本的计算能力的支撑；算法是实现人工智能的根本途径，是挖掘数据智能的有效方法；数据、算力、算法作为输入，只有在实际的场景中进行输出，才能体现出实际价值。具体说明如下。

（1）数据。数据是人工智能的基础，因为机器学习算法需要大量的数据进行训练和优化。数据的质量、数量和多样性，对人工智能的性能和准确性至关重要。为了获得更好的结果，需要收集和整合各种来源的数据，并进行预处理和清洗，以确保数据的准确性和一致性。

（2）算力。算力是指计算机的处理能力，包括CPU、GPU、TPU（Tensor Processing Unit，张量处理器）等硬件设备。人工智能需要大量的计算资源来处理和分析数据，因此，算力是影响人工智能发展的重要因素之一。随着技术的不断发展，计算机的算力不断提高，为人工智能的发展提供了更好的支持。

（3）算法。算法是人工智能的核心，是指引计算机如何处理和分析数据的指令。不同的算法适用于不同的任务和数据类型，因此，需要根据具体的应用场景选择合适的算法。同时，算法也需要不断优化和改进，以提高人工智能的性能和准确性。

（4）场景。场景是指人工智能应用的具体环境和使用场景。不同场景下的人工智能应用需要不同的技术和解决方案。在医疗领域，人工智能可以用于疾病诊断和治疗方案的制定；在交通领域，人工智能可以用于交通管理和优化；在教育领域，人工智能可以用于教学辅助和学生评估等。因此，场景的选择和使用对于人工智能的发展和应用至关重要。

总之，数据、算力、算法和场景是人工智能的4个要素，它们相互关联、相互影响，共同构成了人工智能的基础和应用。

5.4 人工智能关键技术

目前，人工智能包含机器学习、知识图谱、自然语言处理、人机交互、计算机视觉、生物特征识别、虚拟现实/增强现实这7个关键技术。

5.4.1 机器学习

机器学习（Machine Learning）是一门涉及统计学、系统辨识、逼近理论、神经网络、优化理论、计算机科学、脑科学等诸多领域的交叉学科，研究计算机怎样模拟或实现人类的学习行为，以获取新的知识或技能。基于数据的机器学习是现代智能技术中的重要方法之一，从观测数据（样本）出发寻找规律，利用这些规律对未来数据或无法观测的数据进行预测。

机器学习强调3个关键词：算法、经验、性能，其处理过程如图5-3所示。在数据的基础上，通过算法构建出模型并对模型进行评估。评估后，如果模型的性能达到要求，就用该模型来测试其他的数据；如果达不到要求，就要调整算法来重新建立模型，再次进行评估。如此循环往复，最终获得满意的模型来处理其他数据。机器学习技术和方法已经被成功应用到多个领域，比如个性推荐系统、金融反欺诈、语音识别、自然语言处理和机器翻译、模式识别、智能控制等。

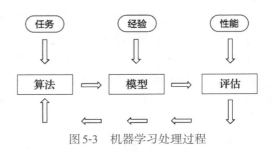

图5-3 机器学习处理过程

机器学习模型的发展经历了传统机器学习模型、深度学习模型、超大规模深度学习模型 3 个阶段。

（1）传统机器学习模型阶段。20 世纪 90 年代初，机器学习模型主要以逻辑回归、神经网络、决策树等为代表。传统机器学习模型最大的特点是模型规模较小，只能处理较小的数据集。

（2）深度学习模型阶段。简单来说，深度学习就是一种为了让多层神经网络可以训练和运行起来而演化出的一系列的新的结构和方法。深度学习模型的兴起可以追溯至 20 世纪 80 年代。但是受制于当时的硬件和软件，深度学习模型未能被广泛应用。直到近年来，随着计算机硬件和软件的发展，深度学习模型得到了广泛应用。深度学习模型的代表包括卷积神经网络（Convolution Neural Network, CNN）、循环神经网络（Recurrent Neural Network, RNN）、深度信念网络（Deep Belief Network, DBN）等。

（3）超大规模深度学习模型阶段（即大模型阶段）。随着深度学习模型在各个领域的成功应用，人们开始关注如何将深度学习模型扩大到更大的规模。学者们开始尝试训练更大的深度学习模型，因此超大规模深度学习模型应运而生，其包含百亿级别的参数，需要在超级计算机上进行训练，需要消耗大量的时间和能源。但是，超大规模深度学习模型的出现，为机器学习应用带来了更多的可能性。

大模型是目前机器学习领域的热门技术。大模型具有以下优点。

（1）处理大规模数据能力强。大模型可以处理海量数据，从而提高机器学习模型的准确性和泛化能力。

（2）处理复杂问题能力强。大模型具有更高的复杂度和更强的灵活性，可以处理更加复杂的问题。

（3）具有更高的准确率和更强的性能。大模型具有更多的参数和更为复杂的结构，能够更加准确地表达数据分布和学习到更复杂的特征，从而提高模型的准确率和性能。

大模型的主要应用场景如下。

（1）自然语言处理。大模型在机器翻译、文本生成、情感分析等任务中取得了显著的突破。它可以理解上下文、抓取语义，并生成准确、流畅的文字内容。

（2）计算机视觉。大模型在图像识别、目标检测、图像生成等领域表现出色。它能够识别复杂的图像内容、提取关键特征，并生成逼真的图像。

典型的大模型产品包括 ChatGPT、文心一言、通义千问、讯飞星火等。

大模型已经成为人工智能的前沿技术，本书第 6 章将会对大模型进行详细介绍。

5.4.2　知识图谱

知识图谱（Knowledge Graph）又称为科学知识图谱，在图书情报界称为知识域可视化或知识领域映射地图，是显示知识发展进程与结构关系的一系列各种不同的图形，即用可视化技术描述知识资源及其载体，挖掘、分析、构建、绘制和显示知识及它们之间的相互联系。

现实世界中的很多场景都非常适合用知识图谱来表达。如图 5-4 所示，一个社交网络图谱里，既可以包含"人"的实体，也可以包含"公司"实体。人和人之间的关系可以是"朋友"，也可以是"同事"。人和公司之间的关系可以是"现任职于"或者"曾任职于"的关系。类似地，一个风控知识图谱可以包含"电话""公司"实体，电话和电话之间的关系可以是"通话"，而且每个公司也会有固定的电话。

知识图谱可用于反欺诈、不一致性验证、组团欺诈等公共安全保障领域，需要用到异常分析、静态分析、动态分析等数据挖掘方法。特别地，知识图谱在搜索引擎、可视化展示和精准营销方面有很大的优势，已成为业界的热门工具。但是，知识图谱的发展还有很大的挑战，如数据的噪声问题，即数据本身有错误或者存在冗余。随着知识图谱应用的不断深入，还有一系列关键技术需要突破。

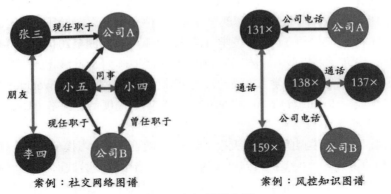

图5-4　知识图谱案例

5.4.3　自然语言处理

自然语言处理是计算机科学领域与人工智能领域中的一个重要方向，研究能实现人与计算机之间用自然语言进行有效通信的各种理论和方法。自然语言处理是一门将语言学、计算机科学、数学融于一体的科学，其与语言学的研究有着密切的联系，但又有重要的区别。自然语言处理并不是一般地研究自然语言，而是研制能有效地实现自然语言通信的计算机系统，特别是其中的软件系统。

自然语言处理的应用包罗万象，例如机器翻译、手写体和印刷体字符识别、语音识别、信息检索、信息抽取与过滤、文本分类与聚类、舆情分析和观点挖掘等，它涉及与语言处理相关的数据挖掘、机器学习、知识获取、知识工程、人工智能研究和与语言计算相关的语言学研究等。

5.4.4　人机交互

人机交互是一门研究系统与用户之间的交互关系的学科。系统可以是各种各样的机器，也可以是计算机化的系统和软件。人机交互界面通常是指用户可见的部分。用户通过人机交互界面与系统交流，并进行操作。人机交互是与认知心理学、人机工程学、多媒体技术、虚拟现实技术等密切相关的综合学科。传统的用户与计算机之间的信息交换主要依靠交互设备进行，交互设备主要包括键盘、鼠标、操纵杆、数据服装、眼动跟踪器、位置跟踪器、数据手套、压力笔等输入设备，以及打印机、绘图仪、显示器、头盔式显示器、音箱等输出设备。人机交互技术除了传统的基本交互和图形交互，还包括语音交互、情感交互、体感交互及脑机交互等技术。

人机交互具有广泛的应用场景，比如，日本建成了一栋应用人机交互技术的住宅（见图5-5），在该住宅中，人们通过意念（不用手）就能自由操控家用电器。该住宅旨在帮助残疾人及老年人创造便捷的生活环境。用户头部戴着的是应用人机交互技术的特殊装置，该装置通过读取用户脑部血流的变化及脑波变动数据实现无线通信。连接网络的计算机通过识别装置发来的无线信号向机器传输指令。目前此装置判断的准确率达70%~80%，且从人的意识出现开始，最短6.5s内机器就可进行识别。

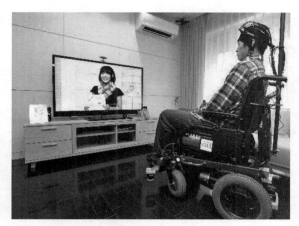

图5-5 日本推出可通过意念操控家电的人机交互住宅

5.4.5 计算机视觉

计算机视觉是一门研究如何使机器"看"的科学,更进一步地说,是指用摄影机和计算机代替人眼对目标进行识别、跟踪和测量的机器视觉,并进一步做图像处理,获得更适合人眼观察或传送给仪器检测的图像,依靠计算机视觉技术自动识别室内物体和人如图5-6所示。计算机视觉既是工程领域,也是科学领域中的一个富有挑战性的重要研究领域。计算机视觉是一门综合性的学科,它已经吸引了来自各个学科的研究者加入对它的研究之中,其中包括计算机科学和工程、信号处理、物理学、应用数学和统计学、神经生理学和认知科学等。根据所要解决的问题,计算机视觉可分为计算成像学、图像理解、三维视觉、动态视觉和视频编解码五大类。

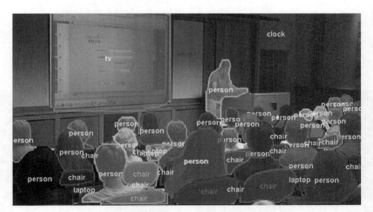

图5-6 依靠计算机视觉技术自动识别室内物体和人

计算机视觉研究领域已经衍生出了一大批快速成长的、有实际作用的应用,示例如下。

• 人脸识别:Snapchat 和 Facebook 使用人脸检测算法来识别人脸。

• 图像检索:谷歌图片使用基于内容的查询来搜索相关图片,算法分析查询图像中的内容并根据最佳匹配内容返回结果。

• 游戏和控制:微软使用立体视觉开发了游戏应用产品 Kinect。

• 监测:用于监测可疑行为的监视摄像头遍布于各大公共场所中。

• 智能汽车:计算机视觉是检测交通标志、灯光和其他视觉特征的主要信息来源。

5.4.6 生物特征识别

在当今这个信息化时代，如何准确鉴定一个人的身份、保护信息安全，已成为一个必须解决的关键社会问题。传统的身份认证存在相关证件易伪造和丢失等缺点，越来越难以满足社会的需求，目前最为便捷与安全的解决方案无疑就是应用生物特征识别技术。它不但简洁、快速，而且利用它进行身份的认定更加安全、可靠、准确，同时更易于配合计算机和安全、监控、管理系统整合，实现自动化管理。由于生物特征识别技术具有广阔的应用前景、巨大的社会效益和经济效益，已引起各国的广泛关注和高度重视。生物特征识别技术涉及的内容十分广泛，包括指纹、掌纹、人脸（见图5-7）、虹膜、指静脉、声纹、步态等多种生物特征，其识别过程涉及图像处理、计算机视觉、语音识别、机器学习等多项技术。目前，生物特征识别技术作为重要的智能化身份认证技术，在金融、公共安全、教育、交通等领域得到广泛的应用。

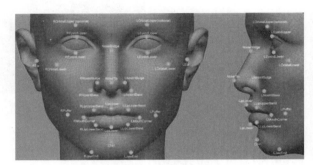

图5-7　人脸识别技术

5.4.7 虚拟现实/增强现实

虚拟现实（Virtual Reality, VR）/增强现实（Augmented Reality, AR）是以计算机为核心的新型视听技术，其结合相关科学技术，在一定范围内生成与真实环境在视觉、听觉、触感等方面高度近似的数字化环境。用户借助必要的装备与数字化环境中的对象进行交互、相互影响，获得近似真实环境的感受和体验，如图5-8所示，其中会综合运用显示设备、跟踪定位设备、触力觉交互设备、数据获取设备、专用芯片等。

比如，谷歌推出了一款内嵌在虚拟现实头戴式设备HTC Vive中的画图应用——Tilt Brush，用户通过Tilt Brush就可利用虚拟现实技术在三维空间里进行绘画（见图5-9）。

图5-8　采用虚拟现实技术的虚拟弓箭

图5-9　利用Tilt Brush在三维空间里绘画

5.5 人工智能应用

人工智能与各领域的深度融合将改变甚至重新塑造传统行业。人工智能已经被广泛应用于制造、家居、金融、交通、安防、医疗、物流、零售等各个领域，对人类社会的生产和生活产生了深远的影响。

5.5.1　智能制造

智能制造（Intelligent Manufacturing, IM）是一种由智能机器和人类专家共同组成的人机一体化智能系统，它在制造过程中能进行智能活动，诸如分析、推理、判断、构思和决策等，智能制造车间如图 5-10 所示。人与智能机器的合作共事，可扩大、延伸和部分地取代人类专家在制造过程中的脑力劳动。智能制造把制造自动化的概念更新扩展到柔性化、智能化和高度集成化。

图 5-10　智能制造车间

智能制造对人工智能的需求主要表现在以下 3 个方面：一是智能装备，包括自动识别设备、人机交互系统、工业机器人及数控机床等具体设备，涉及跨媒体分析与推理、自然语言处理、虚拟现实智能建模及自主无人系统等关键技术；二是智能工厂，包括智能设计、智能生产、智能管理及集成优化等具体内容，涉及跨媒体分析与推理、大数据智能、机器学习等关键技术；三是智能服务，包括大规模个性化定制、远程运维及预测性维护等具体服务模式，涉及跨媒体分析与推理、自然语言处理、大数据智能、高级机器学习等关键技术。

5.5.2　智能家居

智能家居通过物联网技术将家中的各种设备（如音视频设备、照明系统、窗帘控制系统、空调控制系统、安防系统、数字影院系统、影音服务器及网络家电等）连接到一起，提供家电控制、照明控制、电话远程控制、室内外遥控、防盗报警、环境监测、暖通控制、红外遥控及可编程定时控制等多种功能，智能家居示意如图 5-11 所示。与普通家居相比，智能家居不仅具有传统的居住功能，还兼备网络通信、设备自动化等，提供全方位的信息交互功能，甚至能节省各种能源费用。例如，借助智能语音技术，用户应用自然语言即可实现对家居系统各设备的操控，如开关窗帘、操控家用电器和照明系统、打扫卫生等操作；借助机器学习技术，智能电视可以从用户看电视的历史数据中

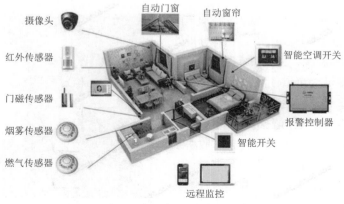

图 5-11　智能家居示意

分析其兴趣和爱好，并将相关的节目推荐给用户；通过应用声纹识别、脸部识别、指纹识别等技术进行开锁等。

5.5.3 智能金融

智能金融即人工智能与金融的全面融合，以人工智能、大数据、云计算、区块链等高新科技为核心要素，全面赋能金融机构，提升金融机构的服务效率，拓展金融服务的广度和深度，使得全社会都能获得平等、高效、专业的金融服务，实现金融服务的智能化、个性化、定制化。人工智能技术在金融业中可以用于服务客户，支持授信、金融交易和金融分析中的决策，也可以用于风险防控和监督，使得金融服务更加个性化与智能化。智能金融对于金融机构的业务部门来说，可以帮助获客，精准服务客户，提高效率；对于金融机构的风控部门来说，可以完善风险控制，提高安全性；对于用户来说，可以实现资产优化配置，体验到金融机构更加完美的服务。人工智能在金融领域的典型应用如下。

（1）智能获客。依托大数据对金融用户进行画像，通过需求响应模型，极大地提升获客效率。

（2）身份识别。以人工智能为内核，通过人脸识别、声纹识别、指静脉识别等生物识别手段，再加上OCR（Optical Character Recognition，光学字符识别）等技术手段，对用户身份进行验证，大幅降低核验成本，有助于提高安全性。

（3）大数据风控。通过将大数据、算力、算法相结合，搭建反欺诈、信用风险等模型，从多维度控制金融机构的信用风险和操作风险，同时避免资产损失。

（4）智能投资顾问。基于大数据和算法，对用户信息与资产信息进行标签化，精准匹配用户与资产。

（5）智能客服。基于自然语言处理能力和语音识别能力，拓展客服领域的深度和广度，大幅降低服务成本，提升服务体验。

（6）金融云。依托云计算，为金融机构提供更安全高效的全套金融解决方案。

5.5.4 智能交通

智能交通系统（Intelligent Traffic System, ITS）是未来交通系统的发展方向，它是将先进的信息技术、数据通信传输技术、电子传感技术、控制技术及计算机技术等有效地集成并运用于整个地面交通管理系统而建立的一种在大范围内、全方位发挥作用的，实时、准确、高效的综合交通运输管理系统。

例如通过交通信息采集系统采集某道路的车辆流量、车辆速度等信息（见图5-12），经信息分析处理系统处理后形成实时路况，决策系统据此调整道路红绿灯时长，调整可变车道或潮汐车道的通行方向等，由信息发布系统将路况推送到导航软件和广播中，让人们合理规划行驶路线。通过ETC（Electronic Toll Collection），即电子不停车收费系统，实现对通过ETC入口的车辆身份及信息进行自动采集、处理、收费和放行，有效提高通行能力、简化收费管理、降低环境污染。

图5-12　智能采集道路上的车辆信息

　　人工智能在自动驾驶领域也得到了广泛的应用，主要体现在以下几个方面。

　　（1）感知和理解：通过机器视觉技术和深度学习技术，自动驾驶车辆可以实现对周围环境的感知和理解。这包括识别道路标记、交通信号、障碍物、行人等，以及理解道路的几何形状和交通规则。

　　（2）预测和预测：人工智能技术可以对车辆周围环境的未来状态进行预测，包括其他车辆的行驶轨迹、行人的行动意图等。这有助于自动驾驶车辆做出更准确的决策，提高行驶的安全性和效率。

　　（3）控制和执行：基于对环境的理解和预测，自动驾驶车辆可以生成控制指令，控制车辆的转向、加速、制动等，以实现安全、高效、舒适的行驶。

5.5.5　智能安防

　　智能安防技术随着科学技术的发展与进步，已迈入了一个全新的领域，智能安防技术与计算机技术之间的界限正在逐步消失，若没有安防技术，社会就容易不安宁，世界科学技术的发展就会受到影响。

　　物联网技术的普及应用，使得城市的安防从过去简单的安全防护系统向城市综合化体系演变，城市的安防项目涵盖众多的领域，有街道社区、楼宇建筑、银行邮局、道路监控、机动车辆、警务人员、移动物体、船只等。特别是针对重要场所，如机场、码头、水电厂、桥梁大坝、河道、地铁等场所，在引入物联网技术后，可以通过无线移动、跟踪定位等手段建立全方位的立体防护。智能安防是兼顾了整体城市管理系统、环保监测系统、交通管理系统、应急指挥系统等应用的综合体系。随着车联网的兴起，在公共交通管理、车辆事故处理、车辆偷盗防范上可以更加快捷、准确地进行跟踪定位处理。还可以随时随地通过车辆获取更加精准的灾难事故信息、道路流量信息、车辆位置信息、公共设施安全信息、气象信息等。

5.5.6　智能医疗

　　智能医疗通过打造健康档案区域医疗信息平台，利用先进的物联网技术，实现患者与医务人员、医疗机构、医疗设备之间的互动，逐步实现信息化。近几年，智能医疗在辅助诊疗、疾病预测、医疗影像辅助诊断、药物开发等方面发挥重要作用。在不久的将来，医疗行业将融入人工智能、传感技术等科学技术，使医疗服务走向真正意义的智能化，推动医疗事业的高质量发展。在中国"新医改"的大背景下，智能医疗正在走进寻常百姓的生活。

　　随着人均寿命的延长和人们对健康的关注，现代社会人们需要更好的医疗系统。远程医疗（见图5-13）、电子医疗（e-Health）就显得至关重要。借助于物联网/云计算技术、人工智能的专家系统、嵌入式系统的智能化设备，可以构建完善的物联网医疗体系，使全民享受优质的医疗服务，解决或减少由于医疗资源缺乏导致的看病难、医患关系紧张等现象。

图 5-13　远程医疗

5.5.7　智能物流

　　传统物流企业利用条形码、射频识别技术、传感器、GPS等优化、改善运输、仓储、配送装卸等物流业基本活动，同时也在尝试使用智能搜索、推理规划、计算机视觉以及智能机器人等技术，实现货物运输过程的自动化运作和高效率优化管理，提高物流运输效率。例如，在仓储环节，利用大数据智能通过分析大量历史库存数据，建立相关预测模型，实现物流库存商品的动态调整。大数据智能也可以支撑商品配送规划，进而实现物流供给与需求匹配、物流资源优化与配置等。京东自主研发的无人仓（见图5-14），采用大量智能物流机器人进行协同与配合，通过人工智能、深度学习、图像智能识别、大数据应用等技术，让工业机器人可以进行自主的判断和行为，完成各种复杂的任务，在商品分拣、运输、出库等环节实现自动化，大大减少了订单出库时间，使物流仓库的存储密度、搬运的速度、拣选的精度均有大幅度提升。

图 5-14　京东自主研发的无人仓

5.5.8　智能零售

　　人工智能在零售领域的应用已经十分广泛，无人超市（见图5-15）、智慧供应链、客流统计等都是热门的应用方向。比如，将人工智能技术应用于客流统计，通过人脸识别功能，门店可以从顾客的性别、年龄、表情，以及新老顾客、滞留时长等维度，建立到店用户画像，为调整运营策略提供数据基础，帮助门店运营从匹配真实到店客流的角度提升转换率。

图 5-15　无人超市

5.6　人工智能产业

　　人工智能的核心业态包括智能基础设施建设、智能信息及数据、智能技术服务、智能产品4个方面。

5.6.1　智能基础设施建设

　　智能基础设施为人工智能产业提供计算能力支撑，包括智能芯片、智能传感器、分布式计算框架等，是人工智能产业发展的重要保障。

　　（1）智能芯片。在大数据时代，数据规模急剧膨胀，人工智能发展对计算性能的要求迫切增长。同时，受限于技术原因，传统处理器性能的提升遭遇了"天花板"，无法继续按照摩尔定律保持增长，因此，发展下一代智能芯片势在必行。未来的智能芯片主要是朝两个方向发展：一是模仿人类大脑结构的芯片，二是量子芯片。

　　（2）智能传感器。智能传感器是具有信息处理功能的传感器。智能传感器带有微处理器，具有采集、处理、交换信息的能力，是传感器集成化与微处理器相结合的产物。与一般传感器相比，智能传感器具有以下3个优点：通过软件技术可实现高精度的信息采集，而且成本低；具有一定的编程自动化能力；功能多样化。随着人工智能应用领域的不断拓展，市场对传感器的需求将不断增多，未来，高敏度、高精度、高可靠性、微型化、集成化将成为智能传感器发展的重要趋势。

　　（3）分布式计算框架。面对海量的数据处理、复杂的知识推理，常规的单机计算模式已经难以支撑，分布式计算的兴起成为必然的结果。目前流行的分布式计算框架包括Hadoop、Spark、Storm、Flink等。

5.6.2　智能信息及数据

信息、数据是人工智能创造价值的关键要素之一。得益于庞大的人口和产业基数，我国在数据方面具有天然的优势，并且在数据的采集、存储、处理和分析等领域产生了众多的企业。目前，在人工智能数据采集、存储、处理和分析方面的企业主要有两种：一种是数据集提供商，其主要业务是为不同领域的需求方提供机器学习等技术所需要的数据集；另一种是数据采集、存储、处理和分析综合性厂商，这种企业自身拥有获取数据的途径，可以对采集到的数据进行存储、处理和分析，并把分析结果提供给需求方。

5.6.3　智能技术服务

智能技术服务主要关注如何构建提供人工智能的技术平台，并对外提供人工智能相关的服务。智能技术服务在人工智能产业链中处于关键位置，依托基础设施和大量的数据，为各类人工智能应用提供关键性的技术平台、解决方案和服务。目前提供的智能技术服务包括以下几类。

（1）提供人工智能技术平台及算法模型。为用户提供人工智能技术平台及算法模型，用户可以在平台之上通过一系列的算法模型来进行应用开发。

（2）提供人工智能的整体解决方案。把多种人工智能算法模型以及软件/硬件环境集成到解决方案中，从而帮助用户解决特定的行业问题。

（3）提供人工智能在线服务。依托已有的云计算和大数据应用的用户资源，聚集用户的需求和行业属性，为客户提供多类型的人工智能服务。

5.6.4　智能产品

智能产品是指将人工智能领域的技术成果集成化、产品化，具体的分类如表5-1所示。

表5-1　智能产品分类及典型产品示例

分类		典型产品示例
智能机器人	工业机器人	焊接机器人、喷涂机器人、搬运机器人、加工机器人、装配机器人、清洁机器人及其他工业机器人
	个人/家用服务机器人	家政服务机器人、教育娱乐服务机器人、养老助残服务机器人、个人运输服务机器人、安防监控服务机器人
	公共服务机器人	酒店服务机器人、银行服务机器人、场馆服务机器人、餐饮服务机器人
	特种机器人	极限作业机器人、康复辅助机器人、农业（包括农林牧副渔）机器人、水下机器人、军用和警用机器人、电力机器人、石油化工机器人、矿业机器人、建筑机器人、物流机器人、安防机器人、清洁机器人、医疗服务机器人及其他非结构和非家用机器人
智能运载工具	自动驾驶汽车	
	轨道交通系统	
	无人机	无人直升机、多旋翼无人机、无人飞艇、无人伞翼机
	无人船	

续表

分类	典型产品示例	
智能终端	智能手机	
	车载智能终端	
	可穿戴终端	智能手表、智能耳机、智能眼镜
自然语言处理	机器翻译	
	机器阅读理解	
	问答系统	
	智能搜索	
计算机视觉	图像分析仪、视频监控系统	
生物特征识别	指纹识别系统	
	人脸识别系统	
	虹膜识别系统	
	指静脉识别系统	
	DNA、步态、掌纹、声纹等其他生物特征识别系统	
VR/AR	PC端VR头显、AR眼镜	
人机交互	语音交互	个人助理
		语音助手
		智能客服
	AI心理辅导小程序	
	智能灯光系统、智能健身交互	
	脑控打字系统、脑控游戏设备	

5.7 智能体

随着制造强国、网络强国、数字中国建设进程的加快，制造、家居、金融、交通、安防、医疗、物流等领域对人工智能技术和产品的需求将进一步释放，相关智能产品的种类和形态也将越来越丰富。

智能体是指能够感知环境并采取行动以实现特定目标的实体，其运作机制包括理解、规划、反思和进化，能让机器像人一样思考和行动，自主调用工具完成复杂任务。智能体的最大特点是自主性，即在无需人类干预的情况下，根据外部传感器或数据输入自主做出决策并执行相应动作。这一特点使得智能体能够适应多变的环境，更高效、更智能地执行任务。

在人工智能的发展历程中，从最初的规则系统到后来的机器学习模型，再到具备自主性的智能体，技术发展不断推动着人工智能应用拓展边界。自主性智能体的出现，让人工智能从被动响应向主动决策转变，是人工智能应用落地的重要一步。智能体也将作为推动人工智能的重要应用形态，帮助人们生产制造和社会生活，向更加智能、自动、高效的方向迈进。

例如在工业生产领域，智能体将改变传统生产模式，显著提升自动化生产水平。智能体能够自主监控生产线，实时调整生产参数，优化生产流程，甚至在检测到异常时让生产线自动停机进行故障诊断和修复。这种自主性不仅提高了生产效率和产品质量，还降低了人工成本和生产风险。在科技研发领域，智能体能够自主进行实验设计、数据分析和结果验证，甚至自主改进实验方案。这将极大缩短研发周期，降低研发成本，提高研发效率。在公共安全领域，智能体通过感知城市监控摄像头和传感器网络，实时监测安全状况，快速响应火灾等紧急情况，提高公共安全事件的响应速度和效率。在交通管理领域，智能体可以实时监控交通流量，自主分析交通数据、优化信控策略、减少拥堵，支持规划决策，提高城市交通整体效率和安全性。在环境监测领域，智能体可以收集和分析空气质量、水质等环境数据，自主判定污染情况、识别污染源、提出解决方案，快速应对突发污染事件。

5.8　人工智能与大数据的关系

人工智能与大数据都是当前的热门技术，人工智能的发展要早于大数据，人工智能在 20 世纪 50 年代就已经开始发展，而大数据的概念在 2010 年左右才形成。人工智能受到人们的关注要远早于大数据，且受到长期、广泛的关注，2016 年 AlphaGo 的发布和 2022 年 ChatGPT 的发布，一次又一次把人工智能推向新的巅峰。

人工智能的影响力要大于大数据的影响力。人工智能与大数据是紧密相关的两种技术，二者既有联系，又有区别。

5.8.1　人工智能与大数据的联系

一方面，人工智能需要数据来建立其智能，特别是机器学习。例如，机器学习图像识别应用程序可以查看数以万计的飞机图像，以了解飞机的构成，以便将来能够识别出它们。人工智能学习的数据越多，其获得的结果就越准确。在过去，人工智能由于处理器速度慢、数据量小而不能很好地工作。如今，大数据为人工智能提供了海量的数据，使得人工智能技术有了长足的发展，甚至可以说，没有大数据就没有人工智能。

另一方面，大数据技术为人工智能提供了强大的存储能力和计算能力。在过去，人工智能算法依赖于单机存储和单机算法，而在大数据时代，面对海量的数据，传统的单机存储和单机算法都已经无能为力，建立在集群技术之上的大数据技术（主要是分布式存储和分布式计算），可以为人工智能提供强大的存储能力和计算能力。

5.8.2　人工智能与大数据的区别

人工智能与大数据存在着明显的区别，人工智能是一种计算形式，它允许机器执行认知功能，例如对输入起作用或做出反应，类似于人类的做法；而大数据是一种传统计算，它不会根据结果采取行动，只是寻找结果。

另外，二者要达成的目标和实现目标的手段不同。大数据的主要目标是通过数据的对比分析来掌握和推演出更优的方案。就以视频推送为例，我们之所以会接收到不同的推送内容，是因为大数据根据我们日常观看的内容，综合考虑了我们的观看习惯和日常的观看内容，推断出哪些内容更可能被我们喜欢，并将其推送给我们。而人工智能的开发，则是为了辅助和代替我们更快、更好地完成某些任务或进行某些决定。不管是汽车自动驾驶、自我软件调整抑或者是医学样本检查工作，人工智能都是在人类完成之前完成的相同的任务，但区别就在于人工智能的速度更快、错误更少，它能通过机器学习的方法，掌握我们日常进行的重复性的事项，并以其处理优势来高效地达成目标。

5.9 本章小结

人工智能是计算机科学的一个分支，它企图了解智能的实质，并生产出一种新的能以与人类智能相似的方式做出反应的智能机器，该领域的研究包括机器人、语言识别、图像识别、自然语言处理和专家系统等。人工智能从诞生以来，理论和技术日益成熟，应用领域也不断扩大，可以设想，未来人工智能催生的科技产品，将会是人类智慧的"容器"。人工智能不是人的智能，但能像人那样思考、也可能超过人的智能。

人工智能对人类社会未来发展具有深远影响，它将改变我们的生活方式、工作模式和决策方式，提高生产效率和生活质量。同时，人工智能的发展也会带来新的挑战和问题，需要我们关注和解决。

5.10 习题

1. 请简要阐述什么是智能。
2. 请简要阐述什么是人工智能。
3. 请对强人工智能和弱人工智能进行比较分析。
4. 请简要阐述什么是图灵测试。
5. 请阐述人工智能的6个发展阶段。
6. 请阐述人工智能的4个要素。
7. 请阐述人工智能有哪些关键技术。
8. 请给出一些实例说明人工智能的应用。
9. 请阐述人工智能产业包括哪些方面。
10. 请阐述人工智能与大数据的关系。

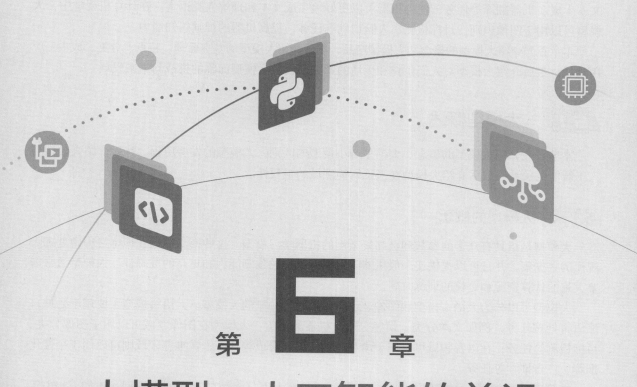

第 **6** 章

大模型：人工智能的前沿

　　大模型是人工智能领域中的一种重要技术，处于人工智能发展的前沿，它通过深度学习和神经网络技术，可以处理大规模的数据集，并从中学习到复杂的特征和模式。大模型通常具有数百亿甚至上万亿级别的参数，因此，需要大量的计算资源和时间来进行训练和优化。大模型在自然语言处理、计算机视觉、语音识别等领域中有着广泛的应用。例如，在自然语言处理中，大模型可以用于文本生成、机器翻译等任务，使得机器可以更好地生成文本和理解人类语言；在计算机视觉中，大模型可以用于图像识别、目标检测、人脸识别等任务，提高机器的视觉感知能力。

　　本章首先介绍大模型的概念和大模型产品，然后介绍大模型的基本原理、特点、分类、成本、应用领域，最后介绍大模型对人们工作和生活的影响，以及大模型面临的挑战与未来发展。

6.1　大模型概述

　　本节首先介绍大模型的概念、大模型与小模型的区别、大模型的发展历程，然后介绍大模型与人工智能的关系，最后介绍大模型在人工智能领域的重要性。

6.1.1　大模型的概念

　　大模型是指具有众多的参数和极高复杂度的机器学习模型，这些模型可以在训练过程中处理大规模的数据集，并且可以提供比一般机器学习模型更强的预测能力和更高的准确性。大模型通常需要大量的计算资源和更长的训练时间。

　　大模型可以分为大语言模型和图像、语音和推荐等领域的大模型。大语言模型主要用于处理自然语言处理任务，例如文本分类、情感分析、机器翻译等。大模型在图像领域可以用于图像分类、目标检测等任务；在语音领域可以用于语音识别、语音合成等任务；在推荐领域则可以用于个性化推荐、广告推荐等任务。

　　在深度学习领域，大模型通常是具有数百万甚至上万亿参数的神经网络模型，比如，2020年OpenAI公司推出了GPT-3，该模型的参数达到了1750亿，2023年3月发布的GPT-4的参数是GPT-3的10倍以上，达到1.8万亿。这些模型需要大量的计算资源和存储空间来训练和存储，并且往往需要进行分布式计算和应用特殊的硬件加速技术。简单来讲，大模型就是用大数据模型和算法进行训练的模型，它能够捕捉到大规模数据中的复杂模式和规律，从而预测出更加准确的结果。

　　通常说的大模型的"大"体现在参数量庞大、训练数据量大、计算资源需求大等方面。很多先进的模型由于拥有很"大"的特点，使得模型参数越来越多，泛化性能越来越好，在各种领域的输出结果也越来越准确。

　　大模型的设计和训练旨在提供更强大的模型性能，以应对更复杂、更庞大的数据集或任务。大模型通常能够学习到更细微的模式和规律，具有更强的泛化能力和表达能力。大模型的优势主要包括以下几个方面。

　　（1）上下文理解能力强。大模型具有更强的上下文理解能力，能够理解更复杂的语义和语境。这使得它们能够产生更准确、更连贯的回答。

　　（2）文本生成能力强。大模型可以生成更自然、更流利的文本，减少了输出文本时呈现的错误或令人困惑的问题。

　　（3）学习能力强。大模型可以从大量的数据中学习，并利用学到的知识和模式来提供更精准的答案和预测，这使得它们在解决复杂问题和应对新的场景时表现更加出色。

（4）可迁移性高。大模型学习到的知识和能力可以在不同的任务和领域中迁移和应用，这意味着一次训练就可以将模型应用于多种任务，无须重新训练。

当前，百度、阿里巴巴、腾讯和华为等公司均已开发出人工智能大模型，并且这些大模型各自有所侧重。百度由于其在人工智能领域多年布局，具有显著的大模型先发优势，其开发的文心一言软件的API调用服务吸引了大量企业进行测试。在行业大模型应用方面，百度已经与国家电网、浦发银行、人民网等合作，实现了多个案例应用。另外，阿里巴巴的通义千问大模型在逻辑运算、编码和语音处理等方面表现突出，而阿里巴巴集团丰富的生态和在线产品使得该模型在出行、办公和购物等场景中得到了广泛应用。

6.1.2　大模型与小模型的区别

小模型通常指参数较少、层数较浅的模型，它们具有轻量级、高效率、易于部署等优点，适用于数据量较少、计算资源有限的场景，例如移动端应用、嵌入式设备、物联网等。

而当模型的训练数据和参数不断增长，直到达到一定的临界规模后，其表现出了一些未能预测的、更复杂的能力和特性，模型能够从原始训练数据中自动学习并发现新的、更高层次的特征和模式，这种能力被称为"涌现能力"。而具备涌现能力的机器学习模型就被认为是独立意义上的大模型，这也是大模型和小模型最大的区别。

相比于小模型，大模型通常参数较多、层数较深，具有更强的表达能力和更高的准确度，但也需要更多的计算资源和时间来训练和推理，适用于数据量较大、计算资源充足的场景，例如云计算、高性能计算、人工智能等。

6.1.3　大模型的发展历程

大模型发展历经3个阶段，分别是萌芽期、沉淀期和爆发期（见图6-1）。

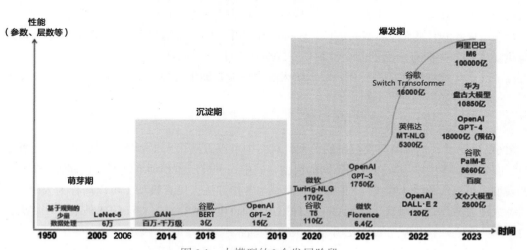

图6-1　大模型的3个发展阶段

1. 萌芽期（1950—2005年）

这是一个以卷积神经网络为代表的传统神经网络模型阶段。1956年，从计算机专家约翰·麦卡锡提出"人工智能"概念开始，人工智能的发展由最开始基于小规模专家知识逐步发展为基于机器学习。1980年，卷积神经网络的雏形诞生。1998年，现代卷积神经网络的基本结构LeNet-5诞生，早期基于浅层机器学习的模型变为了基于深度学习的模型，为自然语言生成、计算机视觉等领域的深入研究奠定了基础，对后续深度学习框架的迭代及大模型发展具有开创性的意义。

2. 沉淀期（2006—2019年）

这是一个以Transformer（转换器）为代表的全新神经网络模型阶段。2013年，自然语言处理模型Word2Vec诞生，首次提出将单词转换为向量的"词向量模型"，以便计算机更好地理解和处理文本数据。2014年，被誉为21世纪最强大算法模型之一的GAN（Generative Adversarial Network，生成对抗网络）诞生，标志着深度学习进入了生成模型研究的新阶段。2017年，Google颠覆性地提出了基于自注意力机制的神经网络结构——Transformer架构，奠定了大模型预训练算法架构的基础。2018年，OpenAI基于Transformer架构发布了GPT-1大模型，意味着预训练大模型成为自然语言处理领域的主流，其中，GPT（Generative Pre-trained Transformer，生成式预训练转换器）模型是一种基于互联网的、可用数据来训练的、生成文本的深度学习模型。2019年，OpenAI发布了GPT-2。

3. 爆发期（2020年至今）

这是一个以GPT为代表的预训练大模型阶段。2020年6月，OpenAI公司推出了GPT-3，模型参数规模达到了1750亿，成为当时最大的语言模型，并且在零样本学习任务上实现了巨大性能提升。随后，更多策略如基于人类反馈的强化学习（Reinforcement Learning from Human Feedback, RLHF）、代码预训练、指令微调等开始出现，被用于进一步提高推理能力和任务泛化。2022年11月，搭载了GPT-3.5的ChatGPT（Chat Generative Pre-trained Transformer）横空出世，凭借逼真的自然语言交互与多场景内容生成能力，迅速引爆互联网，在全球范围内引起轰动，使得大模型的概念迅速进入普通大众的视野。ChatGPT是人工智能技术驱动的自然语言处理工具，它能够通过理解和学习人类的语言来进行对话，还能根据聊天的上下文进行互动，真正像人类一样来聊天交流，甚至能完成撰写邮件、视频脚本、文案等任务。OpenAI在2023年3月发布了GPT-4，它是一个多模态大模型（接收图像和文本输入，生成文本）。相比上一代的GPT-3，GPT-4可以更准确地解决难题，具有更丰富的常识和更强大的解决问题的能力。2023年12月，谷歌发布大模型Gemini，它可以同时识别文本、图像、音频、视频和代码5种类型的信息，还可以理解并生成主流编程语言（如Python、Java、C++）的高质量代码，并拥有全面的安全性评估。2024年2月，OpenAI再次震撼全球科技界，发布了名为Sora的文本生成视频大模型，用户只需输入文本就能自动生成视频。

6.1.4 人工智能与大模型的关系

图6-2描述了人工智能与大模型的关系，从图中可以看出，人工智能包含机器学习，机器学习包含深度学习；深度学习可以采用不同的模型，其中一种模型是预训练模型，预训练模型包含预训练大模型（可以简称为大模型），预训练大模型包含预训练大语言模型（可以简称为大语言模型）。预训练大语言模型的典型代表包括OpenAI的GPT和百度的ERNIE，ChatGPT是基于GPT开发的大模型产品，文心一言是基于ERNIE开发的大模型产品。

人工智能和大模型是相互关联的。人工智能是研究和开发使机器能够模仿人类智能行为的技术和方法的学科，包括机器学习、自然语言处理、计算机视觉等。而大模型则是训练过程中使用了大量数据和参数的模型，这些模型包含大量的知识和规则，能够更好地模拟人类智能行为。

大模型是人工智能技术发展的重要推动力。大模型的出现，使得人工智能技术得到了更广泛的应用。在许多领域，如自然语言处理、图像识别、语音识别等，大模型都能够提供更准确、更强大的处理能力。例如，在自然语言处理领域，大模型可以通过学习大量的文本数据，自动提取出文本中的语义信息，从而实现对文本的自动分类、情感分析。随着数据量的不断增加和计算能力的不断提升，大模型能够处理的数据量不断增加，处理速度也在不断提升。这使得人工智能技术能够更好地应对各种复杂的问题和挑战，进一步推动了人工智能技术的发展。

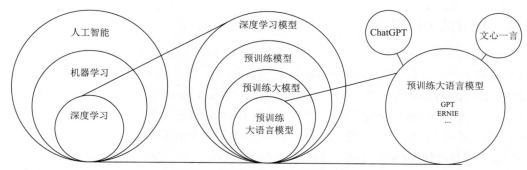

图 6-2　人工智能与大模型的关系

同时，人工智能的发展也推动了大模型的发展。为了提高人工智能系统的性能，研究者不断尝试使用更大的模型来提高准确率和提升效果。例如，近年来非常热门的 Transformer 语言架构，就是一种大模型，它在自然语言处理领域取得了很多突破性进展。大模型的使用能够帮助人工智能系统更好地理解语义、提高处理能力和决策准确性。

6.1.5　大模型在人工智能领域的重要性

大模型在人工智能领域的重要性主要体现在以下几个方面。

（1）推动人工智能技术的进步。大模型作为人工智能技术的重要组成部分，展示了人工智能技术的最新进展和趋势。新的大模型的应用场景可能会更加广泛，效果也可能会更好，从而推动人工智能技术的进步。

（2）提升人工智能的应用效果。大模型能够使用大量的数据和计算资源，学习到数据中的复杂特征和规律，在各种任务中表现出色。这使得人工智能技术在各个领域的应用效果得到了显著的提升。

（3）推动人工智能行业的发展。大模型的应用能够吸引更多的投资者和用户关注人工智能行业，从而加速行业的发展。同时，大模型也可以促进人工智能领域的交流和合作，从而推动整个行业的发展。

（4）增加公众对人工智能技术的信任和支持。大模型的应用可以让更多的人了解人工智能技术的潜力和影响力，从而增加公众对人工智能技术的信任和支持。这也可以为人工智能行业争取更多的政策支持和资源投入。

6.2　大模型产品

从全球范围来看，中国和美国在大模型领域引领全球发展。其中，基于在算法模型研发上的领先优势，美国大模型数量居全球首位。根据中国科学技术信息研究所、科技部新一代人工智能发展研究中心联合发布的《中国人工智能大模型地图研究报告》，截至 2023 年 5 月，美国已发布 100 个参数量 10 亿以上的大模型。

中国亦积极跟进全球大模型发展趋势，自2021年以来加速产出，如2021年6月北京智源人工智能研究院发布1.75万亿参数量的悟道2.0，2021年11月阿里巴巴发布10万亿参数量的M6等。截至2023年5月，我国已发布79个大模型，在全球范围占据先发优势。但考虑到数据安全、隐私合规以及科技监管等因素，中国与美国的大模型市场有望形成相对独立的行业格局。

6.2.1 国外的大模型产品

从海外大模型格局来看，目前已经形成较为清晰的"双龙头领先+Meta开源追赶+垂直类繁荣"的格局，这里的"双龙头"是指微软和谷歌两家公司。同时，基于通用大模型能力已相对成熟可用，其上的应用生态已逐渐繁荣。得益于对先进算法模型的集成以及较早的产品化，OpenAI不仅展现了GPT在人机对话中的超预期表现，同时基于GPT的应用生态也已逐渐繁荣，微软数款产品（Bing、Windows 操作系统、Office、浏览器、Power Platform 等）、代码托管平台 GitHub、人工智能营销创意公司 Jasper 等均已接入 GPT。谷歌在人工智能领域持续投入，其提出的 LeNet 卷积神经网络模型、Transformer 语言架构、BERT 大模型、Gemini 大模型等均对全球人工智能产业产生重要推动。

1. ChatGPT

ChatGPT 是一种由 OpenAI 训练的大语言模型。它基于 Transformer 语言架构，经过大量文本数据训练而成，具备回答问题、生成文本、语言翻译等多种功能。ChatGPT 的应用范围广泛，可以用于客服、问答系统、对话生成、文本生成等领域，它能够理解人类语言，并能够回答各种问题，提供相关的知识和信息。与其他聊天机器人相比，ChatGPT 具备更强的语言理解和文本生成能力，能够更自然地与人类交流，并且能够更好地适应不同的领域和场景。ChatGPT 的训练数据来自互联网上的大量文本，因此，它能够涵盖多种语言风格和文化背景。

2. Gemini

Gemini 是谷歌发布的大模型，能够同时处理多种类型的数据和任务，覆盖文本、图像、音频、视频等多个领域。Gemini 采用了全新的架构，将多模态编码器和多模态解码器两个主要组件结合在一起，以提供最佳结果。Gemini 包括3种不同规模的模型：Gemini Ultra、Gemini Pro 和 Gemini Nano，适用于不同任务和设备。2023 年 12 月 6 日，Gemini 的初始版本已在 Bard 中提供，开发人员版本可通过谷歌云的 API 获得。Gemini 可以应用于 Bard 和 Pixel 8 Pro 智能手机。Gemini 的应用范围广泛，可应用于问题回答、摘要生成、翻译、字幕生成、情感分析等任务。然而，由于其复杂性和黑箱性质，Gemini 的可解释性仍然是一个挑战。

3. Sora

Sora 的诞生，不仅标志着人工智能在视频生成领域的重大突破，更引发了关于人工智能发展对人类未来影响的深刻思考。随着 Sora 的发布，人工智能似乎正式踏入了通用人工智能（Artificial General Intelligence, AGI）的时代。AGI 是指能够像人类一样进行各种智能活动的机器智能，包括理解语言、识别图像、进行复杂推理等。Sora 大模型能够根据用户提供的文本描述，直接输出长达60s 的视频，并且视频中包含高度细致的背景、复杂的多角度镜头，以及富有表现力的多个角色。这种能力已经超越了简单的图像或文本生成，开始触及视频这一更加复杂和动态的媒介。这意味着人工智能不仅在处理静态信息时越来越强大，而且在动态内容的创造上也展现出了惊人的潜力。

图 6-3 所示是 Sora 根据文本自动生成的视频画面，一位戴着墨镜、穿着皮衣的女子走在雨后夜晚的东京市区街道上，抹了鲜艳唇彩的嘴角微微翘起，即便戴着墨镜也能看到她的微笑，地面的积水映出了她的身影和灯红酒绿的霓虹灯，热闹非凡的唐人街正在进行舞龙表演，人群的目光都聚焦在

跃动的彩龙身上，整个环境的喜庆氛围令人仿佛身临其境。

图6-3　Sora根据文本自动生成的视频画面

6.2.2　国内的大模型产品

自ChatGPT获得良好的用户反响并在全球范围引发关注以来，中国领先科技企业（阿里巴巴、百度、腾讯、华为、字节跳动等）、新兴创业公司（百川智能、MiniMax等）、传统人工智能企业（科大讯飞、商汤科技等）以及高校/研究院（复旦大学、中国科学院等）亦加大了对大模型领域的投入。当前，国内大模型仍处研发和迭代的早期阶段，各个大模型的性能差异及易用性仍在市场检验的过程中，国内大模型领域竞争格局的明晰仍需一定时间，但是，各互联网"巨头"在人工智能领域积累已久，具备先发优势。

1. 文心一言

文心一言是由百度研发的知识增强大模型，能够与人对话互动、回答问题、协助创作，高效便捷地帮助人们获取信息、知识和灵感。文心一言基于飞桨深度学习平台和文心知识增强大模型，持续从海量数据和大规模知识中融合学习，具备知识增强、检索增强和对话增强的技术特色。文心一言具有广泛的应用场景，例如智能客服、智能家居、移动应用等领域。它可以与用户进行自然语言交互，帮助用户解决各种问题，提供相关的知识和信息。同时，文心一言还可以与各种设备和应用进行集成，例如智能音箱、手机App等，为用户提供更加便捷的服务。文心一言在深度学习领域有着重要的地位，它代表了人工智能技术的前沿水平，是百度在人工智能领域持续投入和创新的成果。文心一言的推出，不仅为用户提供了更加智能化和高效的服务，还为人工智能行业的发展注入了新的动力。

2. 通义千问

通义千问是阿里云推出的一个超大规模的语言模型，它具备多轮对话、文案创作、逻辑推理、多模态理解、多语言支持的能力。通义千问这个名字有"通义"和"千问"两层含义，"通义"表示这个模型能够理解各种语言的含义，"千问"则表示这个模型能够回答各种问题。通义千问基于深度学习技术，通过对大量文本数据进行训练，从而具备了强大的语言理解和生成能力，它能够理解自然语言，并生成自然语言文本。同时，通义千问还具备多模态理解能力，能够处理图像、音频等多种类型的数据。

3. 讯飞星火

讯飞星火是科大讯飞发布的一款强大的人工智能模型，它具有多种核心能力，包括文本生成、语言理解、知识问答、逻辑推理、数学能力、代码能力等。这些能力使得讯飞星火能够处理各种复杂的语言任务，并为用户提供准确、高效的服务。在数据收集和处理方面，讯飞星火采用了先进的技术和算法，能够快速地处理大量的数据，并从中提取有用的信息，这使得它能够更好地理解和处理复杂的语言信息，提高人机交互的效率和准确性。在应用方面，讯飞星火已经被广泛应用于多个领域，如自然语言处理、计算机视觉、智能客服等。通过与各领域的专业知识和经验相结合，讯飞星火能够提供更加精准和个性化的服务，提高各行各业的工作效率和质量。此外，讯飞星火还注重可解释性和公平性，通过改进算法和技术，它能够提供更加清晰和准确的决策依据，减少偏见和不公平现象。同时，它还具备强大的自适应学习能力，能够不断适应新的任务和环境，提高自身的性能和表现。

4. 腾讯混元

腾讯混元是由腾讯全链路自研的通用大语言模型，具备强大的中文创作能力、复杂语境下的逻辑推理能力以及可靠的任务执行能力。该产品的优势如下：①多轮对话，具备上下文理解和长文记忆能力，可流畅完成各专业领域的多轮问答；②内容创作，支持文学创作、文本概要和角色扮演；③逻辑推理，准确理解用户意图，基于输入数据或信息进行推理、分析；④知识增强，有效解决事实性、时效性问题，提升内容生成效果。

5. 华为盘古

华为盘古是华为云推出的一个大语言模型，旨在提供更加智能化、高效化的语言交互体验。它基于深度学习技术，通过对大量文本数据进行训练，从而具备了强大的语言理解和生成能力。华为盘古采用了先进的架构和技术，包括 Transformer、BERT 等模型架构以及注意力机制、自注意力机制等先进的神经网络技术。它还采用了多模态学习技术，能够处理文本、图像、音频等多种类型的数据，这使得它能够更好地理解和处理复杂的语言信息，提高人机交互的效率和准确性。华为盘古的应用范围非常广泛，可以应用于智能客服、智能家居、移动应用等多个领域。它可以与用户进行自然语言交互，帮助用户解决各种问题，提供相关的知识和信息。同时，它还可以与各种设备和应用进行集成，为用户提供更加便捷的服务。

6.3　大模型的基本原理

大模型基于深度学习，利用大量的数据和计算资源来训练具有大量参数的神经网络模型。通过不断地调整模型参数，使得模型能够在各种任务中取得最佳表现。大模型是基于 Transformer 架构的，这种架构是一种专门用于自然语言处理的"编码器－解码器"架构。在训练过程中，大模型将输入的单词以向量的形式传递给神经网络，然后通过网络的编码－解码以及自注意力机制，建立起每个单词之间联系的权重。大模型的核心能力在于将输入的每句话中的每个单词与已经编码在模型中的单词进行相关性的计算，并把相关性又编码叠加在每个单词中。这样，大模型能够更好地理解和生成自然文本，同时还能够表现出一定的逻辑思维和推理能力。关于大模型的原理，详细描述如下。

（1）数据驱动。大模型的训练主要依赖于大量的文本数据，这些数据可以来自互联网、图书、文章等。通过对这些数据进行训练，大模型能够学习到自然语言的统计规律和模式。

（2）神经网络。大模型通常使用深度学习中的神经网络，尤其是 Transformer 语言架构，这种结构特别适合处理序列数据（比如文本）。神经网络由多层的神经元组成，每一层都会对数据进行一定的转换和处理。

（3）编码－解码过程。在 Transformer 架构中，编码器和解码器是两个核心组件。编码器负责将输入的文本转换为一种内部表示，而解码器则负责将这种内部表示转换回文本。

（4）自注意力机制。这是 Transformer 的一个关键特性，允许模型在处理文本时考虑到每个单词与其他单词的关系。通过计算每个单词与其他所有单词的关联度，模型能够捕捉到文本中的复杂依赖关系。

（5）训练和优化。大模型的训练通常使用梯度下降等优化算法。在训练过程中，模型会不断地调整其内部的参数，以最小化预测结果与实际结果之间的差异。

（6）泛化能力。一旦训练完成，大模型就能够对新的、未见过的文本进行理解和生成。这种能力使得大模型在各种自然语言处理任务中表现出色，如机器翻译、文本摘要、问答系统等。

总的来说，大模型通过结合深度学习、大规模数据和先进的神经网络架构，实现了对人类语言的高度理解和模拟，为人工智能领域带来了革命性的进步。

6.4　大模型的特点

大模型具有以下特点。

（1）规模巨大。大模型通常包含数十亿个参数，模型大小可以达到数百 GB 甚至更大。这种巨大的规模不仅提供了强大的表达能力和学习能力，还使得大模型在处理复杂任务时具有更高的效率和准确性。

（2）涌现能力强。当模型的训练数据突破一定规模时，模型能够综合分析和解决更深层次的问题，展现出类似人类的思维和智能。这种涌现能力是大模型最显著的特点之一，也是其超越传统模型的关键所在。大模型的涌现能力源于其巨大的规模和复杂的结构。大模型包含数亿甚至数十亿个参数，能够捕捉到数据中的复杂模式和关系。在训练过程中，大模型通过不断优化参数，逐渐形成了一种高度协调和自适应的结构，从而产生了意想不到的特性和能力。这种涌现能力使得大模型在处理复杂任务时具有更高的效率和准确性，能够更好地理解和模拟现实世界中的各种复杂现象，并从中提取出更深层次的知识和规律。这种能力使得大模型在自然语言处理、图像识别、语音识别等领域中展现出了卓越的性能。

（3）拥有更出色的性能和泛化能力。大模型因其巨大的规模和复杂的结构，展现出更出色的性能和泛化能力。大模型在各种任务上都能表现出色，超越传统的小模型，这主要归功于大模型的参数规模和学习能力。大模型能够更好地理解和模拟现实世界中的复杂现象，能够捕捉到数据中的微妙差异和复杂模式，即使在未见过的数据上也能表现优秀，即具有良好的泛化能力。

（4）具备多任务学习。大模型具备多任务学习的特点使其能够同时处理多种不同的任务，并从中学习到更广泛和泛化的语言理解能力。通过多任务学习，大模型可以在不同的自然语言处理任务中进行训练，例如机器翻译、文本摘要、问答系统等。这种多任务学习的方式有助于大模型更好地理解和应用语言的规则和模式。在多任务学习中，大模型可以共享参数和知识，使其在不同的任务之间建立联系，提高模型的泛化能力。通过多任务学习，大模型能够从多个领域的数据中学习知识，并在不同领域中进行应用。这有助于促进跨领域的创新，使得大模型在自然语言处理、图像识别、语音识别等领域中展现出卓越的性能。

（5）使用大规模数据进行训练。大模型需要大规模数据来训练，数据规模通常在 TB 级别甚至 PB 级别。这是因为大模型拥有数亿甚至数十亿的参数，需要大量的数据来提供足够的信息供模型学习和优化。只有大规模数据才能让大模型的参数规模发挥优势，提高模型的泛化能力和性能。同时，大数据训练也是保证大模型能够处理复杂任务的关键。通过使用大规模数据，大模型能够更好地理解数据中的复杂模式和关系，从而更好地模拟现实世界中的各种现象。

（6）需要强大的计算资源。大模型需要强大的计算资源来训练和运行。由于大模型规模庞大，参数数量众多，计算复杂度极高，因此需要高性能的硬件设备来支持。通常，训练大模型需要使用GPU或TPU等专用加速器来提高计算效率。这些专用加速器能够并行处理大量的参数和数据，使得大模型的训练和推断速度更快。此外，由于大模型参数众多，训练过程中需要进行大量的迭代和优化，因此，训练周期可能长达数周甚至数月。

（7）采用迁移学习和预训练。通过在大规模数据上进行预训练，大模型能够学习到丰富的语言知识和模式，从而在各种任务上展现出卓越的性能。迁移学习和预训练有助于大模型更好地适应特定任务。在大规模数据上进行预训练后，大模型可以在特定任务的数据上进行微调，从而更好地适应目标任务的特性和要求。这种微调过程可以帮助大模型更好地理解和处理目标任务的特定问题，进一步提高模型的性能。此外，迁移学习和预训练也有助于大模型实现跨领域的应用。通过在多个领域的数据上进行预训练，大模型可以学习到不同领域的知识和模式，并在不同领域中进行应用。这种跨领域的应用能力，有助于大模型更好地服务于实际需求，推动人工智能技术的创新和发展。

（8）能够自监督学习。大模型的一个显著特点是自监督学习，即模型能够在没有人工标注数据的情况下，自动从海量未标记数据中学习并发现数据间的内在规律和特征。这种学习方式极大地扩展了数据源的可用性，降低了对昂贵标注数据的依赖。自监督学习让大模型能够自我驱动地提升性能，通过设计各种预训练任务（如掩码语言模型、对比学习等），使模型在理解语言、图像等复杂数据方面展现出强大的能力，为后续的具体任务提供了坚实的基础。

（9）具备领域知识融合能力。大模型通过领域知识融合，能够将不同领域的数据和知识融合在一起，从而更好地模拟现实世界中的复杂现象。领域知识融合使得大模型能够从多个领域中学习到广泛的知识和模式，并将这些知识和模式整合到统一的框架中。通过领域知识融合，大模型能够更好地理解不同领域之间的联系和共同规律，从而更好地处理复杂任务。这种能力有助于大模型在不同领域之间进行知识迁移和应用，促进跨领域的创新和发展。

（10）自动化程度和数据处理效率高。大模型在应用中展现出高度的自动化和效率。由于大模型具有强大的表达能力和学习能力，可以自动化许多复杂的任务，提高工作效率。大模型通过预训练和微调过程，能够自动地适应特定任务，而不需要过多的手工调整和干预。这使得大模型能够快速地应用于各种实际场景，并且自动地处理复杂的任务，如自动编程、自动翻译、自动摘要等。大模型的自动化和效率还体现在其对大规模数据的处理能力上。大模型能够高效地处理TB级别甚至PB级别的数据，从中自动地提取出有用的信息和知识。这种高效的数据处理能力使得大模型在处理大规模数据时具有显著的优势，提高了数据处理和分析的效率。

6.5　大模型的分类

按照输入数据类型的不同，大模型主要可以分为以下三大类。

（1）语言大模型：是指在自然语言处理领域中使用的一类大模型，通常用于处理文本数据和理解自然语言。这类大模型的主要特点是它们在大规模语料库上进行了训练，以学习自然语言的各种语法、语义和语境规则。代表性产品包括GPT系列、Bard、文心一言等。

（2）视觉大模型：是指在计算机视觉领域中使用的大模型，通常用于图像处理和分析。这类模型通过在大规模图像数据上进行训练，可以完成各种视觉任务，如图像分类、目标检测、图像分割、姿态估计、人脸识别等。代表性产品包括ViT系列、文心UFO、盘古CV、INTERN等。

（3）多模态大模型：是指能够处理多种不同类型数据的大模型，例如文本、图像、音频等多模态数据。这类模型结合了自然语言处理和计算机视觉的能力，以实现对多模态数据的综合理解和分析，从而能够更全面地理解和处理复杂的数据。代表性产品包括DingoDB、DALL·E、悟空画画、Midjourney等。

按照应用领域的不同，大模型主要可以分为L0、L1、L2这3个层级。

（1）通用大模型L0：是指可以在多个领域和任务上通用的大模型。它们利用大算力、海量的开放数据与具有巨量参数的深度学习算法，在大规模无标记数据上进行训练，以寻找特征并发现规律，形成可"举一反三"的强大泛化能力，从而在不进行微调或少量微调的情况下完成多场景任务，相当于人工智能完成了"通识教育"。

（2）行业大模型L1：是指那些针对特定行业或领域的大模型。它们通常使用行业相关的数据进行预训练或微调，以提高在该行业的性能和准确度，相当于人工智能成为"行业专家"。

（3）垂直大模型L2：是指那些针对特定任务或场景的大模型。它们通常使用任务相关的数据进行预训练或微调，以提高在该任务上的性能和效果。

6.6　大模型的成本

大模型的成本涉及多个方面，包括硬件设备成本、软件许可成本、数据收集和处理成本、人力资源成本，以及运营和维护成本等，具体如下。

（1）硬件设备成本。大模型的训练和推理需要大量的计算资源，包括高性能的计算机、服务器、存储设备等。这些硬件设备的购置和维护成本通常较高。为了满足大模型的计算需求，需要购买或租赁大量的服务器和存储设备，并进行相应的硬件升级和维护。GPT-3训练一次的成本约为140万美元；更大的大模型的训练成本更高，GPT-4的一次训练成本约为6300万美元。以ChatGPT在2023年1月的独立访客平均数1300万计算，其对应芯片需求为3万多片英伟达A100 GPU，初始投入成本约为8亿美元，每日电费在5万美元左右。

（2）软件许可成本。大模型的训练和推理通常需要使用特定的软件和框架，如TensorFlow、PyTorch等。这些软件通常需要购买许可证或订阅服务，这也会增加大模型的训练成本。

（3）数据收集和处理成本。大模型的训练需要大量的标记数据。数据的收集、清洗、标注和处理都需要投入大量的人力、物力和时间成本。此外，为了确保数据的准确性和有效性，还需要进行数据验证和校验，这也增加了数据处理的成本。

（4）人力资源成本。大模型的训练和推理需要专业的团队进行维护和优化，包括数据科学家、机器学习工程师、运维人员等。这些人员需要具备专业的技能和丰富的经验，因此，人力资源成本也是大模型成本的重要组成部分。

（5）运营和维护成本。大模型的运营和维护也需要投入成本，包括模型的部署、监控、调优、更新等。为了确保大模型的稳定性和性能，需要进行持续的维护和优化，这也增加了运营和维护的成本。

6.7　大模型的应用领域

大模型的应用领域非常广泛，涵盖了自然语言处理、计算机视觉、语音处理、推荐系统、自动驾驶、医疗健康、金融风控、工业制造、生物信息学、气候研究等多个领域，具体如下。

（1）自然语言处理：大模型在自然语言处理领域具有重要的应用，可以用于文本生成（如文章、小说、新闻等的创作）、翻译系统（能够实现高质量的跨语言翻译）、问答系统（能够回答用户提出的问题）、情感分析（用于判断文本中的情感倾向）、语言生成（如聊天机器人）等。

（2）计算机视觉：大模型在计算机视觉领域也有广泛应用，可以用于图像分类（识别图像中的物体和场景）、目标检测（能够定位并识别图像中的特定物体）、图像生成（如风格迁移、图像超分辨率增强）、人脸识别（用于安全验证和身份识别）、医学影像分析（辅助医生诊断疾病）等。

（3）语音处理：大模型在语音处理领域也有应用，如语音识别、语音合成等。通过学习大量的语音数据，大模型可以实现高质量的跨语言翻译和语音识别，以及生成自然语音等。

（4）推荐系统：大模型可以用于个性化推荐、广告推荐等任务。通过分析用户的历史行为和兴趣偏好，大模型可以为用户提供个性化的推荐服务，提高用户满意度和转化率。

（5）自动驾驶：大模型可以用于自动驾驶中的感知、决策等任务。通过学习大量的驾驶数据，大模型可以实现对车辆周围环境的感知和识别，以及进行决策和控制，提高自动驾驶的安全性和效率。

（6）医疗健康：大模型可以用于医疗影像诊断、疾病预测等任务。通过学习大量的医学影像数据，大模型可以辅助医生进行疾病诊断和治疗方案制定，提高医疗水平和效率。

（7）金融风控：大模型可以用于信用评估、欺诈检测等任务。通过分析大量的金融数据，大模型可以评估用户的信用等级和风险水平，以及检测欺诈行为，提高金融系统的安全性和稳定性。

（8）工业制造：大模型可以用于质量控制、故障诊断等任务。通过学习大量的工业制造数据，大模型可以辅助工程师进行产品质量控制和故障诊断，提高生产效率和产品质量。

（9）生物信息学：在生物信息学领域，大模型可以用于基因序列分析（识别基因中的功能元件和变异位点）、蛋白质结构预测（推测蛋白质的二级和三级结构）、药物研发（预测分子与靶点的相互作用）等。

（10）气候研究：在气候研究领域，大模型可以处理气象数据，进行天气预测和气候模拟。它们能够分析复杂的气象现象，提供准确的气象预报，帮助人们做出应对气候变化的决策。

6.8　基于大模型的智能体

基于大模型的智能体是指利用大型语言模型（如GPT、BERT等）作为核心组件，构建的能够执行特定任务、与环境交互并做出决策的人工智能系统。这些智能体具有自主性、交互性、适应性等特点，能够模拟人类的认知和决策过程，提供更加自然、高效和个性化的交互体验。智能体能够处理海量数据，进行高效的学习与推理，并展现出跨领域的应用潜力。例如，百度文心智能体是基于文心大模型的智能体构建平台，它允许开发者通过简单的自然语言交互方式，快速创建智能体。这个平台旨在降低技术门槛，让更多人能够参与智能体的开发和应用工作。通过文心智能体平台，开发者可以根据自己的行业领域和应用场景，利用多样化的能力和工具，打造出适应大模型时代的原生应用。例如，可以在百度文心智能体平台上开发一个"小红书文案创作智能体"，该智能体具备自动生成文案、推荐热门话题、分析文案效果等功能，用户可以通过与智能体的对话，轻松获取符合自己需求的文案内容。例如，可以在百度文心智能体平台上开发一个"大数据教师智能体"，为学生提供个性化教学、自动化评估与反馈、课程设计与资源推荐、互动式学习体验等服务。

6.9　大模型对人们工作和生活的影响

大模型对人们的工作和生活产生了深远的影响，提升了工作效率，优化了决策过程，促进了创新发展，提升了生活质量。

6.9.1　大模型对人们工作的影响

大模型对人们工作的影响主要体现在以下几个方面。

（1）提高工作效率：大模型在自然语言处理、机器翻译等领域的应用，使得人们能够快速、准确地处理大量文本数据，提高工作效率。例如，在翻译领域，大模型能够自动翻译多种语言，减少人工翻译的时间和成本，提高翻译效率。

（2）优化决策过程：大模型能够收集、整理和分析大量的数据，通过数据挖掘和机器学习技术，帮助人们更准确地了解问题现状，预测未来趋势，从而做出更明智的决策。

（3）自动化部分工作：大模型的发展使得一些烦琐、重复的工作可以由机器来完成，从而减轻了人们的工作负担。例如，在金融领域，大模型可以自动分析大量的金融数据，帮助人们做出更准确的决策。

（4）创造新的就业机会：随着大模型的普及和应用，将创造出许多新的就业机会。例如，需要更多的人来开发和维护大模型，也需要更多的人来利用大模型进行各种应用开发。

6.9.2　大模型对人们生活的影响

大模型对人们生活的影响主要体现在以下几个方面。

（1）改善生活质量：大模型在智能家居、智能客服等领域的应用，使得人们的生活更加便利、舒适。例如，通过智能家居系统，人们可以通过语音指令控制家电，实现智能化生活。

（2）提高学习效率：大模型在教育领域的应用，可以帮助人们更高效地学习新知识。例如，通过大模型的智能推荐功能，人们可以根据自己的兴趣和需求，获取更加个性化的学习资源。

（3）增强娱乐体验：大模型在娱乐领域的应用，可以提供更加丰富、多样的娱乐体验。例如，通过大模型的语音识别功能，人们可以使用语音指令控制游戏，实现更加智能化的游戏体验。

6.10　大模型面临的挑战与未来发展

6.10.1　大模型面临的挑战

大模型在人工智能领域的应用为人工智能发展做出了重要贡献，但同时也带来了一些挑战，主要表现在以下几个方面。

（1）资源消耗。大模型通常需要大量的计算资源和存储空间。训练大模型需要高性能的计算机集群以及大量的存储空间，来存储训练过程中的数据和模型参数。这使得大模型的训练和部署成本较高，限制了其在一些资源有限的环境中的应用。此外，大模型训练和使用过程也带来了大量水资源的消耗，以 ChatGPT 为例，一个用户和 ChatGPT 聊天可能会消耗 500mL 的水。大模型需要大量的计算和数据，这会涉及庞大的机房、服务器和数据中心，而这些机房和服务器需要进行冷却来保持正常运行，而冷却又需要大量的水资源。

（2）需要大量的训练时间和数据。大模型的训练需要大量的时间和数据。通常，训练一个大型神经网络需要数周甚至数月的时间，这取决于模型的复杂度、计算能力和可用数据量。此外，为了获得更好的性能，大模型通常需要大量的标记数据来训练。这不仅增加了训练成本，还限制了其在缺乏足够数据的环境中的应用。

（3）需要提高可解释性。大模型的复杂性和黑箱性质，使得其决策和预测的依据难以解释，因此大模型的应用在某些领域受到限制，如医疗、金融等。在某些领域人们往往需要知道大模型做出决策的原因，而不仅仅是结果。因此，提高大模型的可解释性是一个重大的挑战。

（4）要确保数据隐私和安全。在训练和使用大模型的过程中，需要处理大量的个人数据。如何保证数据隐私和安全是一个重大的挑战。一旦数据泄露或被滥用，就会对个人隐私和企业声誉造成严重损害。因此，在大模型的训练和使用过程中，需要采取严格的数据保护措施，确保数据隐私和安全。

（5）泛化能力弱。尽管大模型在特定任务上表现出色，但其泛化能力仍然是一个挑战。在某些情况下，大模型可能过于复杂，导致过拟合，即过度拟合训练数据，而无法泛化到新数据。此外，当任务发生变化时，大模型可能需要重新训练或调整参数，这增加了其应用和维护的成本。

（6）存在公平性和偏见隐患。大模型的训练和使用，可能引入公平性和偏见问题。如果训练数据中存在偏见或不公平因素，那么，模型的输出可能也会受到这些因素的影响。这可能导致不公平的决策或具有偏见的结果。因此，在大模型的训练和使用过程中，需要考虑公平性和偏见问题，并采取相应的措施来减少这些问题带来的影响。

（7）大模型幻觉。大模型是个概率模型，用它生成的内容具有不确定性。大模型幻觉，用一种形象的说法就是"大模型一本正经的胡说八道"，准确地说是指大模型生成的内容与现实世界的事实或用户的输入不一致的现象。大模型幻觉产生的原因主要有数据缺陷、数据中捕获的事实知识的利用率较低、长尾知识回忆不足、难以应对复杂推理的情况等。由于大模型幻觉的存在，当前阶段，我们还不能把大模型生成的内容直接当成客观事实来使用，还需要进一步判断大模型生成的该内容的准确性。目前研究人员也在积极研究消除大模型幻觉的相关技术，例如检索增强生成（Retrieval-augmented Generation，RAG）就是当前热门的大模型前沿技术之一。当大模型"知识储备"有限时，我们可以通过一些工程化手段（例如联网检索、知识库搜索等），先把相关信息找出来，再指导大模型进行回答，减少幻觉情况的发生，从而大大提升生成内容的质量。

6.10.2　大模型的未来发展

大模型的未来发展充满了无限的可能性。随着技术的不断进步和应用的不断拓展，大模型将在多个领域发挥重要作用，推动人工智能的进一步发展，具体如下。

（1）大模型将继续在自然语言处理、计算机视觉等领域发挥重要作用。随着数据量的不断增加和计算能力的提升，大模型将能够更好地理解和处理复杂的语言和图像信息，提高人机交互的效率和准确性。

（2）大模型将在医疗、金融、教育等更多领域得到应用。通过与各领域的专业知识和经验相结合，大模型将能够提供更加精准和个性化的服务，提高各行各业的工作效率和质量。

（3）随着技术的不断进步，大模型将更加注重可解释性和公平性。通过改进算法和技术，大模型将能够提供更加清晰和准确的决策依据，减少偏见和不公平现象。

（4）随着云计算、边缘计算等技术的发展，大模型的训练和推理将更加高效和便捷。这些技术将使得大模型能够在更多设备上运行，扩展其应用范围。

（5）随着全球人工智能研究的不断深入和发展，大模型将成为人工智能领域的重要基石。大模型将与其他技术相结合，推动人工智能技术的不断创新和发展。

6.11　本章小结

　　大模型是人工智能领域的重要研究方向，其强大的语言理解和生成能力使得它在自然语言处理、机器翻译、智能客服等领域有着广泛的应用。大模型的训练需要大量的数据和计算资源，同时也需要先进的技术和算法支持。随着技术的不断发展，大模型的应用场景也在不断扩展，未来将会更加广泛地应用于各个领域。

6.12　习题

　　1. 请阐述大模型的概念。

　　2. 请阐述大模型与小模型的区别。

　　3. 请阐述大模型的发展历程。

　　4. 请阐述人工智能与大模型的关系。

　　5. 请阐述大模型在人工智能领域的重要性。

　　6. 请介绍国内外具有代表性的大模型产品。

　　7. 请阐述大模型的基本原理。

　　8. 请阐述大模型是如何分类的。

　　9. 请阐述构建大模型的成本。

　　10. 请给出大模型应用的一些实例。

　　11. 请阐述大模型面临的挑战有哪些。

第 **7** 章

AIGC应用与实践

AIGC技术已经在当前社会的生产和生活中得到了广泛的应用，深刻影响着人类社会未来的发展。从编程辅助到创意设计，AIGC正逐步改变各行各业的生产方式。AIGC还应用于营销、医疗、教育等多个领域，通过对智能内容的生成和优化，推动产业升级和变革。随着技术的不断进步，AIGC的应用前景将更加广阔。

本章首先给出AIGC概述，然后分别介绍不同类型的AIGC技术的应用场景和案例实践，从中我们可以深刻感受AIGC的卓越功能及其对日常工作和生活的强大助力。

7.1　AIGC概述

本节首先介绍什么是AIGC及AIGC与大模型的关系，然后介绍AIGC的发展历程、常见的AIGC应用场景、AIGC技术对行业发展的影响、AIGC技术对职业发展的影响，最后介绍常见的AIGC大模型工具和AIGC大模型的提示词。

7.1.1　什么是AIGC

AIGC的全称为 "Artificial Intelligence Generated Content"，中文翻译为 "人工智能生成内容"。这是一种新的创作方式，即利用人工智能技术生成各种形式的内容，包括文字、音频、图像、视频等。AIGC是人工智能进入全新发展时期的重要标志，其核心技术包括生成对抗网络（Generative Adversarial Networks, GAN）、大型预训练模型、多模态技术等。

AIGC的核心思想是利用人工智能算法生成具有一定创意和质量的内容。通过训练模型和学习大量数据，AIGC可以根据输入的条件或指导，生成与之相关的内容。例如，通过输入关键词、描述或样本，AIGC可以生成与之相匹配的内容。

AIGC技术不仅可以提高内容生产的效率和质量，还可以为创作者提供更多的灵感和支持。在文学创作、艺术设计、游戏开发、影视制作等领域，AIGC可以自动创作高质量的内容。同时，AIGC也可以应用于教育、科研等领域，为用户提供高质量、高效率的个性化内容服务。

7.1.2　AIGC与大模型的关系

大模型与AIGC可以说是相辅相成、相互促进的。大模型为AIGC提供了强大的技术基础和支撑，AIGC则进一步推动了大模型的发展和应用，具体如下。

（1）大模型为AIGC提供了丰富的数据资源和强大的计算能力。大模型通常拥有数十亿甚至上万亿个参数，需要大规模的数据集进行训练和优化。这些模型通过学习大量数据，可以掌握其中的模式和规律，进而生成高质量、多样化的内容。目前，AIGC正是基于这些大模型的训练成果，利用深度学习等技术进行内容的自动生成和创作的。也就是说，目前AIGC都是由大模型来实现的。

（2）AIGC的需求也推动了大模型的发展。随着AIGC应用的不断扩展，用户对生成内容的质量和多样性的要求也越来越高。为了满足用户的这些需求，研究人员需要不断改进和优化大模型的结构和训练方法，以提高AIGC的生成能力和效率。这种相互促进的关系，使大模型和AIGC得以共同发展，不断推动人工智能技术的进步。

（3）大模型和AIGC的结合也带来了广泛的应用前景。AIGC可以自动创作出高质量内容，为创作者提供更多灵感和支持。同时，这些生成的内容也可以作为大模型的训练数据，进一步优化和提升大模型的性能。这种良性的循环，将不断推动大模型和AIGC的应用和发展。

7.1.3 AIGC 的发展历程

AIGC 的发展历程可以分成 3 个阶段：早期萌芽阶段、沉淀累积阶段和快速发展阶段，具体如下。

（1）早期萌芽阶段（20 世纪 50 年代至 90 年代中期）。受技术限制，AIGC 仅限于小范围实验和应用，例如，1957 年出现了首支电脑创作的音乐作品《依利亚克组曲》。然而，在 20 世纪 80 年代末至 90 年代中期，由于高成本和难以商业化，资本投入有限，AIGC 未能取得太多进展。

（2）沉淀累积阶段（20 世纪 90 年代中期至 21 世纪 10 年代中期）。AIGC 逐渐从实验型转向实用型，2006 年深度学习算法研究取得突破性进展，同时，GPU 和 CPU 等算力设备日益精进，及互联网快速的发展，为各类人工智能算法提供了海量数据进行训练。2007 年首部由 AIGC 创作的小说《在路上》得以出版。2012 年微软展示了全自动同声传译系统，主要基于深度神经网络（Deep Neural Networks, DNN），自动将英文讲话内容通过语音识别等技术生成中文。

（3）快速发展阶段（21 世纪 10 年代中期至今）。2014 年深度学习算法"生成式对抗网络"（Generative Adversarial Network，GAN）推出并迭代更新，助力 AIGC 实现新发展。2017 年微软人工智能少年"小冰"推出世界首部由人工智能写作的诗集《阳光失了玻璃窗》。2018 年 NVIDIA（英伟达）发布可以自动生成图片的 StyleGAN 模型。2019 年 DeepMind 发布可以生成连续视频的 DVD-GAN 模型。2021 年 OpenAI 推出 DALL-E 并更新迭代版本 DALL-E-2，主要用于文本、图像的交互生成内容。2024 年 2 月 16 日，OpenAI 再次震撼全球科技界，发布了名为 Sora 的文本生成视频大模型，只需输入文本就能自动生成视频。2024 年 5 月 14 日，OpenAI 推出一款名为 GPT-4o 的大模型，具备"听、看、说"的功能。

7.1.4 常见的 AIGC 应用场景

AIGC 可以应用于各行各业，具体如下。

（1）电商：生成商品宣传海报标题、广告文案和广告图等。

（2）办公：写周报日报、方案、运营活动、读后感、代码、制作 PPT 等。

（3）游戏：生成场景原画、角色形象、3D 模型、NPC 对话、音效等。

（4）娱乐：生成头像、音乐、照片修复等。

（5）影视：生成分镜头脚本、剧本脚本、推广宣传物料、音乐，对台词进行润色等。

（6）动漫：绘制原画，生成动画、分镜、音乐等。

（7）艺术：写诗，写小说，生成艺术创作品，生成草图，艺术风格转换，音乐创作。

（8）教育：创建试卷，批改试卷，搜题答题，课程设计，课程总结，生成虚拟讲师。

（9）设计：UI 设计，美术设计，插画设计，建筑设计。

（10）媒体：撰写软文，提炼大纲。

（11）生活：制订学习计划，做旅游规划。

7.1.5 AIGC 技术对行业发展的影响

AIGC 技术对行业发展的影响深远且广泛，主要体现在以下 4 个方面。

（1）内容创作领域的革新。AIGC 技术能够自动生成高质量的文本、图像、音频和视频等内容，极大地提高了内容创作的效率。在新闻、广告、自媒体等领域，AIGC 已经实现了广泛应用，帮助创作者快速生成多样化、个性化的内容，满足市场需求。这种技术革新不仅降低了内容创作的成本，还激发了创作者的灵感，推动了内容产业的繁荣发展。

（2）生产力提升与成本降低。AIGC技术在多个行业中展现了其提升生产力和降低成本的潜力。例如，在游戏开发领域，AIGC技术可以用于场景构建、角色互动等，减少人工制作的工作量，提高开发效率。在制造业，AIGC技术可以辅助设计、优化生产流程，降低生产成本。这些应用使企业能够更快地响应市场变化，提升竞争力。

（3）用户体验的升级。AIGC技术通过提供个性化、定制化的内容和服务，有效地提升了用户体验。在智能客服、在线教育等领域，AIGC技术可以根据用户的需求和偏好提供精准的服务，满足用户的个性化需求。这种以用户为中心的服务模式不仅提高了用户的满意度，还为企业带来了更多的商业机会。

（4）推动行业创新与转型。AIGC技术的快速发展为传统行业带来了转型升级的契机。通过与AIGC技术的深度融合，传统行业可以探索新的商业模式和服务模式，实现创新发展。例如，在零售业，AIGC技术可以用于智能推荐、虚拟试衣等场景，提升购物体验并促进销售增长。在金融领域，AIGC技术可以应用于投资策略优化、风险管理等方面，提高金融机构的决策效率和准确度。

7.1.6　AIGC技术对职业发展的影响

AIGC技术对职业发展产生了深远的影响，主要体现在以下5个方面。

（1）新兴职业的出现。随着AIGC技术的快速发展，一系列与该技术相关的新兴职业应运而生。例如，人工智能训练师、机器学习工程师、数据标注员等岗位需求激增。这些新兴职业要求从业者不仅具备扎实的技术基础，还需要不断学习和掌握最新的AIGC技术动态。

（2）传统职业的转型升级。AIGC技术也为传统职业的转型升级提供了契机。许多传统职业如编辑、设计师、教师等，在AIGC技术的辅助下，工作效率和创作质量得到了显著提升。同时，这些职业也需要从业者不断适应技术变革，掌握新的技能和工具，以适应市场需求的变化。

（3）工作方式的变革。AIGC技术改变了传统的工作方式，使得远程工作、灵活办公成为可能。许多企业开始运用AIGC技术优化工作流程，减少人力成本，提高工作效率。这种变革不仅为员工提供了更加灵活的工作方式，也为企业带来了更大的经济效益。

（4）职业发展路径的多样化。AIGC技术的发展为人们的职业发展路径提供了更多的可能性。从业者可以根据自己的兴趣和特长，选择适合自己的职业发展方向。例如，一些对人工智能技术感兴趣的从业者可以选择成为人工智能训练师或机器学习工程师，而一些具有创意和设计才能的从业者则可以利用AIGC技术来提升自己的创作能力。

（5）持续学习与技能提升。面对AIGC技术的快速发展，从业者需要不断学习和提升自己的技能水平。从业者可以通过参加培训课程、阅读专业书籍、参与技术论坛等方式，紧跟技术前沿，保持自身的竞争力。

7.1.7　常见的AIGC大模型工具

常见的AIGC大模型工具包括OpenAI的ChatGPT、百度的文心一言、科大讯飞的讯飞星火、阿里的通义千问、华为的盘古、字节跳动的豆包、月之暗面的Kimi等。这些工具基于大规模语言模型技术，具备文本生成、语言理解、知识问答、逻辑推理等多种能力，可广泛应用于写作辅助、内容创作、智能客服等。它们通过不断迭代和优化，为用户提供更加智能、高效的内容生成解决方案。

7.1.8 AIGC大模型的提示词

AIGC大模型的提示词（Prompt）是指用户向大模型输入的文本内容，用于触发大模型的响应并指导其如何生成或回应。这些提示词可以是一个问题、一个指令，也可以是一段带有详细参数的文字描述，它们为大模型提供了生成对应文本、图片、音频、视频等内容的基础信息和指导方向。

提示词的重要作用如下。

（1）引导生成：提示词能够明确告诉大模型用户希望生成的内容类型、风格、主题等，从而引导大模型生成符合需求的输出。

（2）提高准确性：通过详细的提示词，用户可以限制大模型的自由发挥，减少生成内容的偏差，提高生成内容的准确性和相关性。

（3）增强交互性：提示词作为用户与大模型之间的桥梁，能够增强用户与人工智能系统的交互体验，使用户能够更直观地表达自己的需求并获得满意的回应。

使用提示词需要注意一些技巧，这样可以从大模型获得更加符合我们预期要求的结果，主要技巧如下。

（1）简洁明确：在与大模型交互时，提示词应尽量简洁明了，避免使用过多冗余的词汇和复杂的句式。直接、清晰地表达问题是关键。

（2）考虑受众：在编写提示词时，要考虑预期的受众类型，如老人、儿童或专业人士等，以便大模型能够生成符合受众需求的内容。

（3）分解复杂任务：对于复杂的任务，可以将其分解为一系列清晰、具体的提示词，让大模型能够逐步深入并准确理解。

（4）使用肯定性指令：尽量采用如"做"或"执行"这样的正面指导词汇，避免使用否定性表达，以提高大模型执行任务的效率。

（5）使用示例驱动：在编写提示词时，可以直接提供一个具体的示例作为模型生成内容的模板或指南，以精准引导模型生成符合期望的输出格式。

（6）明确角色：在提示词中为模型指定一个明确的角色或任务，有助于模型更好地理解并执行用户的指令。

（7）遵守规则：明确指出模型必须遵循的规则或关键词，以确保生成内容的准确性和合规性。

（8）要求模型使用自然语言回答：要求模型以自然、类似人类的方式回答问题，以提高生成内容的可读性和亲和力。

7.2 文本类AIGC应用实践

文本类AIGC利用先进的机器学习和深度学习算法，通过对大量文本数据的分析和学习，生成有创意和高质量的文本内容。这些内容包括但不限于新闻报道、广告文案、社交媒体文案、小说故事等。文本类AIGC能够模仿人类的写作风格，实现高效、多样、持续的内容创作，为内容生产领域带来了革命性的变化。

7.2.1 文本类AIGC应用场景

文本类AIGC已经在多个领域得到了广泛应用，主要包括以下5个方面。

（1）新闻报道：AIGC能够快速生成新闻报道，尤其是在发生突发事件时，能够迅速整合信息并生成初步报道，为传统新闻机构提供有力支持。

（2）广告文案：广告商可以利用AIGC快速生成针对不同受众群体的个性化文案，以提高宣传效果。AIGC能够分析用户数据，生成符合用户兴趣和需求的广告内容。

（3）社交媒体内容创作：企业和个人可以利用AIGC快速创建高质量的社交媒体内容，以提升影响力和用户黏性。

（4）文学创作：AIGC在文学创作领域也展现出一定潜力。通过深度学习算法，AIGC可以学习并分析大量文学作品，生成具有一定文学价值的文本内容。虽然目前AIGC创作还难以完全替代人类创作，但其独特的创作风格和视角为文学创作带来了新的可能性。

（5）其他领域：AIGC还广泛应用于电子商务、人机交互、电子政务、智慧教育、智慧医疗、智慧司法等多个领域。例如，在电子商务中，AIGC可以生成产品描述、促销信息等；在智慧医疗中，AIGC可以辅助医生撰写病历、诊断报告等。

7.2.2　文本类AIGC案例实践

我国具有代表性的文本类AIGC大模型包括百度的文心一言、阿里的通义千问、华为的盘古、科大讯飞的讯飞星火等。

案例1 使用文心一言创作文档

文心一言作为当下热门的智能助手，已经在我们的生活、工作和学习中扮演着越来越重要的角色。然而，想要充分发挥其功能，掌握一些实用的技巧是必不可少的。下面介绍一些文心一言的使用技巧。

（1）告诉文心一言你要的风格。在输入提示词时，明确指定你希望生成的文本内容的风格。这样，文心一言在理解并处理你的请求时，会更有针对性地调整其生成内容的风格，以满足你的具体需求。比如，可以使用提示词：

请按照要求写一篇200字左右关于云计算的介绍。要求：文章的受众是中学生，内容需要通俗易懂，语言风格需要幽默、风趣。

想要生成不同语气风格的文字，可以在提示词中加入你想要的语气风格作为限定条件，提示文心一言按照你的要求去输出。比如，如果你需要正式语气，则可以在提示词中加入"请采用正式的词汇和语法结构，使内容显得庄重、严肃和专业"；如果你需要抒情语气，则可以在提示词中加入"请使用富有感情的词汇，使内容产生情感共鸣"；如果你需要口语化语气，则可以在提示词中加入"请运用口语化的表达方式，例如俚语、俗语和口头禅，使内容更加轻松和亲切"。

（2）告诉文心一言你要的结构。在输入提示词时，应明确指定期望的输出结构。比如，如果要生成一篇文章，则可以在提示词中明确指出"请按照引言-正文-结论的结构来撰写"。这样，文心一言在生成内容时，会遵循这一结构框架，使得输出的内容更加条理清晰、逻辑严密。再比如，如果要撰写给上级领导的方案、报告、总结，则可以使用提示词：

请按照【现状/问题/解决方案，数据洞察/问题概览/调研方向，数据/亮点/问题/经验】这个结构撰写一份关于我国芯片行业的总结报告。

（3）告诉文心一言你要的角色。在提示词中可以设定具体的角色或视角。例如，在要求创作故事时，可以明确指定"以一位勇敢探险家的视角讲述这段经历"。这样的提示能引导文心一言在生成内容时，从特定角色的角度出发，赋予文本独特的情感色彩和叙事风格。这有助于增强生成内容的代入感和故事性，使内容更加丰富和引人入胜。

下面是一段提示词实例：

请你作为一个小红书文案撰写高手，为我生成一篇爆款小红书文案。要求：突出酒店的特色，包括海景房、豪华单间、最新装修、免费早餐、无线上网等。

下面是另一段提示词实例：

我希望你能扮演记者的角色，按照我的要求撰写一份新闻调查。要求：调查油罐车不清洗直接运送食用油的事情，不要出现具体企业名称，要给出政府部门的处理态度。

（4）告诉文心一言你的内容要求。可以通过详细具体的提示词来明确内容要求。无论是希望生成的文章主题、关键词汇，还是期望涵盖的信息点、情感倾向，都应在提示词中清晰呈现。这有助于文心一言更准确地理解你的需求，生成更符合期望的内容。

比如，可以通过如下提示词表达自己的内容要求：

在6G专利申请方面，中国已经遥遥领先。2021年的数据显示，中国的6G专利申请量占比高达40.3%，稳坐世界第一的宝座。

请把上面的数据更新到目前最新的数据。

如果对输出的内容有比较多的要求或限制，不妨在提示词中将这些内容要求一条一条明确地告诉文心一言。比如，可以采用类似如下的提示词：

请以小红书的风格，按照以下要求帮我为"海景美食餐厅"写一篇小红书种草文案。

内容要求：

①要有标题、正文；

②标题字数不超过20个字，尽量简短精炼，要足够吸引眼球，用词浮夸；

③正文分段，层次分明，每段最少100字；

④要用"首先、其次、最后"这种结构；

⑤整篇文案不要超过1000个字。

（5）告诉文心一言你想写的文体。明确指定文体，如散文、小说、诗歌等，让文心一言理解并模拟该文体的语言特点、结构安排和表达习惯，从而输出更具针对性的内容。比如，可以采用提示词"请写一段中秋赏月的朋友圈文案，需要采用藏头诗的形式"。

（6）指导文心一言分步解决问题。将复杂问题分解成多个简单、具体的步骤，作为提示词输入给文心一言。这样不仅能降低问题的处理难度，使文心一言更容易理解和响应，还能确保解决问题的过程更加系统、有条理。通过逐步引导，可以逐步逼近问题的解决方案，提高答案的准确性和实用性。

比如，如果想让文心一言帮你制定一份旅行规划，可以使用类似如下的提示词：

请为我规划一次为期一周的厦门自由行。

第1步：列出必去的景点，如厦门大学、鼓浪屿、环岛路、五缘湾、曾厝垵；

第2步：根据景点位置安排每日行程，确保交通便利；

第3步：推荐几家当地的特色餐厅，规划早餐、午餐和晚餐；

第4步：提供一家性价比高的酒店住宿建议，并考虑其位置是否便于游览。

（7）告诉文心一言你要的示例。明确内容要求，通过具体示例引导文心一言理解你的需求。这有助于文心一言更准确地捕捉你的思维框架和期望结果，减少误解。比如，可以使用类似如下的提示词：

我是一位高校教师，请帮我写一份工作周报，内容尽量简洁精炼，下面是我本周的工作内容：

①完成了5份本科生毕业论文的修改；

②撰写了教材的一个章节"云计算与大数据"。

输出要求示例：

【本周工作周报】

【本周工作进展】本周做了哪些事，产生了哪些结果。

【下周工作安排】基于本周的结果指出下周要推进哪些事。

【思考总结】简要描述本周的收获和反思。

（8）告诉文心一言你要的场景。在输入提示词时，应明确描述所需的上下文或环境背景，如"在科幻电影中描述一个未来城市的景象"或"请撰写一封给朋友的生日祝福信，场景设定在海边日落时"。这有助于文心一言更好地理解你的需求，生成更符合场景氛围和情境的内容，从而提升输出内容的贴切性和情感共鸣。

案例2　使用讯飞智文生成PPT

讯飞智文是科大讯飞公司基于科大讯飞星火认知大模型技术开发的一个具体应用，主要功能有文档一键生成、AI 撰写、多语种文档生成、AI 自动配图、模板图示切换等。

本案例介绍如何使用讯飞智文快速生成PPT。首先准备一个包含文本内容的PDF文件，比如，可以把本书1.7.3节中关于微软黑屏事件的内容保存到一个 Word 文档中，命名为"微软黑屏.docx"。然后，使用WPS软件打开"微软黑屏.docx"，把该 Word 文档保存成 PDF 格式，生成"微软黑屏.pdf"。

访问讯飞智文官网，在首页（如图7-1所示）中点击"免费使用"，然后按照网页提示完成注册（推荐使用手机号注册）。

图7-1　讯飞智文首页

在"开始"页面中（如图7-2所示）点击"开始创作"按钮。在出现的"快速开始"页面中（如图7-3所示）选择"AI PPT"的"文档创建"选项。然后，在出现的"PPT 创作–文档创建中"页面中（如图7-4所示），点击"点击上传"链接，上传本地文件"微软黑屏.pdf"或"微软黑屏.docx"，上传文件后，点击"开始解析文档"按钮（如图7-5所示）。之后，页面会显示提示文字"好的，已

图7-2　开始创作

收到您的要求，让我先为您生成PPT标题和大纲"。一段时间后，页面就会显示自动生成的PPT标题和大纲，如果你不满意，则可以点击页面底部的"重新生成"按钮；如果满意，则可以直接点击"下一步"按钮。

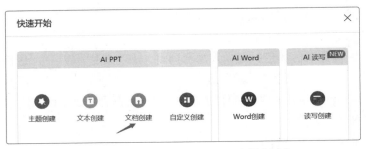

图7-3　选择"AI PPT"中的"文档创建"

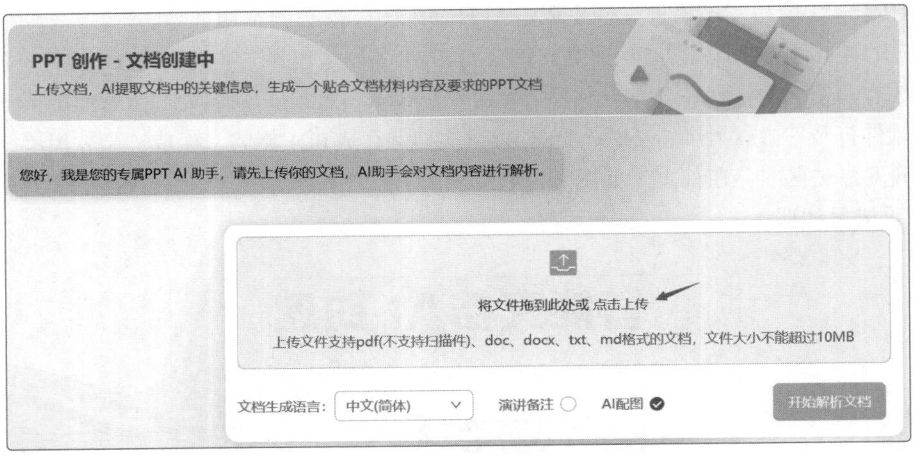

图7-4　上传文件

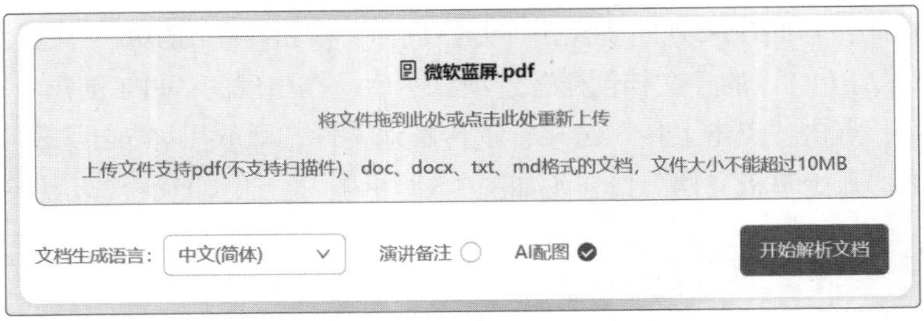

图7-5　开始解析文档

　　在出现的"选择您想要的模板配色"页面中（如图7-6所示），选择你想要的模板的配色，比如，这里选择"清逸天蓝"，然后点击页面右上角的"下一步"按钮。一段时间后，页面就会显示自动生成的PPT（如图7-7所示），点击页面右上角的"导出"按钮，就可以把PPT保存到本地电脑中，然后，可以根据自己的需求，对PPT继续进行修改和完善。在本地电脑中打开自动生成的PPT，可以看出，AIGC制作的PPT非常专业，逻辑清晰，配图精美，可以大大提高用户制作PPT的效率和水平。

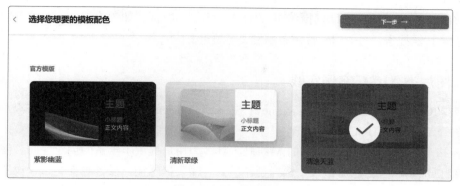

图 7-6　选择模板配色

图 7-7　自动生成的 PPT

7.3　图片类 AIGC 应用实践

　　图片类 AIGC 是一种基于人工智能技术生成图片的方法，它利用深度学习、生成对抗网络等先进算法，通过学习和模仿大量图像数据，能够自动创作出高度真实和艺术化的图片。AIGC 在图像生成、图像修复、风格转换、艺术创作等领域展现出强大能力，为数字艺术、设计、游戏、电影等多个行业带来创新的解决方案。其优势包括高效性、多样性和自动化，能够快速生成大量高质量的图像内容，满足各种复杂需求。

7.3.1　图片类 AIGC 应用场景

　　图片类 AIGC 的应用场景非常广泛，主要包括图像生成、图像修复、图像增强和图像识别等方面。

　　（1）图像生成：AIGC 能够生成高度逼真的图像，如人脸、动物、建筑物等。例如，OpenAI 发布的 DALL-E 可以根据文本提示词创作出全新的、原创的图像，展示了 AIGC 在图像创作方面的强大能力。

　　（2）图像修复：AIGC 还可以修复损坏的图像，如去除噪声、填充缺失的部分等。这对于保护和恢复古老的艺术作品、修复损坏的照片等具有重要意义。

　　（3）图像增强：AIGC 可以增强图像的饱满度和细节，使图像质量得到提升。这在提升图像的视觉效果、改善图像的清晰度和细节方面起到重要作用。

（4）图像识别：AIGC可以识别图像中的对象、场景和特征，如人脸识别、车牌识别等。这对于安防监控、智能搜索、自动驾驶等领域的发展至关重要。

7.3.2 图片类AIGC案例实践

图片类AIGC大模型主要包括Midjourney、Stable Diffusion XL、百度的文心一格等。本节以文心一格为例介绍图片类AIGC的使用方法。

文心一格是一款由百度公司研发的AI绘画工具，为用户提供了丰富的创意空间。使用文心一格进行AI绘画的步骤包括注册账户、选择创作模式、输入提示词、设置画面类型、设置比例、设置数量以及生成图片等，具体如下。

（1）注册账户：访问文心一格官网，点击"注册"按钮，完成注册过程。

（2）选择创作模式：在文心一格首页点击"立即创作"，在出现的界面中（如图7-8所示）的左上角位置选择"AI创作"，可供选择的模式包括推荐、自定义、商品图、艺术字、海报，从而能够满足不同创作需求。这里可以选择默认的模式"推荐"。

（3）输入提示词：在提示词输入框中输入提示词，比如输入"请绘制一张图片，一个9岁的女孩子在海边的沙滩上挖沙子"。

（4）设置画面类型：可以选择智能推荐、唯美二次元、中国风等各种类型。

（5）设置比例：可以选择竖图、方图、横图。

（6）设置数量：设置想要生成的图片的数量，比如设置为1。

（7）生成图片：点击"立即生成"按钮，就可以生成相应的图片（如图7-9所示）。图片生成以后，可以点击图片底部的"编辑本图片"选项，对图片进行编辑。

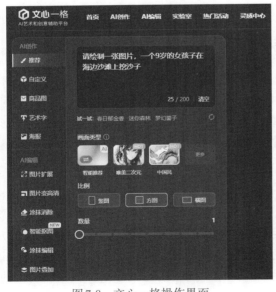

图7-8　文心一格操作界面

图7-9　文心一格绘制的图片

文心一格提供了丰富的AI编辑功能，可以对图片进行各种智能化处理，包括图片扩展、图片变高清、涂抹消除、智能抠图、涂抹编辑、图片叠加等。

7.4 语音类AIGC应用实践

语音类AIGC是一种利用人工智能技术（特别是语音识别、自然语言处理和语音合成技术），自动生成和处理语音内容的技术。它能够模拟人类的声音，实现语音到文本的转换、文本到语音的合成，以及语音情感分析等功能，被广泛应用于智能语音助手、智能客服、语音翻译等多个领域。

7.4.1 语音类AIGC应用场景

语音类AIGC的应用场景非常丰富，涵盖了多个领域，从日常生活到专业应用，都展现出了其独特的价值和潜力，以下是7种主要的语音类AIGC的应用场景。

（1）智能语音助手：智能语音助手是语音类AIGC最常见的应用场景之一。通过语音识别和自然语言处理技术，智能语音助手能够理解用户的语音指令，并提供相应的服务，如查询天气、播放音乐、设定提醒、控制智能家居设备等。

（2）智能客服：在客户服务领域，智能客服机器人通过语音类AIGC技术，能够自动回答用户的问题，提供产品咨询、售后支持等服务。智能客服机器人能够24小时不间断地提供服务，减轻人工客服的工作压力，提高客户服务的效率和质量。

（3）语音合成与转换：语音合成技术可以将文本转换为语音，而语音转换技术则可以实现不同声音之间的转换。这些技术在有声读物、广告配音、游戏开发等领域有着广泛的应用。

（4）虚拟人物与数字人：基于语音类AIGC技术，可以创建出具有自然语言处理能力的虚拟人物或数字人。这些虚拟人物或数字人可以用于营销、教育、娱乐等多个领域，也可以作为品牌代言人、教学助手、娱乐角色等，为用户提供更加生动、有趣的交互体验。

（5）语音翻译：语音翻译技术可以实现语音到语音的实时翻译，使得不同语言之间的交流变得更加便捷。语音翻译技术促进了全球范围内的跨文化交流，为国际贸易、旅游、教育等领域的发展提供了有力支持。比如，我国的科大讯飞翻译机，外形类似于一部智能手机，具备多语种离线语音翻译功能，可以实现不同国家口语的实时翻译。

（6）语音分析与情感识别：通过语音类AIGC技术，可以对用户的语音进行分析，识别出其中的情感倾向、语调变化等信息，能够用于舆情监测、心理评估、人机交互等多个领域，为用户提供更加精准、个性化的服务。

（7）智能驾驶舱与车载语音助手：在智能驾驶舱中，车载语音助手可以通过语音类AIGC技术实现与驾驶员的语音交互，提供导航、娱乐、车辆控制等服务。车载语音助手提高了驾驶的安全性，使得驾驶员可以在不分散注意力的情况下完成各种操作任务。

7.4.2 语音类AIGC案例实践

我国具有代表性的语音类AIGC大模型包括百度的文心一言、阿里的通义千问、科大讯飞的讯飞智作、字节跳动的豆包等。本节以豆包大模型和讯飞智作大模型为例，介绍语音类AIGC的使用方法。

1. 豆包大模型的语音类功能用法

一般情况下，用户在手机上使用语音类AIGC大模型的场景比较多，因此，这里介绍手机版豆包的使用方法。

在智能手机上下载并安装豆包App。启动进入豆包App，会出现如图7-10所示的对话界面，按住"语音按钮"（图中箭头指向的位置）不要松开，然后就可以对着手机说话，提出问题或需求。比如，可以说"请介绍一下厦门大学"，然后松开"语音按钮"，豆包就可以立即开始回答你提出的问题。豆包支持实时翻译，你可以语音输入"厦门大学的英文名称是什么"，豆包会马上给出翻译结果。

豆包不仅支持语音输入，也支持文字输入，只要在文本输入框内输入提示词，豆包就会给出回答。豆包还支持AI绘图功能，你可以用手指点击界面上的"图片生成"按钮，然后输入提示词，比如通过文字或者语音输入"请帮我绘制一张图片，一个9岁的小女孩在海边沙滩上玩沙子"，然后，豆包就会自动绘制生成满足要求的图片。

还可以利用豆包进行英语口语对话练习。在豆包的操作界面底部选择"对话"选项，在出现的功能选择界面中（如图7-11所示），选择"英语口语聊天搭子"就可以进入英语口语聊天界面（如图7-12所示），按住界面右下角的"语音按钮"，就可以开始用英语进行聊天了，你说完一句英语，松开"语音按钮"，豆包就会自动用英语语音回答你，然后你可以继续进行后续对话。

图 7-10　豆包的对话界面　　　图 7-11　豆包的功能选择界面　　　图 7-12　豆包的英语口语聊天界面

2. 讯飞智作大模型的语音类功能用法

这里介绍如何在电脑上使用讯飞智作大模型，根据提供的文本内容自动生成配音。需要注意的是，这个功能没有提供免费试用服务，需要付费使用。虽然是付费服务，但是，这个功能在工作和生活中非常实用，因此，这里介绍其具体使用方法。

访问讯飞智作官网，首先按照页面提示完成用户注册。注册成功以后，会进入"讯飞智作"首页（如图7-13所示），在页面顶部选择"讯飞配音"。在讯飞配音页面（如图7-14所示），输入你的配音文本内容，比如输入"人工智能是新一轮科技革命和产业变革的重要驱动力量，是研究、开发用于模拟、延伸和扩展人的智能的理论、方法、技术及应用系统的一门新的技术科学"。可以设置配音的品质，点击页面左上角"叙述（品质）"，在出现的页面中（如图7-15所示），可以选择自己喜欢的主播类型，并且允许对主播的语速和语调进行设置，然后再点击页面右上角的"使用"按钮。接着，点击页面右上角的"生成音频"，在出现的页面中（如图7-16所示），设置作品名称、格式和字幕，再点击"确认"按钮。这时，会出现订单支付页面（如图7-17所示），可以选择"会员及语音包购买"或者"单次付费"。完成费用支付以后，就会出现下载提示页面（如图7-18所示），点击"去下载"按钮，然后，在出现的下载页面中，点击下载按钮（图中箭头指向的位置）（如图7-19

所示）就可以把配音文件下载到本地电脑中。在本地电脑播放下载后的配音文件可以发现，现在的 AIGC 配音技术已经比较成熟，生成的配音质量已经可以达到专业配音员的水平。

图 7-13　讯飞智作首页

图 7-14　讯飞配音页面

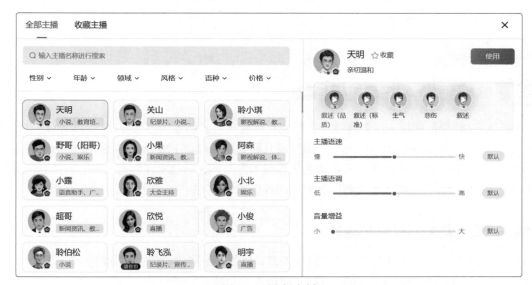

图 7-15　选择主播

图 7-16　作品命名页面

图 7-17　订单支付页面

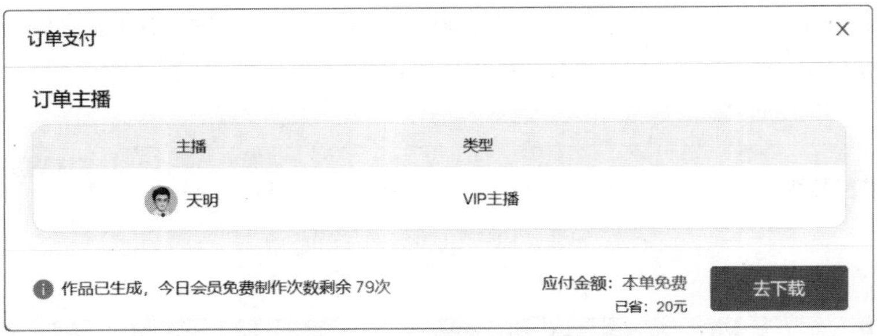

图 7-18　下载提示页面

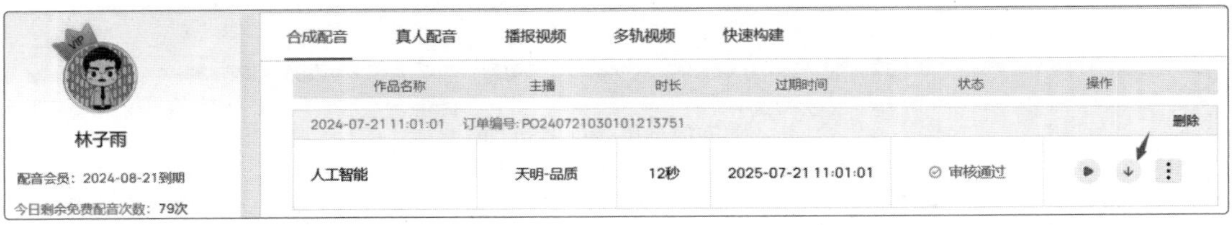

图 7-19　点击下载按钮

7.5 视频类AIGC应用实践

视频类AIGC是指利用人工智能技术，特别是深度学习、机器学习等算法，自动创建或处理视频内容的技术。它能够根据给定的文本、图像或其他数据，自动生成符合描述的视频内容，涵盖文生视频、图生视频、视频风格化、人物动态化等多个方向。这一技术在创意设计、影视制作等领域展现出巨大潜力，极大地提升了视频内容的生产效率和质量。

7.5.1 视频类AIGC应用场景

视频类AIGC在多个领域拥有广泛的应用场景，以下是一些主要的应用方向。

（1）影视制作与后期制作。AIGC可以生成影片、动画、短视频等，具备专业级的画面效果和剧情呈现，为影视行业提供多样化的创意内容。在影视作品的后期制作中，AIGC可以协助进行视频剪辑、特效合成等工作，提升制作效率和质量。

（2）短视频与直播。基于用户输入的文本或图像，AIGC可以快速生成符合需求的短视频内容，满足短视频平台的多样化需求。在直播过程中，AIGC可以用于生成虚拟主播、背景、道具等，为直播增添趣味性和互动性。

（3）广告与营销。AIGC可以根据广告需求生成创意视频，帮助广告商快速制作高质量的广告内容。在电商领域，AIGC可以生成产品展示视频，以更直观的方式向消费者展示产品特点和使用效果。

（4）教育与培训。AIGC可以生成教学视频，帮助教育机构和教师快速制作在线课程内容。在理工科教育中，AIGC可以生成虚拟实验视频，让学生在虚拟环境中进行实验操作，提高教学效果。

（5）虚拟现实与增强现实。AIGC可以生成虚拟现实和增强现实内容，为用户提供沉浸式的视觉体验。在游戏开发中，AIGC可以生成游戏关卡、角色、道具、故事情节等，为游戏行业带来创新和多样性。

（6）新闻传播与媒体融合。AIGC可以根据新闻事件自动生成新闻稿件，提高新闻资讯的时效性和传播效率。在新闻传播领域，AIGC可以生成人工智能合成的主播进行新闻播报，为观众提供更加生动、形象的新闻播报。

（7）其他领域。AIGC可以用于智能导游、虚拟现实体验等场景，从而提升旅游体验和游客满意度。在工业领域，AIGC可以生成产品演示视频、操作指南等内容，帮助企业员工更好地理解和掌握产品知识。

7.5.2　代表性视频类AIGC大模型

视频类AIGC大模型发端于Sora。2024年2月，美国的Open AI发布了全球第一款文生视频大模型Sora，迅速引起了业界的广泛关注和讨论。Sora能够快速生成高质量的广告宣传视频及商品演示视频，从而大幅降低广告相关内容的制作成本及时间。

我国的视频类AIGC大模型主要包括以下3个。

（1）可灵：由快手推出，被誉为"中国版Sora"，视频生成时长可达120s，支持文生视频、图生视频、视频续写、镜头控制等功能，表现出色。

（2）Vidu：由生数科技联合清华大学发布，是中国首个长时较长、高一致性、高动态性视频大模型，支持一键生成16s高清视频，性能可对标国际顶尖水平。

（3）书生·筑梦：由上海人工智能实验室研发，可生成分钟级视频，已用于央视AI动画片《千秋诗颂》的制作，具备中国元素和高清画质。

由于视频类AIGC大模型在使用时会消耗大量的算力资源，使用成本很高，所以，目前国内的视频类AIGC大模型都没有免费开放给大众使用，即使是申请付费使用，通常也需要排队等待一段时间才能审核通过，所以，这里不做案例实践介绍。感兴趣的读者，可以自行调研相关视频类AIGC大模型的具体用法。

7.6　AIGC技术在辅助编程中的应用

AIGC技术在辅助编程中的应用日益广泛，它能够自动生成高质量的代码，从而显著提高开发效率，主要包括以下4种应用场景。

（1）代码自动生成。AIGC技术可以根据给定的语义描述或功能需求，自动生成相应的代码骨架和细节。例如，在开发过程中，开发人员可以输入函数的描述或需求，AIGC系统就能自动生成实现这些功能的代码片段。这一过程包括两个步骤：首先，通过给定的语义描述生成初始代码骨架；然后，通过填充代码骨架中的空白部分，生成完整的代码。

（2）代码优化与重构。AIGC技术还能对现有代码进行优化和重构。通过分析代码的结构和性能瓶颈，AIGC系统可以提出改进建议，甚至自动修改代码，以提高代码的执行效率和可读性。例如，在CPU源码优化方面，AIGC技术可以有效地提高人工智能模型的训练速度和效率，从而加快软件开发的进程。

（3）代码补全与提示。在编程过程中，AIGC技术可以提供实时的代码补全和提示功能。当开发人员输入部分代码时，AIGC系统能够预测并推荐可能的代码片段，从而提高编码速度和准确性。这种功能类似于现代IDE（集成开发环境）中的智能提示功能，但AIGC技术基于更复杂的机器学习模型，能够提供更准确、更智能的提示。

（4）代码风格统一。AIGC技术还可以帮助开发人员保持代码风格的统一。通过学习和模仿特定项目或团队的代码风格，AIGC系统可以生成符合该风格的代码，从而减少因代码风格不一致而导致的混乱和错误。

能够提供辅助编程服务的AIGC大模型包括Codex、GitHub Copilot、CodeGeeX、aiXcoder、豆包、通义灵码等。下面以字节跳动公司研发的豆包大模型为例介绍使用方法。

编程工作一般都是在电脑上进行的，所以，这里使用电脑端的豆包大模型（手机端的豆包APP也提供了编程辅助功能）。访问豆包大模型官网，注册用户以后，进入大模型操作首页（如图7-20所示），点击"我的智能体"，再点击"编程助理"（可以在"发现AI智能体"中添加），然后，在页面中输入提示词，比如输入"请编写一段Python代码，使用turtle库，绘制一个五角星"，然后，豆包就会自动生成一段Python代码（如图7-21所示）。在Python中运行这段代码，就可以成功绘制一个五角星。

图7-20　豆包大模型操作首页

图7-21　豆包自动生成的Python代码

7.7　本章小结

AIGC技术正深刻影响着人类社会的未来。它不仅重塑了创意产业的边界，让艺术、设计、文学等领域的创作更加高效且充满无限可能，还极大地推动了科技、教育、医疗等行业的智能化转型。在AIGC的助力下，信息获取与处理的速度空前提升，个性化内容与服务成为常态，极大地丰富了人们的生活体验。未来，随着AIGC技术的不断成熟与AIGC应用的深化，人类社会将迎来更加智能、高效、多彩的新时代。

7.8　习题

1. 请阐述什么是AIGC。
2. 请阐述AIGC与大模型的关系。
3. 请阐述AIGC的发展历程。
4. 请阐述常见的AIGC应用场景。
5. 请阐述AIGC技术对行业发展的影响。

6. 请阐述 AIGC 技术对职业发展的影响。

7. 请阐述常见的 AIGC 大模型工具。

8. 请阐述什么是 AIGC 大模型的提示词，以及提示词的使用技巧是什么。

9. 请阐述文本类 AIGC 的应用场景及其代表产品。

10. 请阐述图片类 AIGC 的应用场景及其代表产品。

11. 请阐述语音类 AIGC 的应用场景及其代表产品。

12. 请阐述视频类 AIGC 的应用场景及其代表产品。

13. 请阐述 AIGC 在辅助编程方面有哪些具体应用场景。

第 **8** 章

新兴数字技术

　　云计算、大数据、物联网、人工智能、区块链、元宇宙等新兴数字技术，正在深刻地改变着我们的生活和工作方式。云计算彻底颠覆了人类社会获取IT资源的方式，大大减少了企业部署IT系统的成本，有效降低了企业的信息化门槛。大数据为企业提供了海量数据的存储和计算能力，帮助企业从大量数据中挖掘得到有价值的信息，服务于企业的生产决策。物联网以"万物互联"为终极目标，把传感器、控制器、机器、人和物等通过新的方式连在一起，形成人与物、物与物相连，实现信息化和远程管理控制。与此同时，近些年，人工智能、区块链、元宇宙的发展热潮一浪高过一浪。人工智能作为21世纪科技发展的前沿，深刻揭示了科技发展为人类社会带来的巨大影响。区块链作为数字时代的底层技术，具有去中心化、开放性、自治性、匿名性、可编程和可追溯六大特征，这六大特征使得区块链具备了颠覆性技术的特质。而元宇宙将促进信息科学、量子科学、数学和生命科学等学科的融合与互动，创新科学范式，推动传统的哲学、社会学甚至人文科学体系的突破。

　　前面的章节已经介绍了大数据与人工智能，本章将介绍云计算、物联网、区块链和元宇宙等内容。

8.1　云计算

　　本节介绍云计算的概念、云计算的服务模式和类型、云计算数据中心、云计算的应用和云计算产业。

8.1.1　云计算的概念

　　云计算实现了通过网络提供可伸缩的、廉价的分布式计算能力，用户只需要处于具备网络接入条件的地方，就可以随时随地获得所需的各种IT资源。云计算代表了以虚拟化技术为核心、以低成本为目标的、动态可扩展的网络应用基础设施，目前已经得到广泛应用。

　　2006年，亚马逊（Amazon）公司推出了早期的云计算产品AWS（Amazon Web Services），尽管AWS的名字中并没有出现"云计算"3个字，但是，其产品形态本质上就是云计算。目前，云计算已经有十几年的发展历史，但是，对于云计算的准确含义，在社会公众层面仍然存在很多误解。

　　云计算是一种全新的技术，包含虚拟化、分布式存储、分布式计算、多租户等关键技术，但是，如果从技术角度去理解，我们往往无法抓住云计算的本质。要想准确理解云计算，就需要从商业模式的角度去切入。本质上，云计算代表了一种全新的获取IT资源的商业模式，这种模式的出现，完全颠覆了人类社会获取IT资源的方式。因此，我们可以从商业模式角度给云计算下一个定义，所谓的"云计算"是指以服务的方式通过网络为千家万户提供非常廉价的IT资源。这里的"千家万户"包含政府、企业和个人用户。

　　为了更好地理解云计算的内涵，这里给出一个形象的类比。实际上，IT资源获取方式的变革所走过的道路和水资源获取方式的变革所走过的道路是基本类似的。如果我们能够理解水资源获取方式是如何被变革的，我们就能够很容易理解什么是云计算。

　　以水资源为例，在人类历史上，为了获得水资源，采用了两种典型的"商业模式"，即挖井取水和自来水。下面分析一下这两种商业模式。

　　挖井取水（见图8-1）主要有以下几个缺点。

　　（1）初期成本高，周期长。为了喝到一口水，就需要挖一口井，不仅需要投入几万元的成本，还需要等待半个多月时间。

（2）后期需要自己维护。在水井的使用过程中，可能会出现井壁坍塌、水质变坏、打水的水桶损坏等各种问题，这些都要靠用户自己去维护，成本较高。

（3）供水量有限。一口井每天的来水量是有限的，可以满足少量家庭的用水需求，倘若要让一口井满足整个城市的用水需求，显然是不可能的。

后来自来水出现了（见图8-2），它彻底颠覆了人类社会获取水资源的方式。自来水包含很多技术，比如水库建造技术、水质净化技术和高压供水技术等，但是，从技术的角度来看，我们是无法抓住自来水的本质的。要想准确把握自来水的本质，必须从商业模式的角度去切入。从商业模式角度而言，自来水代表了一种全新的获取水资源的商业模式，有了自来水，就不再需要家家户户去挖井，只需要购买自来水公司的水资源服务，也就是说，我们是通过购买服务的方式来获得水资源的。

图8-1　挖井取水

图8-2　自来水

自来水这种模式具有很多优点，主要如下。

（1）初期零成本，瞬时可获得。当我们要喝一口水时，再也不需要去挖一口井，只要拧开自来水龙头，马上就有水了。

（2）后期免维护，使用成本低。用户只需要使用自来水即可，根本不需要负责自来水设施的维护，比如水库淤积、自来水管道爆裂、水质变差等问题，都是自来水公司负责解决的，和用户无关。而且，与投入几万元挖井相比，自来水的使用价格极其低廉，采用"按量计费"的方式收取水费，比如，1吨水5元，2吨水10元。

（3）在供水量方面"予取予求"。只要用户缴纳水费，就能获得持续的供给。

在对挖井取水和自来水做了上述的优缺点比较以后，我们就很容易理解云计算的内涵了。从商业模式角度而言，本质上，云计算就是和自来水一模一样的商业模式，云计算的出现彻底颠覆了人类社会获得IT资源的方式，这里的IT资源包括CPU的计算能力、磁盘的存储空间、网络带宽、系统、软件等。如图8-3所示，在传统的方式下，企业通过自己建机房的方式来获得IT资源；而在云计算的方式下，企业不需要自建机房，只要接入网络，就可以从"云端"租用各种IT资源。

传统的IT资源获取方式的主要缺点和挖井取水的缺点基本一样，具体如下。

（1）初期成本高，周期长。以100MB磁盘空间为例，在云计算诞生之前，当一个企业需要获得100MB磁盘空间时，就需要建机房、买设备、聘请IT员工维护，这种做法本质上和"为了喝一口水而去挖一口井"是一样的，不仅需要投入较高的成本，还需要经过一段时间的购买、安装和调试以后才能使用。

（2）后期需要自己维护，使用成本高。机房的服务器发生故障、软件发生错误等都需要企业自己去维护和解决。为此，企业还需要为维护机房的IT员工支付费用。

（a）传统的方式：自建机房

企业用户

租用云端资源

云计算

（b）云计算的方式：企业不需要自
建机房，而是租用云端资源

图 8-3　获得 IT 资源的两种方式

（3）IT 资源供应量有限。企业的机房建设完成后，配置的 IT 资源是固定的，比如，配置了 1000MB 的磁盘空间，那么，每天最多只能使用 1000MB，如果要使用更多的磁盘空间，就需要额外购买、安装和调试。

云计算的主要优点和自来水的优点基本一样，具体如下。

（1）初期零成本，瞬时可获得。当用户需要 100MB 磁盘空间时，再也不需要去建机房、买设备，只要连接到"云端"，就可以瞬时获得 100MB 磁盘空间。

（2）后期免维护，使用成本低。用户只需要使用云计算服务商提供的 IT 资源即可，根本不需要负责云计算设施的维护，比如数据中心设施更换、系统维护升级、软件更新等，都是云计算服务商负责的工作，与用户无关。而且，与投入十几万元建设机房相比，云计算的使用价格极其低廉，采用"按量计费"的方式收取费用，比如，1GB 磁盘空间每年 2 元钱，2GB 磁盘空间每年 4 元钱。

（3）在供应 IT 资源方面"予取予求"。只要用户缴纳租金，云计算服务商就可以为用户提供持续的 IT 资源供给。

8.1.2　云计算的服务模式和类型

云计算包括 3 种典型的服务模式（见图 8-4），即 IaaS（Infrastructure as a Service，基础设施即服务）、PaaS（Platform as a Service，平台即服务）和 SaaS（Software as a Service，软件即服务）。IaaS 将基础设施（计算资源和存储）作为服务出租，PaaS 将平台作为服务出租，SaaS 将软件作为服务出租。

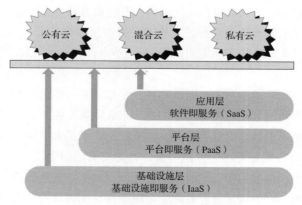

公有云　　混合云　　私有云

应用层
软件即服务（SaaS）

平台层
平台即服务（PaaS）

基础设施层
基础设施即服务（IaaS）

图 8-4　云计算的服务模式和类型

云计算包括公有云、私有云和混合云3种类型（见图8-4）。公有云面向所有用户提供服务，注册付费的用户都可以使用，比如AWS；私有云只为特定用户提供服务，比如大型企业出于安全考虑，自建的云环境只为企业内部提供服务；混合云综合了公有云和私有云的特点，对于一些企业而言，一方面出于安全考虑需要把数据放在私有云中，另一方面又希望可以获得公有云的计算资源，为了获得最佳的效果，就可以把公有云和私有云进行搭配使用。

8.1.3　云计算数据中心

当我们使用云计算服务商提供的云存储服务、把数据保存在"云端"时，最终数据会被存放在哪里呢？"云端"只是一个形象的说法，实际上数据并不是在"天上的云朵"里，而是必须要"落地"。所谓"落地"是说，这些云端的数据实际上是被保存在全国各地修建的大大小小的数据中心。

如图8-5所示，云计算数据中心是一整套复杂的设施，包括刀片服务器、宽带网络连接、环境控制设备、监控设备以及各种安全装置等。数据中心是云计算的重要载体，为云计算提供计算、存储、带宽等各种硬件资源，为各种平台和应用提供运行支撑环境。数据中心里的CPU、内存、磁盘、带宽等IT资源汇集成一个庞大的IT资源池，然后通过计算机网络分发给千家万户。实际上，云计算数据中心的功能就相当于自来水厂的功能，数据中心里的庞大IT资源池就相当于自来水厂的水库，自来水厂通过水库把大量水资源汇聚在一起，再通过自来水管道网络分发给千家万户；而云计算通过数据中心把庞大的IT资源汇聚在一起，再通过计算机网络分发给千家万户。

图8-5　云计算数据中心

谷歌、微软、IBM、惠普、戴尔等国际IT"巨头"，纷纷投入巨资在全球范围内大量修建数据中心，旨在掌握云计算发展的主导权。我国政府和企业也在加大力度建设云计算数据中心。福建省泉州市安溪县龙门镇的中国国际信息技术（福建）产业园的数据中心，是福建省重点建设的两大数据中心之一，由惠普公司承建，拥有5000台刀片服务器，是亚洲规模最大的云渲染平台。阿里巴巴在甘肃玉门建设的数据中心，是中国第一个绿色环保的数据中心，电力全部来自风力发电，用祁连山融化的雪水冷却数据中心产生的热量。贵州被公认为是中国南方最适合建设数据中心的地方，目前，中国移动、联通、电信三大运营商都将南方数据中心建在贵州。

2022年2月，我国"东数西算"工程正式启动，将在京津冀、长三角、粤港澳大湾区、成渝、内蒙古、贵州、甘肃、宁夏等地启动建设国家算力枢纽节点，并规划了10个国家数据中心集群。"东数西算"中的"数"是指数据，"算"是算力，即对数据的处理能力。"东数西算"是通过构建数据中心、云计算、大数据一体化的新型算力网络体系，将东部算力需求有序引导到西部，优化数据中心建设布局，促进东西部协同联动。为什么要实施"东数西算"呢？这是因为，目前我国数据中心大多分布在东部地区，由于土地、能源等资源日趋紧张，在东部大规模发展数据中心难以为继。而我国西部地区资源充裕，特别是可再生资源丰富，具备发展数据中心、承接东部算力需求的潜力。实施"东数西算"以后，西部数据中心主要用于处理后台加工、离线分析、存储备份等对网络要求不高的业务，东部枢纽则主要处理工业互联网、金融证券、灾害预警、远程医疗、视频通话、人工智能推理等对网络要求较高的业务。"东数西算"工程是促进算力、数据流通，激活数字经济活力的重要手段。

8.1.4　云计算的应用

云计算在电子政务、医疗、卫生、教育、企业等领域的应用不断深化，对提高政府服务水平、促进产业转型升级和培育发展新兴产业等都起到了关键的作用。政务云上可以部署公共安全管理、容灾备份、城市管理、应急管理、智能交通、社会保障等应用，通过集约化建设、管理和运行，可以实现信息资源整合和政务资源共享，推动政务管理创新，加快政府向服务型政府转型。教育云可以有效整合幼儿教育、中小学教育、高等教育以及继续教育等优质教育资源，逐步实现教育信息共享、教育资源共享及教育资源深度挖掘等目标。中小企业云能够让企业以低廉的成本建立财务、供应链、客户关系等管理应用系统，大大降低企业信息化门槛，迅速提升企业信息化水平，增强企业市场竞争力。医疗云可以推动医院与医院、医院与社区、医院与急救中心、医院与家庭之间的服务共享，并形成一套全新的医疗健康服务系统，从而有效地提高医疗保健的质量。

8.1.5　云计算产业

云计算产业近些年得到了迅速发展，形成了成熟的产业链（见图 8-6），产业涵盖硬件与设备制造、基础设施运营、软件与解决方案供应商、IaaS、PaaS、SaaS、云安全、云计算交付/咨询/认证等环节。

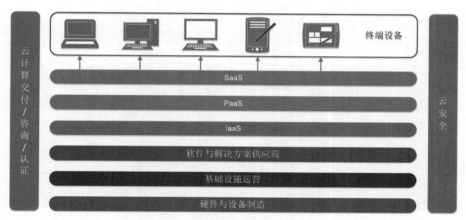

图 8-6　云计算产业链

硬件与设备制造环节包括绝大部分传统硬件制造商，这些制造商都已经在某种形式上支持虚拟化和云计算，主要包括英特尔、AMD、思科、Sun 等。基础设施运营环节包括数据中心运营商、网络运营商、移动通信运营商等。软件与解决方案供应商主要以虚拟化管理软件供应商为主，包括 IBM、微软、思杰、Sun、红帽等。IaaS 将基础设施（计算资源和存储等）作为服务出租，向客户出售服务器、存储和网络设备、带宽等基础设施资源，厂商主要包括亚马逊、Rackspace、GoGrid、Grid Player 等。PaaS 把平台（包括应用设计、应用开发、应用测试、应用托管等）作为服务出租，厂商主要包括谷歌、微软、新浪、阿里巴巴等。SaaS 则把软件作为服务出租，向用户提供各种应用，厂商主要包括 Salesforce、谷歌等。云安全旨在为各类云用户提供高可信的安全保障，厂商主要包括 IBM、OpenStack 等。云计算交付/咨询/认证环节包括交付以及咨询认证服务商，这些服务商已经支持绝大多数形式的云计算咨询及认证服务，主要包括 IBM、微软、Oracle、思杰等。

8.2 物联网

物联网是新一代信息技术的重要组成部分，具有广泛的用途，同时和云计算、大数据有着千丝万缕的紧密联系。下面介绍物联网的概念、物联网的关键技术、物联网的应用以及物联网产业。

8.2.1 物联网的概念

物联网是物物相连的互联网，是互联网的延伸，它利用局部网络或互联网等通信技术把传感器、控制器、机器、人和物等通过新的方式连在一起，形成人与物、物与物相连，实现信息化和远程管理控制。

从技术架构上来看，物联网可分为4层（见图8-7）：感知层、网络层、处理层和应用层。每层的具体功能如表8-1所示。

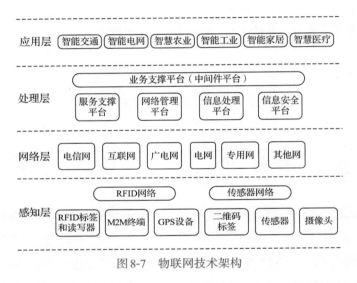

图8-7 物联网技术架构

表8-1 物联网各层的具体功能

层次	功能
感知层	如果把物联网系统比作一个人体，那么，感知层就好比人体的神经末梢，它可以感知物理世界，采集来自物理世界的各种信息。这个层包含大量的传感器，如温度传感器、湿度传感器、应力传感器、加速度传感器、重力传感器、气体浓度传感器、土壤盐分传感器等，还包含二维码标签、RFID（Radio Frequency Identification，射频识别）标签和读写器、摄像头、GPS设备等
网络层	相当于人体的神经中枢，起到信息传输的作用。网络层包含各种类型的网络，如互联网、电信网、广电网等
处理层	相当于人体的大脑，起到存储和处理的作用，包括信息处理平台等
应用层	直接面向用户，满足各种应用需求，如智能交通、智慧农业、智能工业、智慧医疗等

这里给出一个简单的智能公交实例来加深对物联网概念的理解。目前，很多城市居民的智能手机中都安装了"掌上公交"App，居民可以用手机随时随地查询每辆公交车的当前到达位置信息，"掌上公交"App就是一种非常典型的物联网应用。在智能公交应用中，每辆公交车都安装了GPS设备和4G/5G网络传输模块，在车辆行驶过程中，GPS设备会实时采集公交车的到达位置信息，并通过车上的4G/5G网络传输模块发送给车辆附近的移动通信基站，经由电信运营商的4G/5G移动通

信网络传送到智能公交指挥调度中心的数据处理平台，平台再把公交车位置数据发送给智能手机用户，用户的"掌上公交"App就会显示出公交车的当前位置信息。这个App实现了"物与物的相连"，即把公交车和手机这两个物体连接在一起，让手机可以实时获得公交车的位置信息，进一步讲，这个App实际上也实现了"物和人的连接"，让手机用户可以实时获得公交车位置信息。在这个App中，安装在公交车上的GPS设备，属于物联网的感知层；安装在公交车上的4G/5G网络传输模块以及电信运营商的4G/5G移动通信网络，属于物联网的网络层；智能公交指挥调度中心的数据处理平台，属于物联网的处理层；智能手机上安装的"掌上公交"App，属于物联网的应用层。

8.2.2　物联网的关键技术

　　物联网是物物相连的互联网，通过为物体加装二维码标签、RFID标签、传感器等，可以实现物体身份唯一标识和各种信息的采集，再结合各种类型网络连接，就可以实现人和物、物和物之间的信息交换。因此，物联网的关键技术包括识别和感知技术（二维码、RFID、传感器等）、网络与通信技术、数据挖掘与融合技术等。

　　（1）识别和感知技术。二维码是物联网中一种很重要的自动识别技术，是在一维条码基础上扩展出来的条码技术。二维码包括层排式二维码和矩阵式二维码，后者较为常见。如图8-8所示，矩阵式二维码在一个矩形空间中通过黑、白像素在矩阵中的不同分布进行编码。在矩阵相应元素位置上，用点（方点、圆点或其他形状）的出现表示二进制"1"，

图 8-8　矩阵式二维码

点的不出现表示二进制"0"，点的排列组合确定了矩阵式二维条码所代表的意义。二维码具有信息容量大、编码范围广、容错能力强、译码可靠性高、成本低、易制作等良好特性，已经得到了广泛的应用。

　　RFID技术用于静止或移动物体的无接触自动识别，具有全天候、无接触、可同时实现多个物体的自动识别等特点。RFID技术在生产和生活中得到了广泛的应用，大大推动了物联网的发展，我们平时使用的公交卡、门禁卡、校园卡等都嵌入了RFID芯片，可以实现迅速、便捷的数据交换。从结构上讲，RFID是一种简单的无线通信系统，由RFID标签和RFID读写器两个部分组成。RFID标签是由天线、耦合元件、芯片组成的，是一个能够传输信息、回复信息的电子模块。RFID读写器也是由天线、耦合元件、芯片组成的，用来读取（或者有时也可以写入）RFID标签中的信息。RFID技术使用RFID读写器及可附着于目标物的RFID标签，利用频率信号将信息由RFID标签传送至RFID读写器。以公交卡为例，我们持有的公交卡就是一个RFID标签（见图8-9），公交车上安装的刷卡设备就是RFID读写器，当我们执行刷卡动作时，就完成了一次RFID标签和RFID读写器之间的非接触式通信和数据交换。

　　传感器是一种能感受规定的被测量并按照一定的规律（数学函数法则）转换成可用信号的器件或装置，具有微型化、数字化、智能化、网络化等特点。人类需要借助于耳朵、鼻子、眼睛等感觉器官感受外部物理世界，类似地，物联网需要借助于传感器实现对物理世界的感知。物联网中常见的传感器类型有光敏传感器、声敏传感器、气敏传感器、化学传感器、压敏传感器、温敏传感器、流体传感器等，不同类型的传感器如图8-10所示。

图 8-9　采用 RFID 芯片的公交卡

图 8-10　不同类型的传感器

（2）网络与通信技术。物联网中的网络与通信技术包括短距离无线通信技术和远程通信技术。短距离无线通信技术包括 ZigBee、NFC（Near Field Communication，近场通信）、蓝牙、Wi-Fi、RFID 等。远程通信技术包括互联网、2G/3G/4G/5G 移动通信网络、卫星通信网络等。

（3）数据挖掘与融合技术。物联网中存在大量数据来源、各种异构网络和不同类型系统，包含大量不同类型的数据，如何实现有效整合、处理和挖掘，是物联网的处理层需要解决的关键技术问题。云计算和大数据技术的出现，为物联网数据存储、处理和分析提供了强大的技术支撑，海量物联网数据可以借助于庞大的云计算基础设施实现廉价存储，利用大数据技术实现快速处理和分析，满足各种实际应用需求。

8.2.3　物联网的应用

物联网已经被广泛应用于智能交通、智慧医疗、智能家居、环保监测、智能安防、智能物流、智能电网、智慧农业、智能工业等领域，对国民经济与社会发展起到了重要的推动作用，具体如下。

（1）智能交通。利用 RFID、摄像头、线圈、导航设备等物联网技术构建的智能交通系统，可以让人们随时随地通过智能手机、电子站牌等，了解城市各条道路的交通状况、停车场的车位情况、每辆公交车的当前到达位置等信息，从而合理安排行程，提高出行效率。

（2）智慧医疗。医生利用平板电脑、智能手机等手持设备，通过无线网络，可以随时连接并访问各种诊疗仪器，实时掌握每个病人的各项生理指标数据，科学、合理地制定诊疗方案，甚至可以支持远程诊疗。

（3）智能家居。利用物联网技术提升家居安全性、便利性、舒适性、艺术性，并实现环保节能的居住环境。比如，可以在工作单位通过智能手机远程开启家里的电饭煲、空调、门锁、监控、窗帘和电灯等，家里的窗帘和电灯也可以根据时间和光线变化自动开启和关闭。

（4）环保监测。可以在重点区域放置监控摄像头或水质/土壤成分检测仪器，相关数据可以实时传输到监控中心，当出现问题时及时发出警报。

（5）智能安防。采用红外线、监控摄像头、RFID等物联网技术与设备，实现小区出入口智能识别和控制、意外情况自动识别和报警、安保巡逻智能化管理等功能。

（6）智能物流。利用集成智能化技术，使物流系统能模仿人的智能，具有思维、感知、学习、推理判断和自行解决物流中某些问题的能力（如选择最佳行车路线、选择最佳包裹装车方案等），从而实现物流资源优化调度和有效配置，提升物流系统工作效率。

（7）智能电网。使用智能电表不仅可以免去抄表工的大量工作，还可以实时获得用户用电信息，提前预测用电高峰和低谷，为合理设计电力需求响应系统提供依据。

（8）智慧农业。利用温度传感器、湿度传感器和光线传感器，实时获得种植大棚内的农作物生长环境信息，远程控制大棚遮光板、通风口、喷水口的开启和关闭，让农作物始终处于最优的生长环境，提高农作物产量和品质。

（9）智能工业。将具有环境感知能力的各类终端、基于泛在技术的计算模式、移动通信技术等不断融入工业生产的各个环节，大幅提高制造效率，改善产品质量，降低产品成本和资源消耗，将传统工业提升到智能化的新阶段。

8.2.4　物联网产业

完整的物联网产业链主要包括核心感应器件提供商、感知层末端设备提供商、网络提供商、软件与行业解决方案提供商、系统集成商、运营及服务提供商等环节（见图8-11），具体如下。

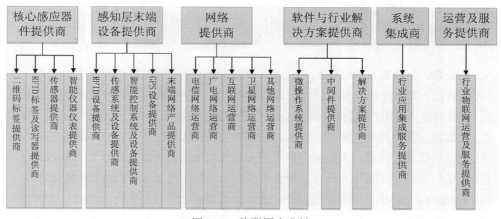

图 8-11　物联网产业链

（1）核心感应器件提供商：提供二维码标签、RFID标签及读写器、传感器、智能仪器仪表等物联网核心感应器件。

（2）感知层末端设备提供商：提供RFID设备、传感系统及设备、智能控制系统及设备、GPS设备、末端网络产品等。

（3）网络提供商：包括电信网络运营商、广电网络运营商、互联网运营商、卫星网络运营商和其他网络运营商等。

（4）软件与行业解决方案提供商：提供微操作系统、中间件、解决方案等。

（5）系统集成商：提供行业应用集成服务。

（6）运营及服务提供商：提供行业物联网运营及服务。

8.3　大数据与云计算、物联网的关系

云计算、大数据和物联网代表了IT领域最新的技术发展趋势，三者既有区别又有联系。云计算最初主要包含两类含义：一类是以谷歌的GFS和MapReduce为代表的大规模分布式并行计算技术；另一类是以亚马逊的虚拟机和对象存储为代表的"按需租用"的商业模式。但是，随着大数据概念的提出，云计算中的分布式并行计算技术开始更多地被列入大数据技术，而人们提到云计算时，更多指的是底层基础IT资源的整合和优化，以及以服务的方式提供IT资源的商业模式（如IaaS、PaaS、SaaS）。从云计算和大数据概念的诞生到现在，二者之间的关系非常微妙，既密不可分，又千差万别。因此，我们不能把云计算和大数据割裂开来作为截然不同的两类技术来看待。此外，物联网也是和云计算、大数据相伴相生的技术。下面总结一下三者的关系（见图8-12）。

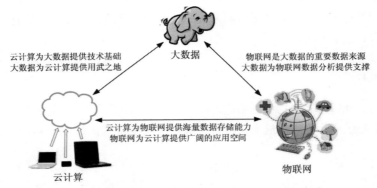

图8-12　大数据、云计算和物联网三者之间的关系

第一，大数据、云计算和物联网的区别。大数据侧重于对海量数据的存储、处理与分析，从海量数据中发现价值，服务于生产和生活；云计算本质上旨在整合和优化各种IT资源并通过网络以服务的方式，廉价地提供给用户；物联网的发展目标是实现物物相连，应用创新是物联网发展的核心。

第二，大数据、云计算和物联网的联系。从整体上看，大数据、云计算和物联网这三者是相辅相成的。大数据根植于云计算，大数据分析的很多技术都来自云计算，云计算的分布式数据存储和管理系统（包括分布式文件系统和分布式数据库系统）提供了海量数据的存储和管理能力，分布式并行处理框架MapReduce提供了海量数据分析能力，若没有云计算技术作为支撑，大数据分析就无从谈起。反之，大数据为云计算提供了"用武之地"，没有大数据这个"练兵场"，云计算技术再先进，也不能发挥它的应用价值。物联网的传感器源源不断产生大量数据，因此，物联网是大数据的重要数据来源，若没有物联网的飞速发展，就没有数据产生方式的变革，即由人工产生阶段转向自动产生阶段，大数据时代也不会这么快就到来。同时，物联网需要借助于云计算和大数据技术，实现物联网大数据的存储、分析和处理。

可以说，云计算、大数据和物联网三者彼此渗透、相互融合，在很多应用场合都可以同时看到三者的身影。在未来，三者会继续相互促进、相互影响，更好地服务于社会生产和生活的各个领域。

8.4　区块链

技术发展日新月异，行业创新层出不穷。继大数据、云计算、物联网、人工智能等新兴技术之后，在全球范围内掀起了新一轮对区块链技术的研究与应用热潮。区块链的出现，实现了从传递信

息的"信息互联网"向传递价值的"价值互联网"的转变，提供了一种新的信用创造机制。区块链开创了一种在不可信的竞争环境中低成本建立信任的新型计算范式和协作模式，凭借其独有的信任建立机制，实现了穿透式监管和信任逐级传递。区块链源于加密数字货币，目前正在向垂直领域延伸，蕴含着巨大的潜力，有望成为数字经济信息基础设施的重要组件，改变诸多行业的发展图景。

本章从比特币说起，然后介绍区块链的原理、定义、分类、应用和发展阶段，最后介绍区块链与大数据的关系、区块链技术的现状与未来展望。

8.4.1　比特币

区块链的诞生受到广泛关注，与比特币密切相关。事实上，区块链技术仅是比特币的底层技术，在比特币出现很久之后，人们才把它从比特币中抽象地提炼出来。从某种角度来看，可以把比特币认为是区块链最早的应用，区块链除了可以用于比特币，还可以用到很多其他领域。

关于区块链的故事，要追溯到比特币的诞生。2008年10月31日，至今匿名的神秘极客、比特币的创造者——中本聪，向一个密码学邮件列表的所有成员发送了一封电子邮件，标题为"比特币：点对点电子现金论文"。在邮件中，他附上了比特币白皮书的链接，论文题为"比特币：一种点对点电子现金系统"。中本聪在2008年发表的这篇论文在互联网发展史上起到了重要作用，其他重要论文包括利克里德写的开启互联网前身"阿帕网"的《计算机作为一种通信设备》（1968年）、蒂姆·伯纳斯−李写的万维网（World Wide Web, WWW）建议书《关于信息管理的建议》（1989年）、谷歌联合创始人谢尔盖·布林与拉里·佩奇写的搜索引擎论文（1998年）等。2009年1月3日，在位于芬兰赫尔辛基的服务器上，中本聪挖出了第一个比特币区块，即所谓的比特币"创世区块"，由此，比特币正式诞生。

比特币这个电子现金系统是同时去中介化和去中心化的。所谓的"去中介化"是指，个人与个人之间的电子现金无须可信第三方中介的介入，电子现金的发行也不需要一个中心化机构，而是由代码与社区共识来完成的。有了比特币以后，就无须中心化平台作为信任的桥梁，区块链将全网的参与者作为交易的监督者，交易双方可以在无须建立信任关系的前提下完成交易，实现价值的转移。需要注意的是，比特币在我国为非法定货币。

8.4.2　区块链的原理

1. 从记账开始讲起

区块链是比特币背后的技术，比特币和区块链是同时诞生的。比特币背后的技术被单独剥离出来，称为"区块链"。那么，区块链是如何运作的呢？这就需要从记账开始讲起。

货币的用途是交易，交易会产生记录，就需要记账。一个账本如表8-2所示，这个账本记录了很多条交易。比如，编号为501的记录，表示王小明给陈云转了20元；编号为502的记录，表示张小山给刘大虎转了80元；编号为505的记录，表示银行发行了1000元。

表8-2　一个账本

编号	转账人	收款人	金额（元）	编号	转账人	收款人	金额（元）
……	……	……	……	503	林彤文	司马鹰松	500
501	王小明	陈云	20	504	李文全	赵明亮	180
502	张小山	刘大虎	80	505		银行	1000

续表

编号	转账人	收款人	金额（元）	编号	转账人	收款人	金额（元）
506	银行	某某	1000	……	……	……	……

从数据的结构来说，每次转账其实就是一条数据记录，我们把这种方式叫作记账，就是记了一笔某人转给另一个人钱的账。账本一般由某个机构负责维护，因此这种记账方式叫"中心化记账"，即由我们信任的中心化机构（政府、银行）记账。几乎所有的银行都用中心化记账的方式维护巨大的数据库，这个数据库保留我们所有的交易的记录。

中心化记账有很多的好处，比如，数据是唯一的，不容易出错。你如果足够信任它，转账效率特别高，在同一个数据库里，瞬间就可以完成转账。但是，中心化机构非常关键，需要确保没有系统瘫痪、违约、欺瞒等风险。

2. 比特币要解决的第一个问题：防篡改

为了避免以上风险，是否有一种货币可以不通过中心化机构来记账呢？这是比特币发行的初衷。不由传统的"可信"的中介机构记账，那么由谁来记账呢？怎样保证新的记账者不会篡改交易记录呢？黑客篡改交易记录怎么办？这就是比特币要解决的第一个问题：防篡改。

为了实现"防篡改"，就需要引入哈希函数。哈希函数的作用是将任意长度的字符串，转变成固定长度（如256位）的输出，输出的值就被称为"哈希值"。哈希函数有很多，比特币使用的是SHA-256。哈希函数必须满足一个要求，就是计算过程不能太复杂，用现代计算机去计算，应该可以很快得到结果。

比如，在图8-13中，输入字符串是"把厦门大学建设成高水平研究型大学"，经过哈希函数转换以后的输出是"EFC15…8FBF5"。当输入字符串是"把厦门大学建设成高水平研究型大学！"时，经过哈希函数转换以后的输出是"17846…6DC3A"。可以看出，只要输入字符串发生微小变化，哈希函数的输出就会完全不同。

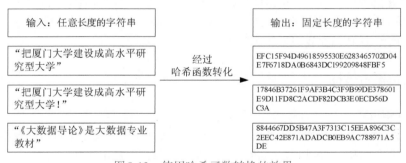

图8-13 使用哈希函数转换的效果

哈希函数有以下两个非常重要的特性。

（1）第一个特性：很难找到两个不同的x和y，使得$h(x)=h(y)$，也就是说，通过两个不同的输入，很难找到对应的、相同的输出。

（2）第二个特性：根据已知的输出，很难找到对应的输入。

这里重点看一下第一个特性。输入字符串是一个任意长度的字符串，对应一个无限空间。而哈希函数的输出是固定长度的字符串，对应一个有限空间。从无限空间映射到有限空间，肯定存在多对一的情况，所以，肯定会存在两个不同输入对应于同一个输出的情况。也就是说，肯定存在两个不同的x和y，使得$h(x)=h(y)$。虽然这种情况在理论上是存在的，但是，实际上不知道用什么

方法可以找到 x 和 y。因为这里面没有任何规律可言，可能需要用计算机把所有可能的字符串都遍历一遍，但是，即使用目前最强大的超级计算机去遍历，也几乎要花费无穷无尽的时间，才能找到这样一个字符串。现在计算机找不到，那么，将来计算机发展了，是不是可以很容易找到呢？未必，因为虽然计算机变得更强大了，但只要增加哈希函数输出值的长度，寻找可能的输入就依然会很困难。

了解了哈希函数以后，现在就来看一下什么是区块链。

上面已经介绍过，所有的交易记录都被记录在一个账本中。这个账本非常大，于是，我们可以把这个总账本切分成很多个区块进行存储，每个区块记录一段时间（如 10 分钟）内的交易，区块与区块之间具有继承关系。以图 8-14 为例，区块 1 是区块 2 的父区块，区块 2 是区块 3 的父区块，区块 3 是区块 4 的父区块，依次类推。每个区块内记录的交易的条数可能是不同的，因为每 10 分钟生成一个区块，如果 10 分钟内发生的交易次数较多，则这个区块记录的交易条数就较多。

总账本

编号	转账人	收款人	金额（元）
……	……	……	……
501	王小明	陈云	20
502	张小山	刘大虎	80
503	林彤文	司马鹰松	500
504	李文全	赵明亮	180
505		银行	1000
506	银行	某某	1000
……	……	……	……

将总账本切分成区块

区块1

编号	转账人	收款人	金额（元）
……	……	……	……
501	王小明	陈云	20
502	张小山	刘大虎	80
503	林彤文	司马鹰松	500
504	李文全	赵明亮	180
505		银行	1000
506	银行	某某	1000
……	……	……	……

区块2

编号	转账人	收款人	金额（元）
……	……	……	……
1001	章一飞	刘猛	20
1002	王飞虎	马良	80
1003	肖三	胡五	500
1004	孟小龙	赵四	180
1005	赵云	张飞	1000
1006	诸葛瑾	庞龙	1000
……	……	……	……

区块3

编号	转账人	收款人	金额（元）
……	……	……	……
2015	张子仪	刘敞亮	20
2016	王一员	郝龙成	80
2017	李子龙	胡一梦	500
2018	张晓飞	庞飞	180
2019	胡可佳	肖一飞	1000
2020	谢杰	常浩宇	1000
……	……	……	……

区块4

编号	转账人	收款人	金额（元）
……	……	……	……
3378	常诗诗	张晓华	20
3379	马文龙	邱云	80
3380	韩国艺	谢智力	500
3381	马明	林语	180
3382	翁雪	张三	1000
3383	谭思龙	林秋萧	1000
……	……	……	……

……

图 8-14　把总账本切分成很多个区块

然后，在每个区块上增加区块头，在区块头中记录父区块的哈希值。如图 8-15 所示，区块 45 包含一个区块头和一些区块交易记录，这些实际上都是一些文本，我们将这些文本内容打包之后计算得到一个哈希值，这个哈希值就是区块 45 的哈希值，然后把这个哈希值记录在区块 46 的区块头里面。每个区块都如此操作，即每个区块的区块头都存储父区块的哈希值。这样就将所有区块按照顺序连接了起来，最终形成了一条链，就叫"区块链"。

那么，区块链是如何防止交易记录被篡改的呢？

假设有人修改了区块 45 的一点内容，当有其他人来检查的时候，就很容易被发现，因为区块 46 中已经记录的区块 45 的哈希值和最新计算得到的区块 45 的哈希值不一样了。假设篡改区块 45 的人的权限很大，他不仅把区块 45 的内容篡改了，还同时把区块 46 中区块头的内容也篡改了，但其他人仍能够发现篡改信息的行为。因为区块 46 的区块头被篡改了以后，重新计算得到的区块 46 的哈希值与保存在区块 47 中的哈希值就不同了。假设这个篡改的人很厉害，他把信息一直篡改下去，不仅篡改45区块，也篡改了区块46的区块头和区块47的区块头，他一直篡改到最后一个区块，也就是最新的一个区块，那么也没有什么问题。因为他只有获得最新区块的写入权，才可以做到。而要想获得最新区块的写入权（也就是记账权），他就必须控制网络中至少51%的算力。但是通过硬件和电力控制算力的成本十分高昂。比如，以2017年11月16日的价格计算，对比特币网络进行51%攻击，每天的成本包含大约31.4亿美元（约207亿元）的硬件成本和560万美元（约3696万元）的电力成本。

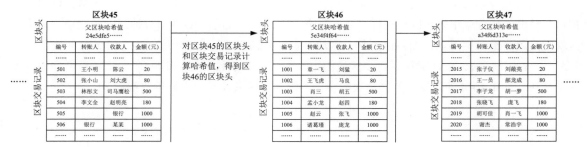

图8-15　区块链示意

因此，我们可以认为，区块链能够保证里面记录的信息和最初的一模一样，中间没有发生篡改。

3. 在比特币世界中如何进行交易

在我国，比特币为非法定货币。现在介绍一下在比特币世界中如何进行交易。

进行比特币交易需要账号和密码，分别对应于地址和私钥。在比特币中，私钥是一串256位的二进制数字。获取私钥不需要申请，甚至不需要计算机，可以自己抛256次硬币来生成。地址由私钥转化而成，但是，根据地址不能反推出私钥。地址即身份，代表了比特币世界的ID。一个地址（私钥）产生以后，只有进入区块链账本，才会被大家知道。

为了方便理解，可以将比特币与银行卡进行对比（见图8-16）。比特币世界中的地址就相当于现实世界中的银行卡号，比特币世界中的私钥就相当于现实世界中的银行卡密码。但是，它们之间还是有一些区别的，具体如下。

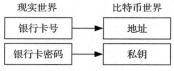

图8-16　比特币与银行卡的对比

（1）银行卡密码可以修改，而私钥一旦生成就无法修改。

（2）银行卡需要申请，而地址和私钥可以自己生成。

（3）银行卡采用实名制，而地址和私钥是匿名的。

（4）个人申请银行卡有限制，但是地址和私钥可以无限生成。

需要重点强调的是，在比特币世界中，私钥就是一切。首先你的地址是由私钥产生的，你的地址上有多少钱，别人都是知道的，因为这些账本都是公开的。然后，只要有人知道你的私钥，那个人就可以发动一笔交易，把你的钱转到他自己的账户上面去。所以，你一旦丢失了私钥，就丢失了一切。对于银行卡而言，别人只是知道了你的银行卡密码是没有用的，还要知道你的卡号，而且你还可以挂失银行卡。所以，如何保管私钥是需要重点关注的，很多人都因为丢失了私钥而造成了很大的损失。

现在假设张三已经有了地址和私钥，想要转给李四10币，如何将这条交易记录添加到区块链中呢？

在把一条交易记录添加到区块链之前，首先需要确认交易记录的真实性，这时就需要用到数字签名技术。如图8-17所示，张三调用签名函数Sign()对本次转账进行签名，然后，其他人通过验证函数Verify()来验证签名的真实性。也就是说，张三通过签名函数Sign()，使用自己的私钥对本次交易进行签名，任何人都可以通过验证函数 Verify() 来验证此次签名是否是由持有张三私钥的张三本人发出的（而不是其他人冒用张三的名义），若是则返回 True，否则返回 False。函数 Sign() 和 Verify() 由密码学保证不被破解。

Sign（张三的私钥，转账信息：张三转10币给李四）＝本次转账签名
Verify（张三的地址，转账信息：张三转10币给李四，本次转账签名）＝True

图 8-17　签名函数和验证函数

签名函数的执行都是自动的，并不需要我们手动去处理。比如我们安装了比特币钱包 App，它就会帮我们去做这样的事情，因为钱包 App 知道我们的私钥，所以，我们只要告诉这个钱包 App，我想转 10 币给李四，那么这个钱包 App 就会帮我们自动生成这次转账的信息和签名，然后向全网发布，等待其他人使用 Verify() 函数来验证。

4. 比特币要解决的第二个问题：去中心化记账

一条交易记录的真实性得到确认以后，接下来的问题是，由谁负责记账呢？也就是说，由谁负责把这条交易添加到区块链中呢？

我们会先想到由银行等机构负责记账，也就是采用"中心化方式"来记账。但中心化记账存在一些缺点，主要如下。

（1）拒绝服务攻击。对于一些特定的地址，记账机构拒绝为之提供记录服务。

（2）厌倦后停止服务。如果记账机构没有从记账中获得收益，时间长了，就会停止服务。

（3）中心化机构易被攻击。比如服务器遭到破坏和网络攻击等。

因此，比特币需要解决第二个问题：去中心化记账。

在比特币区块链中，为了实现去中心化，采用的方式是：人人都可以记账，每个人都可以保留完整账本。任何人都可以下载开源程序，加入 P2P（Peer-to-Peer，对等网络），监听全世界发送的交易，成为记账节点，参与记账。当 P2P 中的某个节点接收到一条交易记录时，它会传播给相邻的节点，然后相邻的节点再传播给其他相邻的节点，通过 P2P，这个交易记录会瞬间传遍全球。

采用去中心化记账以后，具体的分布式记账流程如下。

（1）某人发起一笔交易以后，向全网广播。

（2）每个记账节点，持续监听、传播全网的交易。当接收到一笔新交易，验证准确性以后，将其放入交易池，并继续向其他节点传播。

（3）交易通过网络传播，同一时间、不同记账节点的交易池不一定相同。

（4）每隔 10 分钟，从所有记账节点中按照某种方式抽取一个节点，将其交易池作为下一个区块，并向全网广播。

（5）其他节点根据最新的区块中的交易，删除自己交易池中已经记录的交易，继续记账，等待下一次被选中。

在上面的分布式记账的流程中，还有一个很重要的问题，即如何分配记账权。在比特币区块链中，采用的是工作量证明（Proof of Work，PoW）机制来分配记账权。记账节点通过计算数学题来争夺记账权，PoW 机制的数学原理如图 8-18 所示。

计算上面这个数学题，除了从零开始遍历随机数碰运气以外，没有其他办法。解题的过程又叫"挖矿"，记账节点被称为"矿工"。谁先解对，谁就获得记账权。某记账节点率先找到解，就向全网公布，其他节点验证无误之后，将该区块列入区块链，重新开始下一轮计算，这种机制被称为"PoW"。

找到某随机数，使得以下不等式成立

SHA-256哈希函数(随机数，父区块哈希值，交易池中的交易)<某一指定值

图8-18 PoW机制的数学原理

总而言之，比特币的全貌就是，采用区块链（数据结构与哈希函数），保证账本不能被篡改；采用数字签名技术，保证只有自己才能够使用自己的账户；采用P2P和PoW机制，保证去中心化的运作方式。

8.4.3 区块链的定义

前面以比特币为例对区块链原理做了基本介绍，下面讲解区块链的定义。区块链是利用块链式数据结构来验证与存储数据、利用分布式节点共识算法来生成和更新数据、利用密码学的方式来保证数据传输和访问安全的一种全新的分布式基础架构与计算范式。

区块链的三要素是交易、区块和链，具体如下。

（1）交易：即一次操作，它会导致账本状态的一次改变，如添加一条记录。

（2）区块：一个区块记录一段时间内发生的交易和状态结果，是对当前账本状态的一次共识。

（3）链：由一个个区块按照先后顺序串联而成，是整个状态变化的日志记录。

可以看出，区块链的本质就是分布式账本，是一种数据库。区块链用哈希算法实现信息不可篡改，用公钥、私钥来标识身份，以去中心化和去中介化的方式来集体维护一个可靠数据库。

区块链的主要特点包括去中心化、去信任、集体维护、可靠性、匿名性，具体如下。

（1）去中心化。区块链技术基于P2P，区块链上的节点都是平等的，没有中心服务器，故区块链是去中心化的。

（2）去信任。区块链中的数据都是公开透明的，交易数据通过加密技术进行验证和记录，无须第三方信任机构的参与，故有去信任的特点。

（3）集体维护。区块链由全网节点共同参与维护，某一节点上数据的更新需要其他节点进行计算和验证，不会受少数节点控制。

（4）可靠性。区块链中的每一个节点上的数据都是全网数据，单个节点的退出或瘫痪不会影响整个系统。

（5）匿名性。在区块链上用一串唯一的数字代表一个身份，使用数字签名进行身份认证，具有匿名的特点，可以保护个人的隐私。

当然，区块链也存在一些缺点，主要表现在以下几个方面。

（1）安全性问题。个人在使用和交易数字货币的过程中可能会遭遇数字货币私钥、账号被窃取等情况，造成这些情况的主要原因在于被植入木马、私钥保管不善、被欺诈等。

（2）数据确认的延迟性。在金融区块链中，数据确认的时间较长。

（3）监管滞后。区块链的去中心化、自治化的特点淡化了国家监管的概念。监管部门在这项新技术的法律和制度建立上存在滞后。

8.4.4 区块链的分类

随着区块链的快速发展，区块链的应用范围越来越广，不同的区块链应用之间也有了比较大的差异。根据区块链开放程度的不同，区块链可以分为公有链、联盟链和私有链，具体如下。

（1）公有链：是对外公开、任何人都可以参与的区块链。公有链是真正意义上的完全去中心化的区块链，它通过加密技术保证交易不可篡改，在不可信的网络环境中建立共识，从而形成去中心化的信用机制。公有链适用于数字货币、电子商务、互联网金融、知识产权等应用场景。

（2）联盟链：仅限于联盟成员使用，因其只针对成员开放全部或部分功能，所以，联盟链上的读写权限以及记账规则都按联盟规则来控制。联盟链适用于机构之间的交易、结算、清算等B2B（Business to Business，企业对企业）场景。

（3）私有链：对单独的个人或实体开放，仅供在私有组织（比如公司内部）中使用。私有链上的读写权限、参与记账的权限都由私有组织来决定。私有链适用于企业、组织内部。

表8-3给出了公有链、联盟链和私有链的对比。不同区块链在多个方面差异明显，开发者需要根据实际需要选择合适的区块链。

表8-3 公有链、联盟链和私有链的对比

项目	公有链	联盟链	私有链
参与者	任何人	联盟成员	链的所有者
共识机制	PoW/PoS（权益证明）/DPoS（委托权益证明）	分布式一致性算法	solo/PBFT（实用拜占庭容错）等
记账人	所有参与者	联盟成员协商确定	链的所有者
激励机制	需要	可选	无
中心化程度	去中心化	弱中心化	强中心化
特点	信用自创建	效率和成本得到优化	安全性高、效率高
承载能力	<100笔/秒	<10万笔/秒	视配置决定
典型场景	虚拟货币	供应链金融、银行、物流、电商	大型组织、机构
代表项目	以太坊	Hyperledger	

8.4.5 区块链的应用

从科技层面来看，区块链涉及数学、密码学、互联网和计算机编程等很多科学技术。从应用视角来看，区块链是一个分布式的共享账本和数据库，具有去中心化、不可篡改、全程留痕、可以追溯、集体维护、公开透明等特点。这些特点保证了区块链的"诚实"与"透明"，为区块链创造信任奠定了坚实的基础。而区块链丰富的应用，基本上都基于区块链能够解决信息不对称的问题，实现多个主体之间的协作信任与一致行动。

总体而言，区块链在各个领域的主要应用如下。

（1）金融领域。区块链在国际汇兑、信用证明、股权登记和证券交易等方面有着潜在的巨大应用价值。将区块链技术应用在金融领域，能够省去第三方中介，实现"点对点"的直接对接，从而在大大降低成本的同时，快速完成交易支付。以跨境支付为例，跨境支付涉及多个币种，存在汇率问题，流程烦琐，结算周期长。传统跨境支付基本都是非实时的，银行日终进行交易的批量处理，通常一笔交易需要24小时以上才能完成。某些银行的跨境支付看起来是实时的，但是实际上，是收款银行基于汇款银行的信用做了一定额度的垫付，在日终再进行资金清算和对账，业务处理速度慢。应用区块链技术后，通过公钥、私钥技术，保证数据的可靠性，再通过加密技术和去中心化，达到数据不可篡改的目的，最后，通过P2P技术，实现点对点的结算，去除了传统中心转发，提高了效率，降低了成本。

（2）物流领域。区块链可以和物流领域实现天然的结合。通过区块链可以降低物流成本，追溯物品的生产和运送过程，并提高供应链管理的效率。区块链中没有中心化节点，各节点是平等的，掌握单个节点无法篡改数据；区块链天生的开放、透明，任何人都可以公开查询，伪造数据被发现的概率极大。区块链的数据不可篡改性，保证了已销售的产品信息已永久记录，别有用心者无法通过简单复制防伪信息蒙混过关、实现二次销售。物流链的所有节点上区块链后，商品从生产商到消费者手里都有迹可循，形成完整的链条；商品缺失的环节越多，表示其是伪劣产品的概率越大。

（3）物联网领域。当区块链技术被应用于物联网时，智能设备将以开放的方式接入物联网中，设备与设备之间以分布形式的网络相连接。在这个物联网中，不再需要一个集中的服务器充当消息中介的角色。具体来说，以区块链技术为基础的物联网组织架构的优势在于，物联网中数以亿计的智能设备之间可以建立低成本、点对点的直接沟通桥梁，整个沟通过程无须建立在设备之间相互信任的基础上。

（4）版权保护。传统的版权保护方式存在两个缺点：第一，流程复杂，登记时间长且费用高；第二，个人或中心化的机构存在篡改数据的可能，公信力难以得到保证。采用区块链技术以后，可以大大简化流程，无论是登记还是查询都非常方便，无须再奔走于各个部门，而且，区块链的去中心化存储，可以保证没有一家机构可以任意篡改数据。

（5）教育行业。在教育行业，学生身份认证、学历认证、个人档案、学术经历和教育资源等都能够与区块链紧密结合。比如，将学生的个人档案、成绩、学历等重要信息放在区块链上，防止信息丢失和他人恶意篡改，这样一来，招聘企业就能够得到学生真实的个人档案，有效避免了应聘者学历造假等问题。

（6）数字政务。区块链可以让数据跑起来，大大简化办事流程。区块链的分布式技术可以让政府部门集中到一条链上，所有办事流程交给智能合约，办事人只要在一个部门使用身份认证和电子签章，智能合约就可以自动处理并流转，顺序完成后续所有审批和签章。

（7）公益和慈善。区块链上分布存储的数据的不可篡改性，适合用在社会公益场景。公益流程中的相关信息，如捐赠项目、募集明细、资金流向、受助人反馈等信息，均可以存放在一条特定的区块链上，透明、公开，并通过公示达成社会监督的目的。

（8）实体资产。实体资产往往难以分割，不便于流通；并且实体资产的流通难以监控，存在洗钱等风险。在用区块链技术实现资产数字化后，所有资产交易记录公开、透明、永久存储、可追溯，完全符合监管需求。

（9）社交领域。区块链技术在社交领域的应用目的，就是让社交网络的控制权从中心化的公司转向个人，实现"中心化"向"去中心化"的转变，让数据的控制权牢牢掌握在用户自己手里。

8.4.6　区块链的发展阶段

按照区块链技术典型应用的不同，其发展主要分为3个阶段，依次是以加密数字货币为代表的区块链1.0阶段、加密数字货币和智能合约相结合的区块链2.0阶段、面向企业和组织的区块链3.0阶段。

1. 区块链1.0阶段

区块链1.0阶段是区块链技术的开创阶段，以比特币的出现为标志。在比特币的迅猛发展之下，区块链作为其底层技术渐渐受到了人们的关注。在这个阶段，区块链技术被用来构建去中心化的数字货币体系，实现了数字货币的安全、透明和可追溯的交易。

在区块链1.0阶段，比特币是非常有代表性的加密数字货币。比特币的出现，打破了传统金融体系的中心化结构，实现了去中心化的交易。通过区块链技术，比特币的交易记录被保存在一个分布式账本上，每个参与者都可以查看和验证交易记录，确保了交易的安全性和透明性。

除了比特币，还有其他一些加密数字货币也在这个阶段出现，如莱特币、狗狗币等。这些数字货币都采用了类似的区块链技术，实现了去中心化的交易。在这个阶段，区块链技术主要被用于数字货币的交易和流通，还没有涉及其他领域的应用。

2. 区块链2.0阶段

加密数字货币和智能合约相结合的区块链2.0阶段，是区块链技术发展的一个重要阶段，它标志着区块链技术从单一的数字货币应用扩展到更广泛的应用领域。

在这个阶段，区块链技术不仅被用于数字货币的交易和流通，还被用于构建智能合约。智能合约基于区块链技术，可以在不需要第三方干预的情况下自动执行合约条款。

通过将加密数字货币和智能合约相结合，区块链2.0阶段实现了更加复杂和灵活的应用。例如，智能合约可以用于供应链管理、金融交易、数字身份验证等应用场景。通过智能合约，可以自动完成执行交易、验证身份、管理数据等操作，提高了交易的效率和安全性。

此外，区块链2.0阶段还引入了更多的技术创新和应用场景。例如，以太坊等区块链平台不仅支持数字货币的交易，还支持智能合约的开发和部署。这些平台提供了更加灵活和可扩展的区块链技术，为各种应用场景提供了更加广泛的支持。

3. 区块链3.0阶段

在区块链2.0阶段，智能合约的使用使得区块链技术的功能更加强大，但其应用范围还比较有限，缺乏具有实用价值的落地项目。随着区块链技术的发展，区块链技术的应用领域不断增加，许多组织和企业也参与到区块链技术的开发和使用中来。这些组织和企业利用区块链技术着手解决多个行业的实际问题，实现复杂的商业应用，进入了区块链3.0阶段。在这一阶段，区块链技术涉及的行业包括虚拟化货币资产、智能化物联网、供应链管理、去中心化操作系统、底层公链等。

8.4.7　区块链与大数据的关系

区块链和大数据都是新一代信息技术，二者既有区别，又存在着紧密的联系。

1. 区块链与大数据的区别

区块链与大数据的区别主要表现在以下几个方面。

（1）数据量。区块链处理的数据量小，具有细致的处理方式。而大数据管理的是海量数据，要求广度和数量，在处理方式上会更粗糙。

（2）结构化和非结构化。区块链包含结构定义严谨的块，是典型的结构化数据，而大数据往往是非结构化数据。

（3）独立和整合。区块链系统为保证安全性，信息是相对独立的，而大数据的重点是信息的整合分析。

（4）CAP理论实现。C（Consistency）是一致性，是指任何一个读操作都能够读到之前完成的写操作的结果，也就是在分布式环境中，多个节点的数据是一致的。A（Availability）是可用性，是指快速获取数据，在确定的时间内返回操作结果。P（Partition Tolerance）是分区容忍性，是指当出现网络分区（即系统中的一部分节点无法和其他节点进行通信）的情况时，分离的系统也能够正常运行。CAP理论告诉我们，一个分布式系统不可能同时满足一致性、可用性和分区容忍性这3个需求，最多只能同时满足其中2个需求。大数据通常选择实现AP，区块链则选择实现CP。

（5）基础设施。大数据底层的基础设施通常是计算机集群，而区块链的基础设施通常是P2P。

（6）价值来源。对于大数据而言，数据是信息，需要从数据中提炼得到价值。而对于区块链而言，数据是资产，是价值的传承。

（7）计算模式。在大数据的场景中，是把一件事情分给多个节点做，比如，在MapReduce计算框架中，一个大型任务会被分解成很多个子任务，分配给很多个节点同时去计算。而在区块链的场景中，是让多个节点重复做一件事情，比如，P2P中的很多个节点同时记录一笔交易。

2. 区块链与大数据的联系

区块链的可信任性、安全性和不可篡改性，正在让更多数据被释放出来，区块链会对大数据产生深远的影响。

（1）区块链极大地降低了大数据的信用成本。人类社会未来的信用资源从何而来？其实正迅速发展的互联网和金融行业已经告诉了我们，信用资源会在很大程度上来自大数据。理论上通过大数据挖掘建立每个人的信用资源是很容易的事，但是现实并非如此。关键问题就在于，现在的大数据并没有基于区块链存在，几乎都是由互联网公司各自垄断的，导致了"数据孤岛"现象。在经济全球化、数据全球化的时代，如果大数据仅掌握在互联网公司手中，则全球的市场信用体系是不能去中心化的。如果使用区块链技术对数据文件加密，直接在区块链上做交易，那么我们的交易数据将来可以完全存储在区块链上，成为我们个人的"信用之云"，这也是未来全球信用体系构建的基础。

（2）区块链是构建大数据时代的信任基石。区块链因其"去中心化、不可篡改"的特性，可以极大地降低信用成本，实现大数据的安全存储。将数据放在区块链上，可以"解放"出更多数据，使数据可以真正流通起来。基于区块链技术的数据库应用平台，不仅可以保障数据的真实、安全、可信，而且如果数据遭到破坏，则可以通过基于区块链技术的数据库应用平台灾备中间件进行迅速恢复。

（3）区块链是促进大数据价值流通的管道。流通使得大数据发挥出更大的价值。类似资产交易管理系统的区块链应用，可以将大数据作为数字资产进行流通，实现大数据在更加广泛领域的应用及变现，充分发挥大数据的经济价值。数据的"看过、复制即被拥有"等特征，曾经严重阻碍数据流通。但是，基于去中心化的区块链，能够规避数据被任意复制的风险，保障数据拥有者的合法权益。区块链还提供了可追溯路径，能有效破解数据确权难题。有了区块链提供安全保障，大数据将更加活跃。

8.4.8　区块链技术的现状与未来展望

区块链技术是一种基于去中心化、分布式、不可篡改的数据存储和传输技术，其核心特点是去中心化、分布式、不可篡改和可追溯。区块链技术已经被广泛应用于数字货币、供应链管理、智能合约等领域，成为数字经济时代的重要基础设施。

1. 区块链技术的现状

目前，区块链技术已经取得了很大的进展，并在多个领域得到了广泛应用。首先，数字货币的普及是区块链技术最突出的应用之一。随着比特币的兴起，越来越多的数字货币（如瑞波币等）相继出现。数字货币的普及为人们提供了更加便捷、安全、高效的支付方式，同时也促进了区块链技术的发展和应用。其次，区块链技术可以应用于供应链管理领域，实现商品从生产到销售的全过程追溯和监控。通过区块链技术，供应链上的各个环节可以实现信息的共享和透明化，减少欺诈和假冒伪劣产品的出现，提高供应链的效率和可靠性。此外，智能合约也是区块链技术的一种应用形式。智能合约是一套以程序设计语言形式来编写的预定规则，一旦这些规则以数字的形式被签署，就会在区块链上产生具有法律效力的合约。智能合约可以应用于各种场景，如保险、金融、供应链等领域。

然而，区块链技术也面临着一些挑战。首先，技术成熟度不足是区块链技术面临的一个重大挑战。虽然区块链技术已经取得了很大的进展，但是在一些关键领域（如隐私保护）还存在一些技术挑战。其次，区块链技术的成熟度和标准化程度也需要进一步提高。最后，监管和合规问题也是区块链技术面临的一个重大挑战。随着区块链技术的广泛应用，法律和法规制定存在一定的滞后，这也给区块链技术的发展和应用带来了一定的挑战。

2. 区块链技术的未来展望

从长远来看，区块链将是下一代价值互联网的基础解决方案，很可能会像互联网一样对世界产生巨大的影响。

在接下来的几年里，加密数字货币可能成为全球跨国贸易重要的支付手段，并被应用到更多的非金融领域。而且，随着区块链技术基础设施的搭建和完善，更多的区块链行业解决方案将会得到应用，形成"遍地开花"的局面。

除了技术本身的发展，区块链还会和当下的热门技术，如物联网、大数据、人工智能等紧密结合。比如，区块链的分布式、公开透明等特点正好契合物联网的需求。再比如，近年来IBM公司将区块链技术应用于贸易和物流行业，用区块链技术来审计和跟踪物品信息，不仅节约了交易成本，还加快了交易速度。区块链公开的数据还可以为大数据和人工智能的发展提供数据支撑，而大数据和人工智能可对区块链进行数据分析，优化性能，提高安全性，促进区块链的发展。

8.5 元宇宙

元宇宙（Metaverse）是人类运用数字技术构建的、由现实世界映射或超越现实世界、可与现实世界交互的虚拟世界，是一种具备新型社会体系的数字生活空间。近几年，元宇宙成为互联网界"炙手可热"的概念。

本节首先介绍元宇宙的概念、发展历程、重要性、应用前景及其与大数据和数字中国的关系，然后介绍元宇宙的基本特征、核心技术、典型应用场景、风险与挑战，最后介绍元宇宙的重要组成部分——虚拟现实、虚拟数字人和数字孪生。

8.5.1 元宇宙概述

1. 元宇宙的概念

2021年被称为"元宇宙元年"。这一年3月，首个将"元宇宙"概念写进招股说明书的企业Roblox（罗布乐思）在美国纽约证券交易所上市，上市首日市值突破400亿美元。同年10月，美国社交媒体公司Facebook更名为"Meta"，将业务对准发展元宇宙。随后，国内各大互联网公司（如腾讯、字节跳动）也争相布局元宇宙业务，元宇宙概念一片火热。

元宇宙这个概念最早出自美国科幻小说家尼尔·斯蒂芬森在1992年出版的科幻小说《雪崩》。在这部科幻小说中，尼尔·斯蒂芬森创造了一个和社会紧密联系的三维数字空间，这个空间和现实世界平行。后来的电影《黑客帝国》《头号玩家》都反映了元宇宙的概念。

元宇宙是一个映射现实世界的虚拟平行世界，通过具象化的三维表现方式，给人们提供一种沉浸式的数字虚拟世界体验；同时，元宇宙通过传感器、虚拟现实、5G等技术将网络的价值利用到最优，并将虚拟平行世界和物理真实世界实现交叉与赋能，从而形成交叉世界，以此从不同层面提升我们的生活、商业、娱乐的质量和体验！

在元宇宙这个虚拟的世界中，用户可以感受不一样的人生，体验和现实世界完全不同的生活，做自己想做的任何事情；元宇宙能够带给用户更加真实的感受，甚至无法区分真实世界与虚拟世界。元宇宙以增强现实为驱动力，每位用户控制一个角色或虚拟化身。例如，你可以在虚拟办公室中使用Oculus VR耳机参加混合现实会议。完成工作后，畅玩基于区块链的游戏放松身心，然后在元宇宙中全面管理加密货币投资组合和财务状况。

元宇宙不同于虚拟空间和虚拟经济。在元宇宙里将有一个始终在线的实时世界，无数的人们可以处于其中。它将有完整运行的经济，跨越实体和数字世界。元宇宙将创造一个虚拟的平行世界，就像我们手机的延伸，所有的内容都可以虚拟化，买衣服（皮肤）、建"房子"、旅游……艺术家更是可以解放大脑，随心所欲地进行创造。

元宇宙是数字世界发展的必然结果。从数字世界发展的维度看，元宇宙并非一蹴而就，智能终端的普及，电商、短视频、游戏等的兴起，5G基础设施的完善，共享经济的萌芽，都是元宇宙到来的前奏。严格来说，"元宇宙"这个词更多只是一个商业符号，它本身并没有什么新的技术，而是集成了一大批现有技术，其中包括5G、云计算、大数据、人工智能、虚拟现实、区块链、数字货币、物联网、人机交互等。元宇宙已经崭露头角，正在推进数字世界的演进。虽然元宇宙的发展还有许多问题，但也因此形成颠覆性创新的机遇。企业、高校、科研机构应当共同努力、协同创新，数字世界的演进将由三者共同推进。

2. 元宇宙的发展历程

元宇宙的历史发展可以追溯到20世纪末期。20世纪90年代，随着互联网的普及，虚拟现实技术开始引起人们的兴趣。1997年，世界上第一个大规模多人在线游戏《网络创世纪》发布，这款游戏允许成千上万的玩家同时在线，探索一个广阔的游戏世界，进行互动、交易和战斗。2003年，虚拟社交网络《Second Life》推出，成为虚拟现实和社交网络的结合体。《Second Life》让用户可以创建自己的虚拟人物，参加各种社交活动，以及创造和出售虚拟商品。《Second Life》的发布是元宇宙发展的一个重要里程碑。这款游戏拥有更强的世界编辑功能与发达的虚拟经济系统，吸引了大量企业与教育机构。开发团队称它不是一个游戏，这里没有可以制造的冲突，也没有人为设定的目标，人们可以在其中社交、购物、建造、经商。

随着技术的不断进步，元宇宙的规模逐渐扩大，各大科技公司也开始投入巨资进行研发。2014年，Facebook以20亿美元的价格收购了虚拟现实公司Oculus，意图打造一个全新的虚拟现实平台。2016年，谷歌推出了Daydream，这是一款虚拟现实头戴设备，可以让用户沉浸在虚拟世界中。2018年，亚马逊推出了Sumerian，这是一个用于构建增强现实和虚拟现实应用程序的工具。

除了科技公司，许多其他领域也开始关注元宇宙的发展。2018年，时尚品牌古驰推出了一款名为"Gucci Garden"的虚拟体验，让用户可以在其中探索虚拟花园和展览。同年，球员肯巴·沃克成为第一个在虚拟世界中签订合同的人，他在虚拟世界中与球队签约，成为一个虚拟球员。

2021年，元宇宙进入了一个新的阶段，这一年也被称为"元宇宙元年"。2021年3月，元宇宙第一股Roblox在美国纽约证券交易所上市，首日市值超过400亿美元；7月，Facebook宣布要在5年内转型成为元宇宙公司并于10月正式更名为Meta，Meta的CEO（Chief Executive Officer，首席执行官）马克·扎克伯格表示，元宇宙将是"下一个计算平台"，将成为人们日常生活的一部分；8月，芯片巨头英伟达花费数亿美元，推出了为元宇宙打造的模拟平台Omniverse；11月，微软公司宣布将打造一个更加企业化的"元宇宙"，用户可在虚拟世界分享办公文件。同时，一些新兴企业也开始进军元宇宙市场，比如，2021年11月，名为《The Sandbox》的游戏推出了第一轮元宇宙地块的拍卖，一些地块的价格高达数百万美元。

3. 元宇宙的重要性

元宇宙的重要性主要体现在以下几个方面。

（1）扩展现实空间：元宇宙通过虚拟现实技术，将现实世界与虚拟世界相结合，为用户提供更广阔的虚拟空间和更丰富的娱乐体验。这不仅扩展了人们的娱乐空间，还为人们提供了更多的社交机会。

（2）促进经济发展：元宇宙中的虚拟货币、虚拟商品等经济体系，可以促进虚拟经济的发展。同时，元宇宙也为传统经济提供了新的商业模式和机会，例如虚拟房地产、虚拟旅游等。

（3）提高社会互动：元宇宙中的社交功能，可以促进人们之间的互动和交流。在元宇宙中，人们可以更加自由地表达自我，与他人建立联系，从而增强社会互动和社区意识。

（4）创新教育方式：元宇宙中的虚拟现实技术可以提供更加直观、生动的学习体验。通过元宇宙，学生可以在虚拟环境中进行学习。

（5）推动科技创新：元宇宙的发展需要不断的技术创新和突破，这可以推动相关领域的技术进步和创新。同时，元宇宙也为科技创新提供了更多的应用场景和商业模式。

4. 元宇宙的应用前景

元宇宙的应用前景非常广阔，主要体现在以下几个方面。

（1）社交娱乐：元宇宙可以为用户提供沉浸式的社交体验，用户可以在元宇宙中与他人进行互动、交流、游戏等，增加社交的趣味性和深度。

（2）虚拟旅游：元宇宙可以为用户提供更加真实、生动的旅游体验，用户可以在元宇宙中游览世界各地的名胜古迹、自然风光等。

（3）虚拟教育：元宇宙可以提供更加直观、生动的学习体验，学生可以在元宇宙中进行实验、探索和模拟，从而提高学习效果和兴趣。

（4）虚拟商业：元宇宙中的虚拟现实技术可以为用户提供更加真实、生动的购物体验，用户可以在元宇宙中购买虚拟商品等。

（5）虚拟办公：元宇宙中的虚拟现实技术可以为用户提供更加真实、生动的办公体验，用户可以在元宇宙中进行会议、协作等办公活动。

5. 元宇宙与大数据的关系

元宇宙与大数据具有紧密的关系，主要体现在以下几个方面。

（1）元宇宙实质上是以数据方式存在的。在元宇宙中，数据一定必不可少。元宇宙作为一个虚拟世界，其数字化程度远远高于现实世界的数字化程度，经由数字化技术勾勒出来的空间结构、场景、主体等，实质上是以数据方式存在的。在技术层面上，元宇宙可以被视为大数据和信息技术的集成机制或融合载体，不同技术与硬件在元宇宙的"境界"中组合、自循环、不断迭代。

（2）大数据技术为元宇宙提供数据存储支撑。元宇宙是一个需要大量数据和服务器容量的虚拟三维环境。但是，通过中央服务器进行控制会产生昂贵的成本，目前最适合元宇宙的数据存储技术无疑是分布式存储。所有数据由各个节点维护和管理，可以降低集中存储带来的数据丢失、篡改或泄露的风险，且可以满足元宇宙对海量数据存储的高要求。

（3）大数据技术为元宇宙提供数据处理支撑。元宇宙的"沉浸感""随时随地"特性对实时数据处理提出很高的要求，以便支撑逼真的感官体验和大规模用户同时在线的需求，提升元宇宙的可进入性和沉浸感。大数据技术中的分布式计算技术，可以为元宇宙提供实时数据处理的强力支撑。

6. 元宇宙与数字中国的关系

元宇宙是数字中国发展的重要组成部分，也是互联网的升级版，代表着互联网未来的发展方向。元宇宙的发展将推动数字中国向更高层次、更广领域、更深程度迈进，为数字中国建设注入新的动力和活力。

首先，元宇宙的发展将促进数字经济的快速发展。元宇宙将虚拟现实、增强现实、区块链等先进技术融合在一起，构建了一个全新的虚拟世界，为数字经济提供了新的发展空间和机遇。在元宇宙中，人们可以进行各种商业活动，如虚拟购物、虚拟展览等，这将促进数字经济的发展。

其次，元宇宙的发展将推动数字政府的建设。元宇宙中的虚拟现实、增强现实等技术可以助力政府提供更加高效、便捷的服务和治理方式，如虚拟政务大厅、数字化城市管理、智能化监管等。这将有助于提高政府治理能力和公共服务水平，推动数字政府的建设。

最后，元宇宙的发展将促进数字文化的繁荣。元宇宙中的虚拟现实、增强现实等技术可以为文化创意产业提供更加广阔的发展空间和更大的机遇，如虚拟博物馆、数字化艺术、虚拟演出等。这将有助于推动数字文化的发展，促进中华优秀传统文化的传承和创新。

元宇宙是数字经济的新高地，是数字中国和网络强国的新前沿，是数字经济和实体经济深度融合的新领域、新赛道，也是高质量发展的新动能、新优势。能够支撑元宇宙全感官体验、全场景互动、随时随地接入、实时创造诉求的基础设施和能力平台，必将成为数字中国建设的关键底座。

8.5.2　元宇宙的基本特征

元宇宙具有以下8个基本特征。

（1）自主管理身份。身份是在交互中识别不同个体差异的标志和象征，可以构建社会秩序和结构。一个个体的身份决定了他可以与其他对象完成和不能完成什么样的交互。物理世界中如此，数字世界中也是如此。在物理世界中，如果一个人的身份可以被随意更改甚至删除，那么他的生活可能会遇到很多困难。而在数字世界中，一个个体的数字身份一旦被删除，那么这个个体在数字世界中就不再存在了。

（2）数字资产产权。一个个体一旦在数字世界有了可以自己掌控的数字身份，那么一个随之而来的需求就是对自己所拥有的数字资产进行保护。随着数字资产产权的明确，每个人基于自己的数字身份拥有自己的数字资产，数字经济的活力会被进一步激发，实现跨越式发展。但是，由于数据本身的特性，数字世界中产权的实现相较在物理世界中更为困难。

（3）元宇宙管控权。元宇宙管控权对于元宇宙建设至关重要，它在一定程度上决定着数字资产的产权能否被有效保护。元宇宙不应该被少部分人的意愿左右，更应该代表广大参与者的集体利益，元宇宙管控权应是元宇宙所有参与者所共有的。建设者、创作者、投资者、使用者等都是元宇宙的主人翁，所有参与者的合理权益都应该被尊重，理想状态是采用全过程人民民主形态，逐渐形成完整的元宇宙制度程序和参与实践，保证人们在元宇宙中广泛深入参与的权利。

（4）去中心化。上述3个元宇宙的基本特征有一个共同的逻辑基础——去中心化，即不由单个实体拥有或运营。根据Web 2.0的经验，中心化的平台往往一开始通过开放、友好、包容的态度吸引使用者、创作者，但随着发展的持续，平台往往会逐渐在用户的信任和既得利益中迷失，逐渐展现出封闭、狭隘、苛刻。中心化的平台更有可能被小部分人为个人利益所挟持，逐渐成为巨型的中间商，主动构建数据孤岛，形成数据寡头。去中心化的系统可以在元宇宙参与者之间构建更公平、更多样化的交互场景。

（5）开放和开源。元宇宙中的开放性应当体现为所有组件灵活的相互适配性。每个特定功能的组件只需要被编写一次，之后就可以像积木一样，可以简单地被重复使用，组合搭建作品或开发更复杂的功能模块。这种相互之间的适配性可以充分利用数据要素的可复制性，减少重复劳动，解放生产力。为了互联互通、相互适配，元宇宙必须具备体系化、高质量的开放技术架构和完备的交互标准作为基础。开源就是让代码可以自由地开放和修改，无论开放程度和种类如何，开源对于元宇宙而言都是至关重要的。

（6）社会沉浸。元宇宙真正需要的是更广泛意义上的沉浸感，即让参与者享受到基于元宇宙构筑的虚拟空间的独特魅力。例如，孩子线上学习、在线沟通；知识工作者线上办公、音视频开会、远程协作……虽然目前这些交互普遍是物理世界在数字世界的映射，但它们仍将是我们在元宇宙中交互的有效手段。同时，随着自主管理身份、数字资产产权、元宇宙管控权等特征的发展，元宇宙中将会出现其所特有的行为与活动，形成创新的相互关系与业务逻辑，丰富数字世界的内涵。人们将以更新鲜的方式在元宇宙中学习、工作、休闲，如同今天人们逐渐适应上网课、开网络会议、网购买菜一样。

（7）与现实世界同步互通。元宇宙本身不但要有完善的社会经济系统，还得能够跟现实世界互通。比如我们在虚拟世界当中通过劳动或者投资挣到的钱，要能在现实世界中使用才行，或者说我们在虚拟世界当中挣到的钱就是现实世界当中的钱；反之，我们在现实世界当中的支付手段，比如微信、支付宝、数字人民币等都可以在元宇宙当中直接使用。同样地，在虚拟世界中，领导召开了视频会议，然后给你布置了任务，你回到现实世界后，也必须认真去完成才行。因为元宇宙的目标是给人类一个平行于现有世界的数字化生存空间，而不是一个完全虚幻的世界，虚拟并不等于虚幻，否则它就真成游戏了。

（8）精神需求满足。元宇宙是人类为了满足自身在现实社会不能满足的精神需求，运用现代技术手段所构建的一个智能虚拟世界。因此，满足人类的精神需求是元宇宙构建和存在的根本原因。当前，元宇宙对人们想象的满足主要是在网络游戏中。例如 Unity，既是游戏引擎，又是虚拟创作平台。游戏爱好者可以在 Unity 构建的智能虚拟世界里扮演《王者荣耀》里的李白、与《龙猫》里的龙猫对话交流等，也可以自行对感兴趣的游戏进行开发，在元宇宙里构建自己的游戏天地，实现自己在现实中不能实现的游戏梦想。在不久的将来，元宇宙对于人类精神需求的满足，后续会不再仅限于游戏、社交、娱乐等，而会超越现实世界，实现更多的可能和人类的想象。例如，在后工业化社会，由于人们过分看重物质方面的需求，造成精神世界的日益空虚，心理需求成为后工业化社会人类的最大需求之一。元宇宙能够根据一定的生成逻辑，创设不同的智能虚拟场景，让人们沉浸其中，从而实现心理上的满足。此外，元宇宙还可以在社会生产、学习、工作等多个领域自动生成人们需要的各种智能虚拟场景，满足人们在现实世界中不能满足的精神需求。由此可见，在元宇宙这样一个智能虚拟世界里，人们将从现实世界中的病痛、工作、生活烦恼等烦琐俗务中解放出来，可以根据自己的意愿和理想去充分享受学习、生活和工作。

8.5.3　元宇宙的核心技术

元宇宙包括以下七大核心技术。

（1）区块链技术。对于元宇宙，区块链技术极其重要，是元宇宙的重要底层技术和最基础的保障。例如，同样两个文件很难区分谁是复制品，但区块链技术完美地解决了这个问题，区块链具有防篡改和可追溯的特性，天生具备了"防复制"的特点。区块链还为元宇宙带来去中心化的支撑，为元宇宙提供数据去中心化、存储-计算-网络传输去中心化、规则公开、资产等支持。

（2）人机交互技术。人机交互技术为元宇宙提供了沉浸式体验，包括虚拟现实、增强现实、混合现实、全息影像技术、脑机交互技术及传感技术等。在元宇宙里，内容可以由用户自己输入，具有无限可能。

（3）网络通信及云计算技术。元宇宙会产生巨大的数据吞吐，为了同时满足高吞吐和低延时的要求，就必须使用高性能通信技术。5G具有"高网速、低延迟、高可靠、低功率、海量连接"等特性。5G时代的到来，将为元宇宙提供通信技术支撑。此外，正处于起步阶段的元宇宙，若想实现沉浸式、低延迟、高分辨率等功能，提供用户易于访问、零宕机的良好的用户体验，则离不开现实世界中算力基础设施的支撑，因此，云计算是元宇宙的重要支撑技术之一。元宇宙的发展需要大规模的计算和存储，以及大量的数据交互。真实世界的计算、存储能力直接决定了元宇宙的规模和完整性。

（4）物联网技术。物联网是新一代信息技术的重要组成部分，是物物相连的互联网。物联网可实现真实世界与虚拟元宇宙的连接，是元宇宙提升沉浸感体验的关键所在。物联网的首要要求是设备能够接入互联网实现信息的交互，无线模组是实现设备联网的关键。

（5）数字孪生技术。数字孪生是充分利用物理模型、传感器更新、运行历史等数据，集成多学科、多物理量、多尺度、多概率的仿真过程，在虚拟空间中完成映射，从而反映相对应的实体装备的全生命周期过程。数字孪生是一种超越现实的概念，可以被视为一个或多个重要的、彼此依赖的装备系统的数字映射系统。

（6）人工智能技术。人工智能技术是使用计算机来模拟人的某些思维过程和智能行为（如学习、推理、思考、规划等）。元宇宙中主要用到人工智能中的计算机视觉、机器学习、自然语言处理、智能语音等技术。

（7）大数据技术。元宇宙一旦开发应用，就会产生海量数据，给现实世界带来巨大的数据处理压力。因此，大数据处理技术是顺利实现元宇宙的核心技术之一。

总体而言，元宇宙与各种技术之间的关系是：元宇宙基于区块链技术构建经济体系，基于人机交互技术实现沉浸式体验，基于网络通信及云计算技术构建"智能连接""深度连接""全息连接""泛在连接""计算力即服务"等基础设施，基于物联网技术建立起真实世界与虚拟元宇宙的连接，基于数字孪生技术生成真实世界镜像，基于人工智能技术进行多场景深度学习，基于大数据技术完成海量数据处理。

8.5.4 元宇宙的典型应用场景

本节介绍元宇宙的典型应用场景，涉及数字货币与金融领域、供应链管理与物流领域、社交娱乐与游戏领域、教育培训领域、医疗领域、环保领域、公共服务领域和城市管理领域等。

1. 数字货币与金融领域

元宇宙在数字货币与金融领域的应用场景主要体现在以下几个方面。

（1）数字货币交易：元宇宙中的数字货币交易平台可以为数字货币的交易提供更加安全、便捷、高效的交易环境。通过元宇宙的虚拟现实技术，用户可以更加直观地查看数字货币的价格、交易历史等信息，从而更好地做出投资决策。

（2）数字资产确权与认证：元宇宙中的数字资产确权与认证机制可以为数字资产的交易提供更加可靠、可信的保障。通过元宇宙中的区块链技术，可以确保数字资产的唯一性和不可篡改性，从而保障数字资产的安全和价值。

（3）金融创新与合作：元宇宙可以为金融领域带来更多的创新和合作机会。通过元宇宙中的虚拟现实技术，金融机构可以为用户提供更加优质的金融产品和服务，从而提升用户的参与度和满意度。同时，元宇宙也可以为金融机构提供更加广阔的市场和机会，促进金融行业的创新和发展。

2. 供应链管理与物流领域

元宇宙在供应链管理与物流领域的应用场景主要体现在以下几个方面。

（1）供应链可视化：元宇宙可以通过虚拟现实技术，将供应链的各个环节进行可视化展示，包括生产、运输、仓储、销售等。这可以帮助企业更好地了解供应链的运行情况，及时发现和解决问题，提高供应链的效率和透明度。

（2）物流优化：元宇宙可以通过大数据分析和人工智能技术，对物流过程进行优化。例如，通过分析历史数据和实时数据，可以预测货物的运输时间和路线，从而优化物流计划，减少运输成本和时间。

（3）智能仓储管理：元宇宙可以通过虚拟现实技术，对仓库进行数字化建模和管理。这可以帮助企业更好地管理库存，提高仓储效率，减少库存成本。

（4）供应链协同：元宇宙可以促进供应链各环节之间的协同合作。通过元宇宙平台，供应链上的各个环节可以实时共享信息，协调工作，从而提高整个供应链的效率和响应速度。

3. 社交娱乐与游戏领域

元宇宙在社交娱乐与游戏领域的应用场景主要体现在以下几个方面。

（1）虚拟社交：元宇宙可以为用户提供沉浸式的社交体验。在元宇宙中，用户可以创建自己的虚拟形象，与他人进行互动、交流、游戏等，提高社交的趣味性和深度。这种虚拟社交方式可以打破地域限制，让人们在全球范围内进行社交活动。

（2）虚拟游戏：元宇宙中的虚拟现实技术可以为用户提供更加真实、生动的游戏体验。在元宇宙中，用户可以进入虚拟的游戏世界，与其他玩家进行竞技、探险等游戏活动。这种虚拟游戏方式可以提供沉浸式的游戏体验，提高游戏的趣味性和吸引力。

（3）虚拟演出：元宇宙中的虚拟现实技术可以为用户提供更加真实、生动的演出体验。在元宇宙中，用户可以观看虚拟的演唱会、戏剧表演等。这种虚拟演出方式可以提供更加便捷、灵活的观看方式，满足用户的多样化需求。

4. 教育培训领域

元宇宙在教育培训领域的应用场景主要体现在以下几个方面。

（1）虚拟实验室：在元宇宙中，学生可以通过虚拟现实技术进行各种实验，例如化学实验、物理实验、生物实验等，从而更加深入地了解科学知识和实验技巧。

（2）虚拟教室：在元宇宙中，学生可以在虚拟教室中上课、学习、讨论等，与老师和同学进行互动和交流，提高学习效果和兴趣。

（3）虚拟实习：在元宇宙中，学生可以通过虚拟现实技术进行各种实习，例如医生实习、工程师实习、教师实习等，从而更加深入地了解职业知识和技能。

（4）虚拟培训：在元宇宙中，培训人员可以通过虚拟现实技术进行各种培训，例如安全培训、技能培训、管理培训等，从而提高培训效果和质量。

（5）虚拟竞赛：在元宇宙中，学生和培训人员可以通过虚拟现实技术进行各种竞赛，例如知识竞赛、技能竞赛、创新竞赛等，从而激发他们的学习兴趣和动力。

5. 医疗领域

元宇宙在医疗领域的应用场景主要体现在以下几个方面。

（1）虚拟医疗咨询：元宇宙可以提供一种虚拟的医疗咨询环境，患者可以在这个环境中与医生进行交流和咨询，从而打破地域限制，提高医疗服务的可及性和便利性。

（2）虚拟手术模拟：元宇宙可以提供一种虚拟的手术模拟环境，医生可以在这个环境中进行手术模拟和训练。这种虚拟手术模拟方式可以提供更加真实、沉浸式的手术体验，帮助医生提高手术技能和水平。

（3）虚拟康复训练：元宇宙可以提供一种虚拟的康复训练环境，患者可以在这个环境中进行康复训练。这种虚拟康复训练方式可以为患者提供更加个性化、精准化的康复方案，帮助患者更快地恢复健康。

（4）虚拟药物研发：元宇宙可以提供一种虚拟的药物研发环境，研究人员可以在这个环境中进行药物研发和实验，从而降低实验成本和风险，提高药物研发的效率和成功率。

（5）虚拟医学教育：元宇宙可以提供一种虚拟的医学教育环境，医学生可以在这个环境中进行学习和实践。这种虚拟医学教育方式可以提供更加直观、生动的教学内容，帮助学生更好地理解和掌握医学知识。

6. 环保领域

元宇宙在环保领域的应用场景主要体现在以下几个方面。

（1）环保科普教育：元宇宙可以通过虚拟现实技术，创建出逼真的模拟环境，让学生或公众可以直观地了解到环境污染和生态破坏的后果。同时，元宇宙还可以通过游戏化的方式，将环保知识融入游戏设计中，使人们在娱乐中学习到环保知识，从而提高人们的环保意识。

（2）环保行动模拟：元宇宙可以模拟各种环保行动，如垃圾分类、节能减排等，让用户在虚拟环境中体验这些行动，并了解这些行动对环境的影响。这种方式可以激发人们对环保行动的热情，并提高他们的行动力。

（3）生态保护与修复：元宇宙可以模拟生态系统的运行，帮助人们了解生态系统的运作机制，从而更好地进行生态保护与修复工作。同时，元宇宙还可以模拟生态修复的过程，为实际的生态修复工作提供参考。

（4）环保决策支持：元宇宙可以通过大数据和人工智能技术，对环境数据进行实时监测和分析，为环保决策提供科学依据。例如，元宇宙可以预测污染物的扩散趋势，帮助政府和企业制定有效的污染控制策略。

（5）绿色城市建设：元宇宙可以模拟城市的发展过程，帮助城市规划者更好地理解城市发展对环境的影响。同时，元宇宙还可以模拟绿色城市的建设过程，为绿色城市的建设提供参考。

7. 公共服务领域

元宇宙在公共服务领域的应用场景主要体现在以下几个方面。

（1）虚拟政务服务：元宇宙可以提供一种虚拟的政务服务环境，公众可以在这个环境中与政府机构进行沟通和交流，从而打破地域限制，提高政务服务的效率和便利性。

（2）虚拟公共交通：元宇宙可以提供一种虚拟的公共交通环境，公众可以在这个环境中进行公共交通规划和管理，从而获得更加个性化、精准化的交通服务。

（3）虚拟社区服务：元宇宙可以提供一种虚拟的社区服务环境，公众可以在这个环境中进行社区管理和服务，更好地了解和管理自己的社区。

（4）虚拟文化服务：元宇宙可以提供一种虚拟的文化服务环境，公众可以在这个环境中进行文化交流和体验。这种虚拟文化服务方式可以提供更加多元化、个性化的文化服务，帮助公众更好地了解和体验不同的文化。

（5）虚拟教育服务：元宇宙可以提供一种虚拟的教育服务环境，学生可以在这个环境中进行学习和实践，获得更加个性化的教学内容。

8. 城市管理领域

元宇宙在城市管理领域的应用场景主要体现在以下几个方面。

（1）城市规划与设计：元宇宙可以模拟城市的规划与设计过程，通过虚拟现实技术，让城市规划师和设计师能够直观地看到城市规划方案的实际效果，从而更好地进行城市规划和设计，提高城市规划的效率和准确性，减少规划过程中的错误和浪费。

（2）城市交通管理：元宇宙可以模拟城市的交通状况，帮助交通管理部门更好地了解交通流量、拥堵情况等，从而制定更加有效的交通管理策略。同时，元宇宙还可以模拟交通事故和交通管制等场景，为交通管理部门提供更加全面的交通管理方案。

（3）城市安全监控：元宇宙可以结合物联网、人工智能等技术，实现城市的安全监控。通过虚拟现实技术，可以实时监测城市的安全状况，及时发现和处理安全隐患。同时，元宇宙还可以模拟各种安全事故场景，为城市安全管理部门提供更加全面的安全防范方案。

（4）城市应急管理：元宇宙可以模拟城市的应急管理过程，帮助应急管理部门更好地进行应急预案的制定和演练。通过虚拟现实技术，元宇宙可以模拟各种突发事件场景，如地震、火灾等，为应急管理部门提供更加全面和准确的应急管理方案。

（5）城市公共服务：元宇宙可以结合物联网、大数据等技术，为城市居民提供更加便捷、高效、个性化的公共服务。例如，通过虚拟现实技术，元宇宙可以提供虚拟导游、虚拟导购等服务，以及为城市居民提供更加丰富的出行体验。

8.5.5　元宇宙面临的风险与挑战

元宇宙面临的风险与挑战主要包括技术风险与挑战、法律与监管风险、社会风险与挑战、经济风险与挑战等。

1. 技术风险与挑战

元宇宙的技术风险与挑战主要来自以下几个方面。

（1）技术成熟度：元宇宙的开发需要多种技术的支持，包括虚拟现实、增强现实、区块链、人工智能等。然而，这些技术目前仍处于不断发展和完善的过程中，尚未达到成熟阶段，因此存在一定的技术风险和挑战。

（2）技术成本：元宇宙的开发需要大量的技术资源和资金投入，包括硬件设备、软件开发、人才引进等方面的投入。因此，元宇宙的普及和应用需要考虑成本问题，这也是一项技术和经济上的挑战。

（3）技术融合问题：元宇宙的开发需要多种技术的融合，包括虚拟现实、增强现实、区块链、人工智能等。然而，这些技术之间存在一定的差异和冲突，需要解决技术融合和协调问题，以确保元宇宙的顺利开发和运行。

（4）技术安全性：元宇宙的开发和应用涉及大量的数据和信息，因此需要确保技术的安全性，包括数据加密、网络安全、用户隐私保护等方面。然而，由于技术的复杂性和开放性，元宇宙面临一定的安全风险和挑战。

（5）技术法规和伦理问题：元宇宙的开发和应用涉及一系列技术法规和伦理问题，如虚拟财产权、虚拟交易的合法性、数字身份认证等。这些问题需要制定相应的法规和规范来解决，同时也需要探讨元宇宙对人类社会的影响和挑战。

2. 法律与监管风险

元宇宙的法律与监管风险主要涉及以下几个方面。

（1）法律框架的不确定性：元宇宙是一个新兴领域，其法律框架尚未完全建立。这可能导致在元宇宙中的行为和交易缺乏明确的法律规范，增加了法律风险。

（2）知识产权保护问题：元宇宙中的内容可能涉及知识产权问题，如虚拟商品、数字资产等。如果缺乏有效的知识产权保护机制，可能会导致盗版、侵权等行为，损害创作者和开发者的利益。

（3）数据隐私和安全问题：元宇宙中的数据隐私和安全问题是需要重点关注的风险。如果元宇宙平台和服务提供商未能采取适当的安全措施保护用户数据，则可能会导致数据泄露、身份盗窃等问题，对用户隐私权构成侵犯。

（4）跨境监管问题：元宇宙具有全球性，其行为和交易可能涉及跨境监管问题。各国对元宇宙的监管政策和法规存在差异，这可能导致跨境监管的复杂性和不确定性。

3. 社会风险与挑战

元宇宙的社会风险与挑战主要表现在以下几个方面。

（1）社会接受度的挑战：元宇宙作为一个新兴的概念和技术，其社会接受度面临一定的挑战。一些人可能对元宇宙持怀疑态度，认为它只是虚拟世界的延伸，无法替代现实生活。此外，由于元宇宙的技术和规则仍在不断发展和完善中，一些人可能对其稳定性和可靠性持怀疑态度。为了提高元宇宙的社会接受度，需要加强对其技术、规则和应用的宣传和推广，让更多人了解元宇宙的潜力和价值。同时，需要不断完善元宇宙的技术和规则，提高其稳定性和可靠性，增强用户对元宇宙的信任感。

（2）社会伦理道德的挑战：元宇宙中的行为和交易可能涉及伦理道德问题。例如，在元宇宙中，人们可能会进行虚拟商品或数字资产的交易，而这些交易可能涉及欺诈、盗窃等行为。此外，元宇宙中的行为也可能涉及个人隐私和数据安全问题，如数据泄露、身份盗窃等。为了应对社会伦理道德的挑战，需要加强对元宇宙中行为的监管和规范，确保其符合伦理道德标准。同时，需要加强对用户的教育和引导，提高其道德意识和法律意识，避免其在元宇宙中进行不良行为。

4. 经济风险与挑战

元宇宙的经济风险与挑战主要来自以下几个方面。

（1）经济波动和不确定性：元宇宙是一个新兴的经济领域，其发展受到多种因素的影响，包括技术进步、市场需求、政策法规等。这些因素的变化可能导致元宇宙的经济波动和不确定性，给企业和投资者带来经济风险。

（2）市场竞争和商业竞争：随着元宇宙的快速发展，市场竞争将变得更加激烈。各大企业和机构都在积极布局，争夺元宇宙市场份额和资源。商业竞争可能导致价格战、营销战等行为，增加企业的运营成本和市场风险。

（3）技术和成本的挑战：元宇宙的发展需要大量的技术资源和资金投入。技术和成本的挑战可能导致一些企业在元宇宙领域的投资回报不足，甚至面临亏损的风险。同时，技术的不断更新和迭代也可能给企业带来技术更新和经济转型的压力。

8.5.6 虚拟现实

本节介绍虚拟现实的概念、虚拟现实与元宇宙的关系、虚拟现实硬件设备和虚拟现实软件技术。

1. 虚拟现实的概念

虚拟现实是一种可以创建和体验虚拟世界的计算机仿真系统。它利用计算机生成一种模拟环境，使用户沉浸到该环境中。虚拟现实技术就是利用现实生活中的数据，通过计算机技术产生电子信号，将其与各种输出设备结合，使其转化为能够让人们感受到的现象并通过三维模型表现出来。因为这些现象不是我们直接能看到的，而是通过计算机技术模拟出来的，故称为虚拟现实。

2. 虚拟现实与元宇宙的关系

从范围的层面，元宇宙是一个更广泛、更综合的概念，它包括虚拟现实技术，但不仅限于此。元宇宙强调的是多个用户在同一个虚拟空间内共同构建、交互和创造，旨在构建一个全面的、互联互通的数字世界。而虚拟现实主要关注单个用户在虚拟环境中的体验，创造一种完全虚拟的感官体验。

从技术的层面，虚拟现实技术主要使用头戴式显示器等设备来实现，而元宇宙则需要更多的技术支持，例如人工智能、区块链和云计算等。

从目的的层面，虚拟现实技术的主要目的是提供沉浸式体验，让用户可以更好地融入虚拟世界中。而元宇宙则更注重社交性和商业性，它的目标是为用户提供更多的社交和商业机会，使用户能够在其中进行各种互动和创造。

总的来说，虚拟现实技术是元宇宙构建的一部分，元宇宙是一个更全面、更综合的概念，旨在构建一个更大、更全面的虚拟世界。

3. 虚拟现实硬件设备

虚拟现实硬件设备的代表如下所示。

（1）头戴式显示器。头戴式显示器是一种虚拟现实硬件设备，它通过头戴方式将虚拟现实内容直接呈现在用户的眼前，使用户能够沉浸在虚拟世界中。头戴式显示器通常采用高清晰度的屏幕，以提供更加逼真的视觉体验，同时，配备有头部追踪系统，能够实时跟踪用户的头部运动，确保虚拟现实内容的准确呈现。此外，头戴式显示器还具有舒适性和便携性，用户可以随时随地使用它来体验虚拟现实内容。头戴式显示器还可以与各种虚拟现实软件和游戏进行连接，使用户能够更加深入地探索虚拟世界。

（2）运动追踪系统。运动追踪系统通常采用传感器和摄像头等设备，识别用户的身体姿势、手势和动作，并将其转化为计算机可识别的数据。这些数据被用于生成虚拟现实中的相应动作，使用户能够更加自然地与虚拟现实内容进行交互。运动追踪系统的准确性和实时性对于虚拟现实体验至关重要，它能够确保虚拟现实内容与用户的身体运动保持一致，使用户能够更加真实地感受到虚拟现实中的互动和反馈。

（3）触觉反馈设备。触觉反馈设备是虚拟现实硬件设备中的一种，它能够模拟用户在虚拟世界中的触觉感受，使用户能够更加真实地感受到虚拟现实中的互动和反馈。触觉反馈设备通常采用振动器、压力传感器等设备，能够根据虚拟现实中的不同情况，产生相应的触觉反馈。例如，当用户在虚拟世界中触摸到某个物体时，触觉反馈设备会模拟该物体的质地、形状等特性，使用户能够感受到类似于真实世界中的触觉感受。触觉反馈设备的使用能够提升虚拟现实体验的真实感和沉浸感，使用户更加深入地感受到虚拟世界中的互动和反馈。同时，触觉反馈设备还可以用于游戏娱乐、医疗康复等领域，为用户提供更加丰富、真实的体验。

4. 虚拟现实软件技术

虚拟现实软件技术的代表如下所示。

（1）三维建模和场景渲染。三维建模和场景渲染是虚拟现实软件技术中的重要组成部分，它能够将现实世界中的物体和场景转化为虚拟现实中的三维模型，并对其进行渲染，使用户能够更加真实地感受到虚拟现实中的场景和物体。三维建模通常采用专业的三维建模软件，如3ds Max、Maya等，通过建模工具创建出虚拟现实中的三维模型。场景渲染则是将三维模型与光照、材质等元素相结合，生成逼真的虚拟现实场景。三维建模和场景渲染技术的运用能够提高虚拟现实体验的真实感和沉浸感，使用户能够更加深入地感受到虚拟现实中的场景和物体。同时，三维建模和场景渲染还可以用于游戏娱乐、影视制作等领域，为用户提供更加丰富、真实的体验。

（2）用户界面设计。用户界面设计能够提供用户与虚拟现实环境之间的交互界面，使用户能够更加自然、便捷地与虚拟现实环境进行交互。用户界面设计通常采用图形化界面设计方式，提供简单的图形元素和操作方式，使用户能够快速地完成各种任务和操作。同时，用户界面设计还需要考虑用户的使用习惯和需求，以提供更加人性化、个性化的交互体验。用户界面设计在虚拟现实软件技术中扮演着重要的角色，它能够提高用户与虚拟现实环境之间的交互体验，使用户能够更加深入地探索虚拟世界。同时，用户界面设计还可以用于各种领域，如游戏娱乐、教育培训等，为用户提供更加丰富、真实的体验。

（3）物理引擎技术。这种技术能够模拟物体在虚拟世界中的运动和碰撞，以及重力、摩擦等物理效应，从而提升虚拟现实体验的真实感。

（4）人工智能技术。人工智能技术可以用于虚拟现实中的角色行为模拟，以及环境感知和交互等方面，从而提升虚拟现实的智能性和沉浸感。

8.5.7 虚拟数字人

虚拟数字人是元宇宙的重要组成部分，本节将介绍虚拟数字人的概念、分类等内容。

1. 虚拟数字人的概念

虚拟数字人（Digital Human/Meta Human）是运用数字技术（包括计算机图形学、语音合成技术、深度学习、类脑科学、计算机科学等）创造出来的、与人类形象接近的数字化人物形象。虚拟数字人可使人们通过数字形象进行与真人平等的交流沟通，也可以通过互动形式完成虚拟形象与现实世界的互动。随着虚拟现实技术的逐渐成熟与应用，虚拟数字人正在慢慢走进人们的生活。

虚拟数字人具有3个重要特征：一是具有人的虚拟形象，需要借助物理设备呈现，但不是物理实物，这是其与机器人的核心区别；二是具备独特的人设，有自己的性格特征和行为特征；三是具备互动的能力，在未来，虚拟数字人将能够自如地交流、行动和表达情绪。

2. 虚拟数字人的分类

虚拟数字人的商业化已经驶上"快车道"，在现实实践中，虚拟数字人按照技术、应用、呈现方式可以分为不同的类型（如图8-19所示）。

按技术分类，虚拟数字人可以分为真人驱动型虚拟数字人、智能驱动型虚拟数字人两大类。真人驱动型虚拟数字人强调"人机耦合"，是目前相对成熟的一类，发展到完全的智能驱动需要经历一个长期发展过程。

真人驱动型虚拟数字人是一种基于真实人类驱动的虚拟数字人。这种虚拟数字人使用真实人类的动作、表情和声音等数据来驱动虚拟模型，从而创建出与真实人类非常相似的虚拟数字人。真人驱动型虚拟数字人通常被用于电影、游戏、广告和其他娱乐领域，以提供更加真实和引人入胜的视觉体验。同时，它们也可以被用于虚拟现实和增强现实等交互式应用中，以提供更加自然和真实的交互体验。创建真人驱动型虚拟数字人需要使用先进的动作捕捉技术、面部捕捉技术和语音合成技术等，以获取真实人类的数据，并将其应用于虚拟模型中。随着技术的不断发展，真人驱动型虚拟数字人的逼真度和可用性也在不断提高。

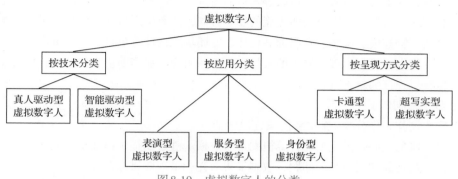

图 8-19　虚拟数字人的分类

　　智能驱动型虚拟数字人是一种基于人工智能技术驱动的虚拟数字人。这种虚拟数字人使用 AI 算法和模型来生成动作、表情、语音等，具有自主行为和智能交互能力。智能驱动型虚拟数字人的最大特点是自主性和智能性。与真人驱动型虚拟数字人相比，智能驱动型虚拟数字人不需要依赖真实人类的数据或预设动作库，可以通过学习和自适应算法来自主生成行为和响应。智能驱动型虚拟数字人的创建需要使用深度学习、强化学习等 AI 技术，以及自然语言处理、计算机视觉等相关技术。通过这些技术，虚拟数字人可以学习人类的行为模式、语言习惯和情感表达等，从而实现更加自然和智能的交互。智能驱动型虚拟数字人在娱乐、教育、客户服务等领域具有广泛的应用前景。例如，它们可以作为智能助手、智能导游、智能教师等角色，为用户提供个性化的服务和指导。同时，随着技术的不断发展，智能驱动型虚拟数字人的智能水平和应用范围也在不断扩大。

　　按应用分类，虚拟数字人主要分为服务型虚拟数字人、表演型虚拟数字人和身份型虚拟数字人三大类。服务型虚拟数字人在企业中被广泛地使用；表演型虚拟数字人因虚拟偶像等身份更具有流量吸引力和商业发展空间；身份型虚拟数字人最具有市场想象力，因为未来元宇宙使每个人都可以拥有自己的虚拟分身。

　　服务型虚拟数字人强调功能属性，包括虚拟主播、虚拟教师、虚拟客服、虚拟导游等，也包括具有陪伴、关怀价值的虚拟助手、虚拟关怀师等，主要为物理世界提供各种服务，在经济生活中具有创新、降本增效的特征。

　　表演型虚拟数字人强调偶像属性，虚拟偶像属于此类型，当前主要被应用在娱乐、社交、办公场景中，如虚拟偶像演唱会、虚拟直播等。

　　身份型虚拟数字人强调身份属性，是物理世界的"真人"进入虚拟世界、元宇宙中的 ID，也称为"数字分身"或"虚拟分身"。在元宇宙中，身份型虚拟数字人具有广阔的应用场景，当前主要应用在娱乐、社交、办公场景中，如虚拟社区、虚拟会议等。

　　按呈现方式分类，虚拟数字人主要分为卡通型虚拟数字人和超写实型虚拟数字人两类。卡通型虚拟数字人的身份皆为"虚构"的，他们在现实世界中并不存在，但其语言、动作、表情等都具有"人的行为模式"。目前，卡通型虚拟数字人在二次元、游戏、卡通动画中应用较多，具有制作、运营成本低以及量多的优势。

超写实型虚拟数字人是一种具有极高逼真度的虚拟数字人，通常使用高级的图形技术和人工智能技术来创建。这种虚拟数字人的外观、动作和表情都非常逼真，几乎可以与真实人类相媲美。它们通常被用于电影、游戏、广告和其他娱乐领域，以提供更加真实和引人入胜的视觉体验。超写实型虚拟数字人的创建需要大量的计算资源和时间，因此通常需要使用高性能计算机和专业的图形软件来创建。同时，为了使超写实型虚拟数字人更加逼真，还需要使用人工智能技术来模拟人类的动作和表情。超写实型虚拟数字人是当前主流的发展方向，从诞生之日起，就绕开了"二维""卡通"等特点，其高清人物建模、服装及专属饰品设计、专属场景设计等更具有数字资产属性，且因其具有"超写实"的特点，可与物理世界中的人物身份一一对应，在当前更有代表性，更可能成为未来人群与元宇宙场景连接的新工具。

3. 虚拟数字人制作工序

虚拟数字人制作工序分为4个主要阶段，说明如下。

（1）建模阶段的核心技术主要为计算机图形学建模、静态扫描建模和动态光场重建。目前，建模存在精度低、成本高和耗时高的问题，数据采集与光影呈现效果存在冲突。

（2）动作捕捉阶段的核心技术主要有光学动作捕捉、惯性动作捕捉和视觉动作捕捉。三者在精度、成本和效率方面都难以实现平衡，基于计算机视觉的动作捕捉受外界环境影响较大。

（3）驱动阶段主要分为真人驱动和AI驱动两种方案，目前市面上数字人以真人驱动为主。AI驱动的成本和耗时都低于真人驱动，但目前在口型适配和自然语言理解方面还存在较大不足。

（4）渲染阶段主要有实时渲染和离线渲染两种方案，当前各种技术方案难以兼顾精度、成本与所耗时长3个方面，人工智能技术的发展是破局之道。

4. 虚拟数字人的商业模式

虚拟数字人经过多年的发展，形成了成熟的商业模式，这里以身份型虚拟数字人（以下简称数字人）为例进行介绍。身份型虚拟数字人的商业模式主要通过以下几个盈利渠道实现商业价值（见图8-20）。

（1）广告和赞助：数字人可以通过广告和赞助的方式实现商业价值。例如，与品牌合作推出联名款产品、代言广告等。

（2）IP变现：数字人的IP（Intellectual Property，知识产权）变现模式是通过将数字人的形象、故事等元素进行创意开发，形成具有吸引力的作品或产品，从而实现商业价值。这种模式主要包括以下几个方面。①影视创作：可以将数字人的形象和故事改编为电影、电视剧、动画等形式，通过影视作品的播出和发行，提高数字人的知名度和影响力，同时获取版权收益。②演唱会收入：可以通过举办线上或线下的数字人演唱会，吸引粉丝和观众前来观看，从而获取门票、赞助、周边产品等带来的收益。③数字专辑：数字人可以发行数字专辑，通过在线销售和下载获取收益，同时还可以通过版权授权等方式获取版权收益。④IP周边：可以将数字人的形象和故事授权给其他商家，生产相关的周边产品，如玩具、服装、饰品等，从而获取授权费用和销售分成。

（3）直播收入：数字人的直播收入模式是指数字人在直播平台上进行直播活动，吸引观众观看并获得收入。数字人可以在直播平台上展示自己的才艺、分享生活、与观众互动等，吸引大量粉丝和观众。观众可以通过购买虚拟礼物、打赏等方式支持数字人，最终可以将这些虚拟礼物和打赏兑换成现金收入。此外，数字人还可以通过与品牌商合作进行直播推广、销售商品等，获取额外的直播收入。

虚拟数字人的商业模式（以身份型虚拟数字人为例）

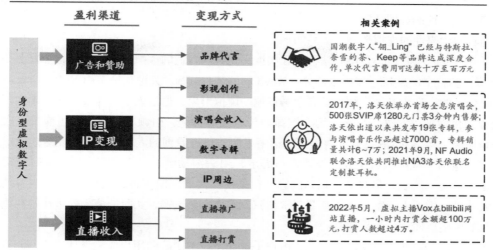

图 8-20　虚拟数字人的商业模式

5. 虚拟数字人和元宇宙的关系

虚拟数字人和元宇宙之间存在紧密的联系和互相依存的关系，具体如下。

（1）虚拟数字人是元宇宙中的重要组成部分。元宇宙是由无数个三维模型构成的虚拟世界，而虚拟数字人则是这个虚拟世界中的居民。它们可以在元宇宙中扮演各种角色，例如导游、教师、医生等，为元宇宙中的用户提供更加真实和便捷的服务，帮助用户更好地融入虚拟世界中。

（2）元宇宙为虚拟数字人提供了更加广阔和丰富的发展空间。在元宇宙中，虚拟数字人可以拥有自己的虚拟身份和虚拟生活，与其他虚拟数字人进行互动和交流。它们可以在虚拟世界中学习、工作、娱乐，甚至可以拥有自己的虚拟家庭和社交圈子。元宇宙为虚拟数字人提供了一个全新的发展平台，使得虚拟数字人可以在虚拟世界中实现自己的梦想和追求。

（3）虚拟数字人和元宇宙之间的联系对于未来世界的发展具有重要意义。随着技术的不断进步，虚拟数字人和元宇宙的应用范围将会越来越广泛，对于人们的生活和工作将会产生深远的影响。虚拟数字人和元宇宙的发展，不仅需要技术的支持，还需要人们的智慧和创新。只有在虚拟数字人和元宇宙之间建立起更加紧密的联系，才能够实现虚拟世界和现实世界的良性互动，为人类的未来带来更多的机遇。

6. 虚拟数字人与真人主播的区别

真人主播会利用面部表情、肢体动作及声音来进行直播带货。真人主播在直播带货中具有很强的互动性，能够将消费者带入直播场景中，并营造出强烈的真实感，利用自身优势，形成极强的视觉冲击力和情感感染力。

虚拟数字人可以通过语音识别、面部捕捉、语音合成等技术，在虚拟场景中与用户进行交互。与真人主播相比，虚拟数字人具有以下特点：一是不受时间和空间限制，可24小时不间断工作；二是不需要真人进行示范，降低了在直播过程中出现失误的可能性；三是运营和维护成本更低。

虚拟数字人通过对真人主播进行数字化、智能化改造，实现了数字人从"数据"到"智能"的转变。从成本投入上看，真人主播需要专业的运营团队、丰富的经验、大量的人力投入及高额的人力成本。虚拟数字人则只需要计算机图形学技术和人工智能技术就可以实现，成本低。同时，真人主播需要根据不同场景对表演进行设计与规划，在直播中不断调整状态、调整语气，从而达到更好的效果。而虚拟数字人则可以通过数据驱动和算法构建，实现"千人千面"的个性化直播带货场景。

7. 具有代表性的虚拟数字人产品

目前具有代表性的虚拟数字人产品如下。

（1）翎_Ling：翎_Ling是由魔珐科技和次世文化共同打造的虚拟偶像。作为首个登上央视舞台的AI虚拟人和首个国风超写实虚拟KOL（Key Opinion Leader，关键意见领袖），翎_Ling以京剧梅派第三代传人的声音为基础，结合具有中国特色的虚拟形象，通过人工智能技术、三维虚拟数字人技术及智能化虚拟内容进行打造，旨在演绎与传承国风文化，引领中国偶像"正能量、底蕴、传承"的新风潮。翎_Ling的打造及内容呈现运用了魔珐科技原创的人工智能技术及智能化虚拟内容制作管线，包括三维虚拟数字人智能建模与绑定、AI表演动画技术、虚拟直播、实时渲染等，并结合其领先的美术功底，最终输出系列内容。在央视舞台上，翎_Ling的演出与互动内容精细程度达到真人效果，虚拟人五官与表情细节非常细腻，动作自然流畅，实时的渲染效果让她在舞动过程中头发与衣服随风而动，效果逼真。

（2）关小芳：是快手推出的虚拟人，由快手Y-tech技术团队和用户体验设计中心共同打造。关小芳的形象时尚，拥有独特的服装和配饰，并且具有与观众互动的能力。在直播中，关小芳能够回答观众的问题，与观众进行互动，并且能够根据观众的反馈进行相应的调整。此外，关小芳还具有一些特殊技能，如变魔术、唱歌、跳舞等，能够为观众带来更丰富的娱乐体验。关小芳的推出是快手在虚拟人领域的一次尝试，旨在为用户提供更加丰富多样的直播内容。通过与观众的互动和娱乐表演，关小芳能够吸引更多的关注和粉丝，同时也为快手平台带来了更多的流量。

（3）阿喜：这是一个活跃在短视频平台和直播中的虚拟数字人，以简单的形象和独特的互动方式赢得了大量粉丝的喜爱。

（4）A-SOUL：这是一个虚拟女团，由5个虚拟偶像组成，她们与用户进行互动，吸引了大量粉丝的关注和喜爱。

（5）洛天依：这是一个虚拟偶像，拥有自己的音乐作品和演唱会，吸引了大量粉丝的喜爱和支持。

（6）嘉然：嘉然是B站（即哔哩哔哩视频弹幕网）上的一名虚拟主播，她是一名有着清新可人形象的女孩，拥有甜美的嗓音和活泼可爱的性格。在B站平台上，嘉然以生活分享、美食制作等内容为主，她的视频受到了广大网友的追捧。

以上只是部分代表性虚拟数字人产品，还有许多其他优秀的虚拟数字人产品，如虚拟主播、虚拟导游等，都在为人们提供更加丰富多彩的虚拟世界体验。

8.5.8　数字孪生

本节首先介绍数字孪生的概念、发展历程和系统架构，然后介绍数字孪生与元宇宙的关系，最后介绍数字孪生的行业应用。

1. 数字孪生的概念

数字孪生（Digital Twin）指将物理实体镜像映射到虚拟空间，生成一个"数字双胞胎"，在虚拟空间中的孪生模型可以通过物联网与物理实体实现数据实时双向互联互通，反映对应物理实体的全生命周期，在整合底层数据信息的基础上进行仿真预测，为优化决策赋能。根据复杂程度，数字孪生可以分成5个级别（见图8-21），级别越高，数字孪生越强大。受益于数字经济、工业互联网发展、政策落地、技术突破、下游需求增长，当前数字孪生行业步入快速增长期；数字孪生关键技术包括建模、渲染、仿真及物联网等。

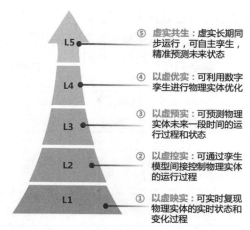

图 8-21 数字孪生的 5 个级别

　　根据中国信息通信研究院数据，数字孪生市场增长潜力大，具备广阔的发展空间。2022年全球数字孪生市场规模达到77亿美元，同比增长57.1%；2022年中国数字孪生市场规模超100亿元。当前全球学术领域对数字孪生的研究非常活跃，中国论文发布数量领先。

　　2. 数字孪生的发展历程

　　如图8-22所示，数字孪生概念起源于美国，最初是为了解决航天意外事件和空军战斗机维护等高风险问题的。随着时间的推移，美国通用电气公司发现了数字孪生技术在生产制造领域的巨大价值，并将其推广到工业领域。随后，西门子、达索等老牌制造企业也纷纷加入探索数字孪生技术的行列。随着人工智能、物联网、虚拟现实等技术的不断发展以及元宇宙概念的兴起，数字孪生概念得到了进一步完善，其适用范围也在不断拓宽。在工业和城市管理领域，数字孪生技术拥有更大的应用潜力和想象空间。

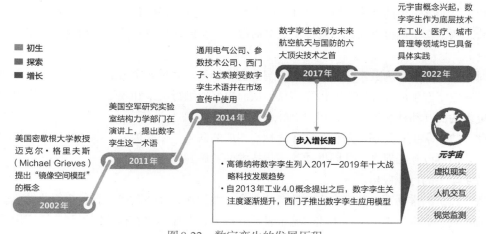

图 8-22 数字孪生的发展历程

　　3. 数字孪生的系统架构

　　如图8-23所示，数字孪生通过构建"数字孪生体"并对其全生命周期进行模拟分析，为优化决策提供依据。数字孪生体需要强大的数据能力和建模能力作为底层支持。数字孪生通过传感器等媒介，采集人、物等物理实体的数据，通过物联网技术传输实时状态数据，最终在内部进行数据标记与管理，构成底层数据池。在具备了底层数据支持后，数字孪生将基于现实世界进行建模，构建一个与现实世界基本一致的数字世界。通过仿真等技术，数字孪生能够模拟物理世界的规律，实现状态预测、问题诊断等功能，从而为现实世界的决策提供反馈。

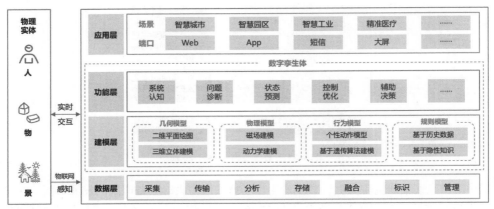

图 8-23　数字孪生的系统架构

4. 数字孪生与元宇宙的关系

数字孪生与元宇宙是两个相关但是不同的概念。数字孪生是指通过数字化技术创建出来的一个虚拟的个体，它可以精确地模拟现实世界中的物体、场景和过程。它与现实世界中的实体有着高度的相似度，可以模拟、预测和优化实体的运行状态。而元宇宙则是指一个虚拟的世界，它是由一系列数字孪生构成的，在元宇宙中，数字孪生可以被用来创建一个虚拟环境，这个环境可以让用户像在现实世界中一样进行交互、探索和体验。数字孪生还可以用来模拟现实世界中的各种场景和过程，如城市规划、地震模拟等，这些模拟可以帮助人们更好地理解和解决现实世界中的问题。

数字孪生可以作为元宇宙的基础设施，是元宇宙的重要技术基础之一，为元宇宙提供精确的现实世界数据。元宇宙中的虚拟环境可以基于数字孪生技术进行建模和仿真，从而实现更加真实的交互和体验。数字孪生还可以为元宇宙提供更多的数据，帮助用户更好地了解和掌握元宇宙中的各种信息和资源。

同时，元宇宙可以为数字孪生提供更广阔的应用场景。通过元宇宙的沉浸式体验，用户可以更直观地了解数字孪生所表示的现实世界信息，从而更好地进行决策和规划。元宇宙还可以为数字孪生提供更多的交互和社交场景，让用户更好地分享和协作。

因此，数字孪生和元宇宙是相互依存、相辅相成的概念，一起构成了未来数字化世界的重要基础设施，它们可以互相促进，共同推动数字化技术的发展和应用。

5. 数字孪生的行业应用

在数字经济的推动下，数字孪生与社会的融合日益加深，并逐渐渗透到各个行业的全生命周期中。目前，数字孪生技术已经在工业、城市管理、电力、医疗和水利行业中得到广泛应用，助力智慧工业、智慧城市管理、新型电力系统、数字医疗、智慧网络和数字流域的建设。未来，数字孪生在上述行业的应用场景将不断拓宽，并逐渐扩展到更多行业。同时，各行业用户对数字孪生的需求也将不断增长，进一步推动数字孪生技术的发展，部分行业应用如下。

（1）智慧工业：数字孪生贯穿工业制造全生命周期各阶段，对产品研发设计生产进行验证，缩短周期，提升效率；解决工业制造设计、制造、运行、维护等问题，提升智慧工业水平。

（2）智慧城市管理：构建数字孪生城市，实现对现实世界的监测、诊断、回溯、预测和决策控制，用于实体城市的规划、建设、治理和优化等全生命周期管理，提高城市运行效率。

（3）新型电力系统：利用电网运行中的信息数据流、虚拟电网构建数字孪生体，感知和监测物理实体电网运行状态，预测电网发展趋势、优化电网运营策略。

（4）数字医疗：监测、处理、整合影像信息及电子病历等医用数据，生成患者、医院数字孪生模型，协助医疗资源管理优化，确定用药方案、验证手术方案可行性等。

（5）数字流域：采集流域地理环境、自然资源、生态环境等信息，通过构建影像模型，便于各级部门对整个流域进行有效管理，提升资源利用率和决策效率。

6. 数字孪生行业面临的挑战

目前我国数字孪生行业主要面临以下挑战。

（1）技术成熟度不高：数字孪生涉及多个领域的技术，包括建模、仿真、虚拟现实、物联网等，目前这些技术的成熟度还有待提高。

（2）数据采集与处理难：数字孪生需要大量的数据支持，包括实时的传感器数据、历史数据等，如何高效地采集和处理这些数据是一大挑战。

（3）应用场景的复杂性：数字孪生需要应用于复杂的场景中，如城市、工厂、设备等，这些应用场景的复杂性给数字孪生的应用带来了挑战。

（4）投资成本高：数字孪生的建设需要大量的投资，包括人力、物力和财力等方面的投资，这使得一些企业难以承受。数字孪生对高性能计算、显示技术等基础支撑技术要求较高，且基础软件和渲染引擎仍依赖国外厂商。

（5）缺乏标准规范：目前数字孪生还处于探索阶段，缺乏统一的标准规范，这使得不同厂商的数字孪生产品难以互通互联，给行业的发展带来了一定的阻碍。

（6）商业模式不成熟：主要体现在客户需求端较低迷，产品高定制化需求导致供给厂商盈利困难。

8.6 本章小结

云计算、物联网、大数据、人工智能、区块链和元宇宙，这六大技术代表了人类信息技术的最新发展趋势，正改变着我们的生产和生活。在六大技术中，人工智能具有较长的发展历程，在20世纪50年代就已经被提出，并在2016年附近迎来了又一次发展高潮。云计算、物联网和大数据在2010年附近迎来一次大发展，目前正在各大领域不断深化应用。区块链在2019年以后步入高速发展期，元宇宙在2021年迅速升温。本章对云计算、物联网、区块链和元宇宙做了简要的介绍，并且梳理了大数据与这四大技术的紧密关系。编者相信这六大技术的融合发展、相互助力，一定会给人类社会的未来发展带来更多的新变化。

8.7 习题

1. 请阐述云计算的概念。

2. 请阐述云计算有哪几种服务模式和类型。

3. 请阐述什么是数据中心以及数据中心在云计算中的作用。

4. 请举例说明云计算有哪些典型的应用。

5. 请阐述物联网的概念以及物联网各个层次的具体功能。

6. 请阐述物联网有哪些关键技术。

7. 请阐述大数据与云计算、物联网的关系。

8. 请阐述区块链的概念以及区块链和比特币的关系。

9. 请阐述区块链是如何解决防篡改问题的。

10. 请阐述区块链如何实现去中心化记账。

11. 请阐述区块链的分类。

12. 请给出一些区块链的具体应用。

13. 请阐述区块链与大数据的关系。

14. 请阐述区块链技术的现状。

15. 请阐述元宇宙的概念。

16. 请阐述元宇宙的发展历程。

17. 请阐述元宇宙的重要性。

18. 请阐述元宇宙的应用前景。

19. 请阐述元宇宙与大数据的关系。

20. 请阐述元宇宙的基本特征。

21. 请阐述元宇宙有哪些核心技术。

22. 请阐述元宇宙的典型应用场景。

23. 请阐述元宇宙面临的风险与挑战。

24. 请阐述虚拟数字人的概念。

25. 请阐述虚拟数字人的分类。

26. 请阐述虚拟数字人和元宇宙的关系。

27. 请阐述虚拟数字人与真人主播的区别。

28. 请阐述数字孪生的概念。

29. 请阐述数字孪生的发展历程。

30. 请阐述数字孪生与元宇宙的关系。

31. 请阐述数字孪生的行业应用。

32. 请阐述我国数字孪生行业面临的挑战有哪些。

第**9**章

新兴数字技术的伦理问题

在西方文化中，伦理一词的词源可追溯到希腊文"ethos"，具有风俗、习性、品性等含义。在中国文化中，伦理一词最早出现于《礼记·乐记》："乐者，通伦理者也。"我国古代思想家们都十分重视伦理学，"三纲五常"就是基于伦理学产生的。早期伦理学的应用主要体现在对家庭长幼辈分的界定，后又延伸至对社会关系的界定。

"伦理"与"道德"的概念不同。哲学家认为"伦理"是规则和道理，即人作为总体，在社会中的一般行为规则和行事原则，强调人与人之间、人与社会之间的关系；而"道德"是指人格修养、个人道德和行为规范、社会道德，即人作为个体，在自身精神世界中的心理活动准绳，强调人与自然、人与自我、人与内心的关系。道德的内涵包含伦理的内涵，伦理是个人道德意识的外延和对外的行为表现。伦理是客观法，具有律他性，而道德则是主观法，具有律己性；伦理要求人们的行为基本符合社会规范，而道德则是表现人们行为境界的描述；伦理义务对社会成员的道德约束具有双向性、相互性特征。

这里所讨论的"伦理"是指一系列指导行为的观念，是从概念角度上对道德现象的哲学思考。它不仅包含着人与人、人与社会和人与自然之间关系处理中的行为规范，而且也深刻地蕴涵着依照一定原则来规范行为的深刻道理。现代伦理已然不再是对传统道德法则的本质功能简单的体现，而是已经延伸至不同的领域，因此越发具有针对性，引申出了环境伦理、科技伦理等不同层面的内容。

科技伦理是指科学技术创新与运用活动中的道德标准和行为准则，是一种观念与概念上的道德哲学思考，它规定了科学技术共同体应遵守的价值观、行为规范和社会责任范畴。人类科学技术的不断进步，也带来了一些新的科技伦理问题，因此，只有不断丰富科技伦理这一基本概念的内涵，才能有效应对和处理新的伦理问题，提高科学技术行为的合法性和正当性，确保科学技术能够真正做到为人类谋福利。

本章所讨论的新兴数字技术的伦理就属于科技伦理的范畴。本章内容重点介绍大数据伦理和人工智能伦理，同时简要介绍区块链和元宇宙的伦理问题。

9.1　大数据伦理

大数据伦理问题指的是由于大数据技术的产生和使用而引发的社会问题，是集体和人与人之间关系的行为准则问题。作为一种新的技术，大数据技术像其他所有技术一样，本身是无所谓好坏的，而它的"善"与"恶"全然在于大数据技术的使用者，即使用者想要通过大数据技术达到怎样的目的。一般而言，使用大数据技术的个人、公司都有着不同的目的和动机，由此导致了大数据技术的应用会产生积极影响和消极影响。

本节首先介绍大数据伦理典型案例，然后介绍大数据伦理问题及其产生的原因，最后介绍大数据伦理问题的治理。

9.1.1　大数据伦理典型案例

本节介绍一些大数据伦理典型案例，包括诈骗事件、某网"撞库"事件、大数据杀熟、隐性偏差问题、魏则西事件、"信息茧房"问题等。

1. 诈骗事件

"诈骗"是当下社会关注的热点但并不是这个时代所特有的现象，随着大数据技术被不法分子所利用，诈骗的形式和手段发生了重大改变。"精准诈骗"是通过深入利用用户个人信息实施的诈骗，其最大特征是掌握了受害者的有效信息，并依此编造契合目标对象的诈骗剧本，往往成功率高且令人难以防范。

某地女孩被骗身亡事件是精准诈骗中的典型案件。该诈骗事件中，第一个关键性案件便是"黑客案"，从社会大众视角来看，黑客是该事件的始作俑者。报道显示，犯罪嫌疑人杜某，即所谓的黑客，作为一名程序技术员，业余时间经常浏览一些网站并测试其"安全性"，一旦发现漏洞就利用木马侵入网站内部，打包下载个人信息、账号、密码。受害者的个人信息来自"某地某平台高考网上报名信息系统"，最终"黑客案"以"侵犯公民个人信息"一案作为独立案件单独移送并起诉。该诈骗事件中的另一起关键性案件是电信诈骗案。诈骗分子冒充教育局的工作人员，谎称向受害者发放助学金。在拨打了假教育局工作人员提供的假财政局电话后，受害人按照对方的"激活账户"的指令，将预备的学费打入了骗子提供的账号。案件侦破过程显示，这起诈骗案并非只针对受害者一人，被检察机关查实认定的被骗考生多达20余人，其中绝大部分是该地区考生，这一切均始于诈骗分子购买了被黑客所窃取的该地区高考学生信息。

在这一事件中，"数据"无疑发挥了重要的作用，它存在于黑客窃取和转卖个人信息、诈骗团伙设计并分工实施诈骗等诸多环节。在精准诈骗中，由于不法分子掌握了受害者的详细数据，受害者往往失去了原本该有的辨识和反思意识，从而导致被骗。然而，"诈骗"并不是大数据技术的"原罪"，透过两起案件中暴露的大数据公开与共享中的一系列隐私问题，我们仍可以体会到对大数据技术进行伦理探究的紧迫性。

2. 某网"撞库"事件

所谓的"撞库"是指黑客通过收集互联网已泄露的用户和密码信息，生成对应的字典表，尝试批量登录其他网站后，得到一系列可以登录的用户。很多用户在不同网站使用的是相同的账号和密码，因此黑客可以通过获取用户在A网站的账户从而尝试登录B网站，这就可以理解为撞库攻击。也就是说，黑客"凑巧"获取到了一些用户的数据（用户名和密码），再将其应用到其他网站。

2016年，某票务网站因账号信息被窃取，间接导致全国多地用户受骗。不法分子冒充大麦网工作人员，以误操作、解绑为由，诱导该网站客户进行银行卡操作，骗取用户资金。据报道，在这次事件中，遭受经济损失的用户为39人，总金额达147.42万元。

3. 大数据杀熟

2018年2月28日，《科技日报》报道了一位网友自述被大数据"杀熟"的经历。据了解，他经常通过某旅行服务网站订一个出差常住的酒店，长年价格在380~400元。偶然一次，他通过前台了解到，淡季的价格在300元左右。他用朋友的账号查询后发现，果然是300元；但用自己的账号去查，还是380元。

从此，大数据杀熟这个词正式进入社会公众的视野。所谓的大数据杀熟是指，同样的商品或服务，老客户看到的价格反而比新客户看到的要高出许多。实际上，这一现象已经持续多年。数据显示，国外一些网站早就有之。在我国，一项对2008名受访者进行的调查显示，51.3%的受访者遇到过互联网企业利用大数据杀熟的情况。调查发现，在多个价格有波动的平台都存在类似情况，且在线旅游平台较为普遍。

大数据杀熟总是处于隐蔽状态，多数消费者是在不知情的情况下"被溢价"了。大数据杀熟，实际上是对特定消费者的"价格歧视"，与其称这种现象为"杀熟"，不如说是"杀对价格不敏感的人"。而是谁帮企业找到那些"对价格不敏感"的人群呢？是大数据。

4. 隐性偏差问题

大数据时代，会不可避免地出现隐性偏差问题。美国波士顿市政府曾推出一款手机App，鼓励市民通过 App 向政府报告路面坑洼情况，借此加快路面维修进展。但因为老年居民使用智能手机的比例偏低，导致政府通过 App 收集到的数据多为年轻人反馈数据，所以导致老人步行受阻的一些小型坑洼，长期得不到及时处理。

很显然，在这个案例中，具备智能手机使用能力的群体相对于不会使用智能手机的群体而言具有明显的优势，可以及时把自己群体的诉求表达出来，获得关注和解决，而后者的诉求则无法及时得到响应。

5. 互联网问医事件

搜索引擎从某个角度而言，已经在一定程度上形成了"数据垄断"。某搜索引擎有一项服务——推广，每年可以给公司带来大量的营收。企业在向该公司购买推广服务后，通过注册提交一定数量的关键词，其推广信息就会率先出现在相应的搜索结果中。简单来说，当用户利用某一关键词进行检索的时候，在检索结果页面会出现与该关键词相关的内容。比如企业主在该平台注册提交"大数据"这个关键词，当消费者或网民寻找"大数据"相关的信息时，企业就会优先被找到，显示在搜索结果页面的显著位置，该公司按照实际点击量（潜在客户访问数）收费，每次有效点击收费从几毛钱到几元钱不等，这是由企业产品的竞争激烈程度决定的。

也就是说，该公司利用自己对网页数据的垄断地位，在向网民呈现搜索结果时，并不是按照信息的重要性来对搜索结果进行排序的，而是把一些推广的营销内容放在了搜索结果页面的最显著位置。

用户在使用搜索引擎搜索关键词时，不管用户是否接受，在返回的搜索结果当中，总会包含一些公司推广给出的营销内容，而"互联网问医事件"更是使得该公司的这一营销做法备受争议。2016年某月，某大学的学生因滑膜肉瘤病逝。他去世前在某社交平台网站撰写治疗经过时称，通过某搜索引擎找到了排名靠前的某医院的某治疗法，随后在该医院治疗后致病情耽误。由此众多网友质疑该搜索引擎推广提供的医疗信息有误导之嫌，耽误了这名大学生的病情和最佳治疗时机，最终导致该大学生失去生命。

6. "信息茧房"问题

我们日常生活中的很多决策都需要我们综合多方面的信息去做判断。如果对世界的认识存在偏差，那么做出的决策肯定会有错误。也就是说，如果我们只是看某一方面的信息，对另一方面的信息视而不见，或者永远怀着怀疑、批判的眼光去看与自己观点不同的信息，那么，我们就有可能做出偏颇的决策。

现在的互联网，基于大数据和人工智能的推荐应用越来越多，越来越深入。每一个应用的背后，都有一个庞大的团队，时时刻刻在研究我们的兴趣爱好，然后推荐我们喜欢的信息来迎合我们的需求，久而久之，我们一直被"喂食着"经过智能化筛选推荐的信息，就会导致我们被封闭在一个"信息茧房"里面。

比如，我们日常生活中使用的新闻消息类手机 App 就是典型的代表。新闻消息类 App 是基于数据挖掘的推荐引擎产品，它为用户推荐有价值的、个性化的信息，提供连接人与信息的新型服务。例如某新闻消息类 App 的本质是：人与信息的连接服务，依靠的是数据挖掘，提供的是个性化的、有价值的信息。用户在该 App 产生阅读记录以后，该 App 就会根据用户的喜好，不断推荐用户喜欢的内容供用户观看，把用户不喜欢的内容，非常高效地屏蔽了，用户永远看不到他不感兴趣的内容。于是在该 App 中，我们的视野就永远被局限在一个非常狭小的范围内，我们关注的那一方面内容，就成了一个"信息茧房"，把我们严严实实地包裹在里面，对于外面的一切，我们一无所知。在2019年的全国政协十三届二次会议上，全国政协委员、知名电视主持人白岩松就提出，要警惕沉迷于"投你所好式"网络，并把它上升到"民族危险"的高度。

实际上，在2016年的美国总统大选中，很多美国人就尝到了"信息茧房"的苦果。当时，在选举结果揭晓之前，美国东部的教授、学生、金融界人士和西部的演艺界、互联网界、科技界人士，基本上都认为希拉里稳赢，在他们看来，特朗普没有任何胜算。希拉里的支持者，早早就准备好了庆祝希拉里获胜的庆典和物品，就等着投票结果出来。教授和学生们在教室里集体观看电视直播，等着最后的狂欢。但是，选举结果却完全出乎这些东西部精英们的意料，因为，特朗普最终胜出当选总统。他们无论如何也无法搞懂，根据他们平时所接触到的信息来判断，几乎身边的所有人都喜欢希拉里，为什么赢的却是特朗普呢？这个问题的答案就在于，这些精英们被关在了一个"信息茧房"里，因为他们喜欢希拉里，所以，Facebook等网络应用都会为他们推荐各种各样支持希拉里的文章，自动屏蔽那些支持特朗普的文章，以致于他们全都坚定地认为，大部分人都支持希拉里，只有极少数人会支持特朗普。可是，事实的真相完全不是这样。根据美国总统大选期间的统计数字，就在Facebook上，特朗普的支持者数量远远超过这些东西部精英们的想象，只不过这些精英们生活在一个"信息茧房"中，看不见特朗普支持者的存在。比如，有一篇名为《我为什么要投票给特朗普》的文章，在Facebook上被分享超过150万次，可是很多东西部精英们居然没有听说过这篇文章。所以，生活在大数据时代，我们一定要高度警惕自己落入"信息茧房"之中，不要让自己成为"井底之蛙"，永远只看到自己头顶的一片天空。

7. 人脸数据被滥用

当前，我国的人脸识别技术正在迅猛发展。据测算，这几年我国人脸识别市场规模以年均50%的增长率增长。然而，人脸具有独特性、直接识别性、方便性、不可更改性、变化性、易采集性、不可匿名性、多维性等特征，这就决定了人脸识别技术具有特殊性和复杂性。人脸数据一旦被非法窃用，就无法更改或替换，极可能引发科技伦理、公共安全和法律等众多方面的风险，危及公众人身与财产安全。2021年央视"3·15"晚会的第一弹就剑指人脸识别被商家滥用。根据调查，滥用人脸识别，标注线下门店顾客，帮助零售企业进行客户管理，已经成为庞大的生态，有很多服务提供商在采用，有服务提供商甚至宣称自己已经搜集了上亿人脸，个人的生物隐私信息被滥用，堪比从前手机号被贩卖的乱象。"3·15"晚会暴露出触目惊心的隐私失序，有些大品牌在零售店中安装了连接人脸识别与CRM软件的客户管理体系，能够对进店用户打上标签并进行精准识别，而在这一过程中，根本没有征得用户的同意。为了应对日益突出的人脸数据被滥用的问题，国家相关部门也出台了配套的法律。2021年7月28日，最高人民法院召开新闻发布会，发布《最高人民法院关于审理使用人脸识别技术处理个人信息相关民事案件适用法律若干问题的规定》，对人脸数据提供司法保护，其中明确规定，人脸信息属于生物识别信息，对人脸信息的采集、使用必须依法征得个人同意。在告知同意上，有必要设定较高标准，以确保个人在充分知情的前提下，合理考虑对自己权益的后果而做出同意。2021年11月1日起施行的《中华人民共和国个人信息保护法》也针对滥用人脸识别技术做出明确规定，"在公共场所安装图像采集、个人身份识别设备，应当为维护公共安全所必需，遵守国家有关规定，并设置显著的提示标识。所收集的个人图像、身份识别信息只能用于维护公共安全的目的"。

8. 大数据算法歧视问题

随着数据挖掘算法的广泛应用，出现了另一个突出的问题，即算法输出结果可能具有不公正性，甚至歧视性。2018年，某战队夺冠的喜讯让互联网沸腾。该战队老板随即在某社交平台抽奖，随机抽取113位用户，给每人发放1万元现金作为奖励。可是抽奖结果令人惊奇，获奖名单包含112位女性获奖者和1名男性获奖者，女性获奖者数量是男性获奖者数量的112倍。然而，官方数据显示，在本次抽奖中，所有参与抽奖用户的男女比例是1∶1.2，性别比并不存在悬殊差异。于是，不少网友开始质疑该社交平台的抽奖算法，甚至有用户主动测试抽奖算法，设置获奖人数大于参与人数，发现依然有大量用户无法获奖。这些无法获奖的用户很有可能已经被抽奖算法判断为"机器人"，在未来的任何抽奖活动中都可能没有中奖机会，因而引起网友们纷纷测算自己是否为"垃圾用户"。该平台算法事件一时间满城风雨。其实，这并非人们第一次质疑算法背后的公正性。近几年，众多科技公司的算法都被检测出带有歧视性。比如，在某搜索引擎中，男性会比女性有更多的机会看到高薪招聘信息；国外某公司的人工智能聊天机器人出乎意料地被"教"成了一个集性别歧视、种族歧视等于一身的人物……这些事件都曾引发人们的广泛关注。

9.1.2 大数据伦理问题

大数据伦理问题主要包括隐私泄露问题、数据安全问题、数字鸿沟问题、数据独裁问题、数据垄断问题、数据的真实可靠问题、人的主体地位问题等。

1. 隐私泄露问题

隐私伦理是指人们在社会环境中处理各种隐私问题的原则及规范的系统化的道德思考。在对隐私的伦理辩护上，中西方是有所差异的。西方学者从功利论、义务论和德性论3种不同的伦理学说中寻求理论支撑。在中国则强调隐私问题实质上是个人权利问题，而由于中国历史上偏重整体利益的文化传统的深远影响，个人权利往往在某种程度上被边缘化甚至被忽视。

大数据时代是一个技术、信息、网络交互运作发展的时代，在现实与虚拟世界的二元转换过程中，不同的伦理感知使隐私伦理的维护处于尴尬的境地。大数据时代下的隐私与传统隐私的最大区别在于隐私的数据化，即隐私主要以"个人数据"的形式出现。而在大数据时代，个人数据随时随地可被收集，它的有效保护面临着巨大的挑战。

进入大数据时代，就进入了一张巨大且隐形的监控网中，我们时刻被暴露在"第三只眼"的监视之下，并留下一条永远存在的"数据足迹"。利用现代智能技术，可以在无人的状态下每天24小时全自动、全覆盖地全程监控，毫无遗漏地监视着人们的一举一动。在大数据时代，我们的一切都被智能设备时时刻刻盯梢着、跟踪着。出行、上网、走过的每一寸土地、打开的每一个网页，都留下了你的痕迹，让人真正感受到被"天罗地网"所包围，一切思想和行为都暴露在"第三只眼"的眼皮底下。令人震惊的美国"棱镜门"事件是最典型的"第三只眼"的代表。美国政府利用信息技术对诸多国家的首脑、政府、官员和个人都进行了监控，收集了包罗万象的海量数据，并从这海量数据中挖掘出其所需要的各种信息。

大数据监控具有以下的特点。一是具有隐蔽性。部署在各个角落的摄像头、传感器以及其他智能设备，时时刻刻都在自动跟踪采集人类的活动数据，完全实现了"没有监控者"在场即可完成监控行为，所有的数据都被自动记录，自动传输给数据使用者。这种监控的隐蔽性，使得被监控人毫无察觉，这样就使得公众降低了对监控的一般防备心理及抵触心理。二是全局性，各种智能设备不间断地采集人们的活动数据，这与以往的人为监视有着本质区别。

除了被这些设计好的智能设备采集数据以外，人们在日常生活中，也会在无意中留下很多不同的数据。我们每天使用网络搜索引擎查找信息，只要我们输入了搜索关键词，搜索引擎就会记录下我们的搜索痕迹并永久保存，一旦搜索引擎收集了某个用户输入的足够数量的搜索关键词之后，搜索引擎就可以精确地刻画出该用户的"数字肖像"，从中了解该用户的个人真实情况、政治面貌、健康状况、工作性质、业余爱好等，而且完全可以通过大量的搜索关键词，来识别出用户的真实身份，或者分析判定用户到底是一个什么样的人。我们在天猫、京东等网站购物，做出的每一次单击动作，都会被网站记录，用来评测我们的个人喜好，从而为我们推荐可能感兴趣的其他商品，为企业带来更多的商业价值。我们在 QQ、微信、微博等发布的每条信息和聊天记录，都会被永久保存下来。这些数据有些是被系统强行记录的，有些是我们自己主动留下的。

在大数据时代，社会中的每一个公民都处在大数据的全景监控之下，无论是否有所察觉，个体的隐私都将无所遁形。上述这些被记录的人类行为的数据，可以被视为个人的"数据痕迹"。大数据时代的"数据痕迹"和传统的"物理痕迹"有着很大的区别。传统的"物理痕迹"，比如雕像、石刻、录音带、绘画等，都可以被物理消除，彻底从这个世界上消失。但是，"数据痕迹"往往永远无法彻底消除，会被永久保留记录。而这些关于个人的"数据痕迹"，很容易被滥用，导致个人隐私泄露，给个人带来无法挽回的影响甚至伤害。

许多直接被采集的数据，已经涉及个人的很多隐私，此外，针对这些数据的二次使用，还会给个体带来更多的隐私权侵犯。首先，通过数据挖掘技术，可以从数据中发现更多隐含价值信息。这种对大数据的二次利用，消解了在积极隐私中个体对个人数据的控制能力，从而产生了新的隐私问题。其次，通过数据预测，可以预测个体"未来的隐私"。马克尔·杜甘在《赤裸裸的人——大数据，隐私与窥视》一书中提到，未来利用大数据分析技术能够预测个体未来的健康状况、债务偿还能力等个体隐私数据。这些个体隐私数据对于一些商业机构制定差异化销售策略很有帮助。比如，保险机构可以根据个体身体情况及未来患有重大疾病的概率信息，来调整保险方案，甚至决定是否为个体提供保险服务；金融机构则能通过分析个体的债务偿还能力来决定为其提供贷款的额度；国家安全部门甚至能够利用大数据预测出个体潜在的犯罪概率，从而对该类人群进行管控。可以说，我们在欢呼大数据带来各种便利的同时，也深刻体会到了各种危机的存在，让我们感受最为直接且深刻的就是隐私受到了难以想象的威胁。大数据时代的到来为隐私的泄露打开方便之门，美国迈阿密大学教授米歇尔·鲁姆金（Micheal Roomkin）在《隐私的消逝》一文中这样说道："你根本没隐私，隐私已经死亡"。

康德哲学认为，当个体隐私得不到尊重的时候，个体的自由就将受到迫害。而人类的自由意志与尊严，正是人类个体的基本道德权利，因此，大数据时代对隐私的侵犯也是对基本人权的侵犯。

2. 数据安全问题

个人所产生的数据包括主动产生的数据和被动留下的数据，其删除权、存储权、使用权、知情权等，本属于个人可以自主维护的权利，但在很多情况下难以保障安全。一些信息技术本身就存在安全漏洞，可能导致数据泄露、伪造、失真等问题，影响数据安全。

在数据安全上，不论是互联网巨头 Facebook，还是打车应用 Uber、美国信用服务公司 Equifax 都曾曝出客户数据遭到窃取的事件，给不少用户造成了难以挽回的损失。此外，智能手机是当今泄露用户数据的重要途径，因为很多的 App 都在暗地里收集用户信息。不管是用户存储在手机中的文字信息和图片，还是短信记录、通话记录，都可能被监控和监听。手机里装的 App 越多，数据安全风险就越高。

伴随着物联网的发展，各种各样的智能家电和高科技电子产品，都逐渐走进了我们的家庭生活，并且通过物联网实现了互联互通，比如，我们在办公室就可以远程操控家里的摄像头、空调、门锁、电饭煲等。这些物联网化的智能家居产品，为我们的生活增添了很多乐趣，提供了各种便利，营造出更加舒适温馨的生活氛围。但是，部分智能家居产品存在安全问题也是不争的事实，给用户的数据安全带来了极大的风险，可能造成用户隐私的泄露。比如，部分网络摄像头产品被黑客攻破，黑客可以远程随意查看相关用户的网络摄像头记录的视频内容。

3. 数字鸿沟问题

数字鸿沟（Digital Divide）是在1995年美国电信和信息管理局（National Telecommunications and Information Administration）发布的《被互联网遗忘的角落：一项有关美国城乡信息穷人的调查报告》中提出的。数字鸿沟总是指向信息时代的不公平，尤其在信息基础设施、信息工具以及信息的获取与使用等领域，或者可以认为其是信息时代的"马太效应"，即先进技术的成果不能被人公正分享，于是造成"富者越富、穷者越穷"的情况。

虽然大数据时代的到来给我们的生产、生活、学习与工作带来了颠覆性的变革，但是数字鸿沟并没有因为大数据技术的诞生而趋向弥合。一方面，大数据技术的基础设施并没有在全国范围内全面普及，更没有在世界范围内全面普及，往往是城市优越于农村、经济发达地区优越于经济欠发达地区、富国优越于穷国。另一方面，即使在大数据技术的基础设施比较完备的地方，也并不是所有的个体都能充分地掌握和运用大数据技术，个体之间也存在着严重的差异。

"数字鸿沟"正在不断地扩大，大数据技术让不同国家、不同地区、不同阶层的人们深深地感受到了不平等。2017年年末的互联网普及率调查报告显示，加拿大的互联网普及率为94.70%，而全球平均水平仅为47%，印度为28.30%，埃塞俄比亚为4.40%，尼日尔为2.40%。大数据技术深刻依赖于底层的互联网技术，因此，互联网普及率的不均衡所带来的直接结果就是数据资源接受的不均衡，互联网普及率高的地方，能够充分利用大数据资源来改善生产和生活，而普及率低的地方则无法做到这一点。在某种程度上，这也是一个国家之所以能够富强的关键，特别是在大数据时代的今天。

数字鸿沟是一个涉及公平公正的问题。在大数据时代里，每一个人原则上都可以由一连串的数字符号来表示，从某种程度上来说，数字化的存在就是人的存在。因此，数字信息对于人来说就成了非常重要的存在。每一个人都希望能够享受大数据技术所带来的福利，而不仅仅只是某些国家、公司或者个人垄断大数据技术的相关福利。如果只有少部分人能够较好地占有并较完整地利用大数据信息，而另外一部分人却难以接受和利用大数据资源，则会造成数据占有的不公平。而数据占有的程度不同，又会产生信息红利分配不公平等问题，加剧群体差异，导致社会矛盾加剧。因此，必须要思考如何解决"数字鸿沟"这一伦理问题，实现均衡而又充分的发展。

4. 数据独裁问题

所谓的"数据独裁"是指在大数据时代，由于数据量的爆炸式增长，导致做出判断和选择的难度陡增，迫使人们必须完全依赖数据的预测和结论才能做出最终的决策。从某个角度来讲，就是让数据统治人类，使人类彻底走向唯数据主义。在大数据时代，在大数据技术的助力之下，人工智能获得了长足的发展，机器学习和数据挖掘的分析能力越来越强大，预测越来越精准。比如，电子商务领域通过挖掘个人数据给个体提供精准推荐服务，政府通过个人数据分析制定切合社会形势的公共卫生政策，医院借助医学大数据提供个性化医疗服务。对功利性的追求驱使人们愈来愈依据数据来规范指导"理智行为"，此时不再是主体想把自身塑造成什么样的人，而是客观的数据显示主体是什么样的人，并在此基础上来规范和设计，数据不仅成为衡量一切价值的标准，而且从根本上决定了人的认知和选择的范围，于是人的自主性开始丧失。更重要的是，这种预测把数学算法运用到海量的数据上来预测事情发生的可能性，用计算机系统取代人类的判断决策，导致人被数据分析和算法完全量化，变成了数据人。但是，并不是任何领域都适合通过数据来判断和得出结论。过度依赖相关性，盲目崇拜数据信息，而没有经过科学和理性的思考，也会带来巨大的损失。因此，唯数据主义的绝对化必然导致数据独裁。在这种数据主导人们思维的情况下，最终将导致人类思维被"空心化"，进而丧失创新意识，还可能使人们丧失自主意识、反思和批判的能力，最终沦为数据的奴隶。

5. 数据垄断问题

在进入21世纪以后，我国的信息技术水平得到了快速提升，因此在市场经济的发展过程中，数据也成了可在市场中交易的财产性权利。数据这一生产要素与其他生产要素具有很大区别，这使得因数据而产生的市场力量与传统的市场力量也具有很大区别。比如，数据要发挥最大作用，必须越多越好。因此，企业掌握的数据量越多，越有利于发挥数据的作用，也越有利于最大化消费者福利和社会福利。同样，如果企业横跨多个领域，并将这些领域的数据打通，使数据在多个领域共享，那么数据的效用也将被更大化发挥。这是大型互联网公司能够不断进行生态化扩张的原因。从这个角度来说，企业掌握更多的数据对消费者和社会来说，在效率上是有利的。但是有些企业为了获取更高的经济利益，而故意不共享数据信息，将所有的数据信息掌握在自己的手中，进行了大数据的垄断。随着当前大数据信息资源利用率的不断提升，当前市场运行过程中开始出现越来越多的大数据垄断情形。这不仅会对市场的正常运行造成影响，还会导致信息资源的浪费。

因数据而产生的垄断问题，至少包括以下几类：一是数据可能造成进入壁垒或扩张壁垒，二是拥有大数据形成市场支配地位并垄断，三是因数据产品而形成市场支配地位并垄断，四是涉及数据方面的垄断协议，五是数据资产的并购。

一旦大数据企业形成数据垄断，就会出现消费者在日常生活中被迫地接受服务及提供个人信息的情况。比如，很多时候在使用一些软件之前，都有一条要选择同意提供个人信息的选项，如果不进行选择，就无法使用。这样的数据垄断行为，会对用户的个人利益造成损害。

6. 数据的真实可靠问题

如何防范数据失信或失真是大数据时代遭遇的基准层面的伦理挑战。比如，在基于大数据的精准医疗领域，建立在数字化人体基础上的医疗技术实践，其本身就预设了一条不可突破的道德底线——数据是真实可靠的。由于人体及其健康状态以数字化的形式被记录、存储和传播，因此形成了与实体人相对应的镜像人或数字人。失信或失真的数据，导致被预设为可信的精准医疗变得不可信。例如，如果有人担心个人健康数据或基因数据对个人职业生涯和未来生活造成不利影响，当有条件采取隐瞒数据、不提供或提供虚假数据来玩弄数据系统时，就可能导致电子病历和医疗信息系统以及个人健康档案不准确。

7. 人的主体地位问题

当前，数据的采集、传输、存储、处理和保存的方式不断推陈出新。传感器、无线RFID标签、摄像头等物联网设备及智能可穿戴设备等，可以采集所有人或物关于运动、温度、声音等方面的数据，人与物都转化为数据；智能芯片实现了数据采集与管理的智能化，一切事物都可映射为数据；网络自动记录和保存个人上网浏览、交流讨论、网上购物、视频点播等一切网上行为，形成个人活动的数据轨迹。在万物皆数据的环境下，人的主体地位受到了前所未有的冲击，因为人本身也可数据化。数据是实现资源高效配置的有效手段，人们根据数据运营一切，因此我们需要把一切事物都转化成为可以被描述、注释、区别并量化的数据，正如舍恩伯格所说："只要一点想象，万千事物就能转化为数据形式，并一直带给我们惊喜"。整个世界，包括人在内，正成为一大堆数据的集合，可以被测量和优化。于是在一切皆数据的条件下，人的主体地位逐渐消失。

实际上，每个人都是独立且独一无二的个体，都有着仅属于自己的外在特征和内在精神世界，在不同的场合有着不同的身份，扮演着不同的角色。从事什么职业、有什么生活习惯，这是我们自己生活的一部分，我们也许是变化莫测的，也有着真正属于自己的多样的生活方式。而在大数据环境中，个体被数字化，当我们想快速去了解一个人的时候，不是通过和他交流相处，而是直接通过数据信息来直观了解他的个人信息，从而对他的身份情况、相貌特征单方面下了简单的字面定义来辨识，比如通过主体的网上购物爱好、交通信息、消费水平等来定义主体的基本信息。这就导致他真实的内心世界的想法无法被洞察，人格魅力被埋没。简而言之，在这种情形下，主体身份是大数据塑造的、异化的，主体远离了自己本真的存在，被遮蔽而失去了自己的个性，失去了自由，就意味着被异化了。此外，通过大数据搜集到主体的基本信息以后，还可以有针对性地向主体推送广告。当主体时常收到类似有针对性的广告时，并不是巧合，长此以往，主体的生活选择被固化，对自己生活圈世界以外的事物一无所知，大数据把主体塑造成一个固化的对象，缩小了主体的表征。这是一种对主体不尊重、不公正的现象，大大限制了主体在他人心中的具体形象，且影响到主体的认知。总体而言，大数据的使用在悄悄地对人们的生活习惯和行为活动进行塑造，而人们对这种塑造所带来的伦理问题还没有充分的解决。

9.1.3　大数据伦理问题产生的原因

大数据伦理问题产生的原因是多方面的，主要包括人类社会价值观的转变、数据伦理责任主体不明确、相关主体的利益牵涉、道德规范的缺失、法律体系不健全、管理机制不完善、技术乌托邦的消极影响和大数据技术本身的缺陷等。

1. 人类社会价值观的转变

从总体的发展趋势而言，人类社会的价值观一直朝着更加个性、自由、开放的方向发展。在个人追求自由和社会更加开放的大环境下，人们更加愿意在社会公众层面展示自己的个性化的一面。新型社交网络媒体的出现，更是给个人的自我展示提供了极大的便利，个人开始热衷于通过智能手机等终端设备向外界展示自己的生产、生活、学习、娱乐等信息。由此，各种社会组织（企业、政府等）能够很容易全方位收集个人相关的海量数据。但是，个人大量分享个性化信息的同时，个人隐私也就随之暴露给社会，从而导致自己的身份权、名誉权、自由意志等都有可能受到侵害。

2. 数据伦理责任主体不明确

数据在产生、存储、传播和使用过程，都可能存在伦理失范问题。但是，数据权属的不确定性和伦理责任主体的模糊性，都给解决大数据相关的伦理问题增添了难度。在数据生成时，数据资产的所有权无法明晰，零散数据经过再加工和深加工后的大数据资产所有权归属，政府对用户信息的所有权，以及互联网公司再加工后的信息产权等，都未有明确规定。此外，数据的非法使用而引发的后果应该由哪些伦理责任主体来承担，目前尚未有相关的法律法规以及行业规范来界定。没有明确数据伦理责任主体就意味着在数据采集、存储和使用过程中，相关参与方不用对自己的行为负责，且不必遵守相关的伦理规范。

3. 相关主体的利益牵涉

虽然大数据本身是中性的，但是相关主体的利益牵涉其中，大数据能够给不同的主体带来巨大的价值，这是大数据伦理问题产生的重要原因。在大数据的采集、存储和使用过程中，不同层次的组织与用户往往从自身的利益出发，以追求利益最大化为目标实施行动，这可能侵害到其他利益相关者的利益。企业具有"逐利"的天然本性，大数据恰恰可以给企业带来巨大的商业价值。借助于大数据技术，企业可以精准分析不同客户群体的个性化需求，并开展有针对性的营销，这样既可以为企业节省大量的成本，又可以精准地针对不同的群体研发新产品。因此，在利益的驱动下，企业可能有意无意地将法律抛诸脑后，或者巧妙利用法律漏洞，通过各种手段，私自收集人们的个人信息，并向第三方开放共享，甚至肆意买卖个人隐私信息，导致公民的隐私权、知情权受到严重侵害。此外，还有一些不法分子通过非法手段肆意窃取个人信息并进行交易，使得网络诈骗等不法行为屡屡得逞。究其原因，都是利益的驱动。

4. 道德规范的缺失

大数据时代的开启，引发了一系列新的道德问题，原有的关于"数据观""隐私权""网络行为规范"等的社会道德规范，无法很好地适应大数据时代的新要求，已经不能有效地引导与制约大数据时代人们的社会价值观与社会行为，而符合大数据时代新要求的社会道德规范尚未建立，无法形成相应的约束力。

由于缺少大数据伦理行业伦理规范，这就给各种组织留下了很大的自由把握空间。在大数据的采集、存储和使用环节，各种组织会更加倾向于采用符合自身利益的组织内部的标准，对个人的数据隐私权、信息安全和用户权利进行认定、监督和控制，而这种多重标准的情况往往容易引发伦理问题。此外，由于整个社会没有统一的大数据伦理行为规范，导致数据拥有者"无章可循、无法可依"，哪些数据可以发布、怎么发布，如何保护自己的隐私和数据权利等方面，也处于失范状态，从而导致伦理问题的发生。

5. 法律体系不健全

法律具有一定的特殊性，从提案起草、公示论证、收集意见完善草案，再到颁布执行需要较长的时间，因此，在某种程度上，法律制度的建设往往会滞后于技术社会的发展，尤其是大数据时代的到来，更是使法律制度建设的滞后性显露无遗。大数据技术创新带来了与之前迥异的伦理问题，以致原有的法律已无法很好地解决大数据时代所产生的新伦理问题。此外，法律往往是反应式的，而非预见式的，法律很少能预见大数据的伦理问题，而是对已经出现的大数据伦理问题做出反应。这就意味着，在制定法律解决一个大数据伦理问题时，又可能会出现另一个新的大数据伦理问题，这样就会导致在处理一些大数据伦理问题时，会出现无法可依的情况。

近几年我国陆续颁布了《互联网文化管理暂行规定》《互联网出版管理暂行规定》《互联网信息服务管理办法》《互联网电子公告服务管理规定》等法律法规。但是这些行政管理条例的约束力是有限的，难以对大数据行业伦理规范的形成起到关键性的作用。随着大数据技术的快速发展，法律体系不健全这一问题日益凸显。

6. 社会管理机制不完善

大数据伦理问题的产生也与社会管理机制建设的缺位密切相关。大数据可以给企业带来巨大的商业价值，但是企业逐利的本性使得某些企业在追逐商业利益的同时忘却了基本的技术伦理。针对那些缺乏社会责任感的、做出违反大数据伦理的企业，如果我们的社会管理机制不能给出严厉的惩罚，就会让社会产生一种不良导向，最终这种导向将被整合成一种群体行为，诱导更多的企业践踏技术伦理攫取大数据商业价值。因此，应该加快在大数据技术的研究、开发和应用阶段建立相应的评估、约束和奖惩机制，有效减少大数据伦理问题的发生。

7. 技术乌托邦的消极影响

之所以会出现"数据独裁"等伦理问题，技术乌托邦的消极影响是一个重要原因。技术乌托邦认为，人类决定着技术的设计、发展与未来，因此，人类可以按照自身的需求来创新科技，实现科技完全为人类服务的目的。正是在技术乌托邦的影响之下，有人认为大数据技术是完全正确的，不应加以任何的限制，它所涉及的伦理问题只是小问题，无关大数据技术发展。技术乌托邦所带来的消极影响是显而易见的，它过分地迷信技术，这是危险的，而它所造成的价值错位之一，就是催发了"技术中心主义"，使人把所有的希望都寄托于技术之上，最终使得人类的思维被大数据所主导，导致人类沦为数据的"奴隶"。

8. 大数据技术本身的缺陷

大数据技术本身的缺陷也是造成大数据伦理问题的一个根源。以数据安全伦理问题为例，日益增长的网络威胁正以指数级速度持续增加，各种网络安全事件层出不穷。据巴黎商学院统计，59%的企业成了持续恶意攻击的目标；许多大数据企业的IT计划是建立在不够成熟的技术基础上的，很容易出现安全漏洞；有25%的组织有明显的安全技能短缺。这些技术的缺陷与不足，很容易导致数据泄露的危险。

9.1.4 大数据伦理问题的治理

考虑到大数据伦理问题的复杂性，学术界形成了一个基本的共识，要彻底解决大数据伦理问题，单靠政府决策者、科学家或伦理学家都有局限，在探讨大数据伦理问题的治理对策时，应该通过跨学科视角构建大数据伦理问题治理的框架，进而提出全面性和整体性的治理策略。

就目前阶段而言，治理大数据伦理问题，可以从以下几个方面着手：

- 提高保护个人隐私数据的意识；
- 加强大数据伦理规约的构建；
- 努力实现以技术治理大数据；
- 完善大数据立法；
- 完善大数据伦理管理机制；
- 引导企业坚持责任与利益并重；
- 努力弘扬共享精神，化解数字鸿沟；
- 倡导跨行业跨部门合作。

1. 提高保护个人隐私数据的意识

在大数据时代的今天，人们作为产生数据的最初个体，拥有数据的所有权。大数据技术涉及的伦理问题中最深层次的问题就是个人的隐私泄露问题，这一问题能否被处理好关系到大数据技术能否有一个良好的发展环境。个人隐私数据信息与人们的利益是紧密相连的，因此，人们要努力提高保护个人隐私数据的意识，维护自己的合法权利。在"精准诈骗"中，之所以受害者放下戒备心理，让不法分子屡屡得逞，就是因为个人隐私数据被泄露，被不法分子利用。因此，要加强培养个人的信息权利意识，调整自我的隐私观念，个人作为大数据技术的发展应用过程中的个体参与者，要承担一定的责任，也要根据道德规则对自身行为可预见的结果负责。比如，在QQ、微信、微博、抖音等社交网络媒体谨慎发表信息，不要随意使用不明来路的Wi-Fi，涉及身份号码、银行卡号等信息的填写时，要格外小心，不要轻易泄露表明个人身份的关键信息等。

当遇到侵权行为时，要敢于维护自己的权益，与相关商家及时进行沟通，或者向消费者协会请求帮助，针对严重情节，可提起上诉，以维护自身的合法权益。面对大数据行业错综复杂的环境，人们只有提高保护个人隐私数据的意识，才能与大数据技术的发展相适应，从而有力地维护自己的利益。

人们也应当积极履行监督的义务，若发现有企业等机构侵犯个人隐私数据时，及时向有关部门举报。只有社会各界积极行动起来，才能够更好地减少侵犯隐私行为的发生，促进大数据行业的伦理规范的形成，从根本上解决大数据技术引发的伦理问题。

2. 加强大数据伦理规约的构建

为了防止大数据伦理问题的产生，需要在人的道德层面上构建大数据伦理规约，从全社会的层面来约束人们在大数据采集、存储和使用过程中的不当行为。

首先，大数据应用过程中的个体参与者，需要承担一定的责任。人们自身要具备数据保护意识，要能提前预估到自己的不谨慎行为可能给自己带来的隐私信息泄露的严重后果。

其次，企业作为大数据应用过程的重要参与者，有责任去保护用户的数据隐私。在个人数据拥有者、数据服务提供商和数据消费企业之间建立一个共同认可的自律公约，将是一个非常可行的方法。

最后，政府要履行行政责任。一是加强监管，坚决遏制大数据违法违规行为的发生。二是要缩小数字鸿沟，促进社会公平正义。三是政府在使用大数据技术进行决策时，需要兼顾人们个人的意志。

3. 努力实现以技术治理大数据

技术应用过程产生的问题，可以借助技术手段加以解决。加快技术创新，可以有助于规避大数据的各种风险，降低大数据治理成本，提高大数据治理的效率。例如，关于"禁止"的道德规范，在技术上可以通过"防火墙和过滤技术""网上监控""访问控制"来实现；关于"可控"的道德规范，可以采用"基于数据脱敏技术""数字水印技术""数据溯源技术"等技术实现。目前比较有社会责任感的互联网企业，正在开发和利用"数据的确定性删除技术""数据发布匿名技术""大数据存储审计技术"和"密文搜索技术"来解决大数据的伦理问题。

4. 完善大数据立法

法律用于规定公民在社会生活中可进行的事务和不可进行的事务，是维护社会安定有序发展的制度规范。在解决大数据伦理问题的过程中，一方面要借助伦理道德形成道德自律，另一方面要制定法律法规形成强制约束力，通过二者的结合来起到规范、约束和引导大数据技术主体行为的作用。

首先，应进一步完善大数据立法。尽管国家先后出台了诸如《全国人民代表大会常务委员会关于加强网络信息保护的决定》和《中华人民共和国网络安全法》等法律法规，但是都比较宏观，缺少实施细节和可操作性，而且法律制度的建设往往会滞后于技术社会的发展，所以，在深入调研的基础之上，在法律层面及时补充细化相关条款是非常有必要的。

其次，在法律的基础上制定相关的规章制度，对相关主体的数据采集、存储和使用行为进行规范和约束。例如，明确大数据企业采集信息以及类似活动的法律法规，对于无必要提供个人信息的各种信息采集活动应当禁止。企业运用大数据技术对客户数据进行挖掘时，应限制某些敏感隐私信息的使用途径，对于违反相关规定的数据挖掘者或使用者，采取更加严厉的处罚。

最后，应当通过立法明确公民对个人数据信息的权利。公民应当对个人数据信息享有决定权、更正权、删除权、查询权等基本权利。

5. 完善大数据伦理管理机制

首先，加强对专业人士的监管力度和教育。由于大数据技术涉及面广，人员复杂，因此需要对专业人士的职业道德素养进行强化，从源头上把控好大数据技术的应用。其次，需要在大数据技术开发阶段建立伦理评估和约束机制。可以通过建立一种早期风险预警系统，来及时察觉大数据技术的风险，并根据早期预警对风险进行控制和引导，从而使风险最小化。再次，在大数据技术应用阶段应该建立奖惩机制。仅靠大数据技术主体自觉的道德力量，是无法有效阻止大数据伦理问题产生的，还必须建立有效的奖惩机制，对认真遵循大数据伦理规范的主体给予适当奖励，而对于那些肆意破坏大数据伦理规范的主体则给予严厉惩罚，积极引导大数据技术主体产生特定的道德习惯，进而最终形成一种集体的道德自觉。最后，在大数据技术的推广阶段推行"安全港"模式。安全港模式是指由政府执法机构对大数据行业内不同运营商的指引进行严格核查，每个大数据企业公布的行业指引可能不尽相同，但该指引只有符合政府关于大数据的立法标准时才能被应用。当指引核查符合标准后，就可被称为"安全港"，大数据运营商应自觉、主动地按照该指引要求的行为方式，规范自己对大数据信息的收集行为。

6. 引导企业坚持责任与利益并重

毋庸置疑，在大数据时代，企业扮演着数据技术掌控者的角色，肩负着促进大数据技术健康稳妥发展的重责，企业接触用户信息并服务于用户。追求商业利益，是企业的天然本性，本身无可厚非。但是，当企业的利益和公民个人的利益冲突时，便要进行取舍。因此，大数据企业必须要坚持责任与利益并重的原则，切实承担起属于自己的社会责任，不能唯利是图。企业的责任在于保护用户数据隐私，避免大数据技术被二次利用。掌握技术的企业有义务保护数据提供者的隐私信息，特别是掌握着海量用户信息的大型企业，更应当具备保护数据安全、保护用户隐私的责任意识。掌握技术的企业尽力为维护用户的个人隐私着想，企业会得到用户的信任，赢得客户，打造互惠互利的社会关系，营造"共赢"局面。

此外，大数据行业伦理规范的形成，也要求企业遵循责任与利益并重的原则。行业伦理规范是公平公正的，不会损害企业之间的利益。这就意味着在行业内部要得到全体成员的一致认可并遵守，而且要给外界展示出一个良好的行业规范，如此，大数据行业才能为更多的人所信任。只有得到了公众充分的信任，数据的收集、分析和挖掘等各个环节才能更有效地进行，大数据行业伦理规范方能尽快地形成。

7. 努力弘扬共享精神，化解数字鸿沟

数字鸿沟是大数据技术面临的一个世界性和人类性的价值伦理学难题，为了保障大数据时代的顺利发展，有必要对数字鸿沟进行伦理治理。只有大数据相关利益主体都能够公平地参与到数据应用过程，才有可能有效化解数字鸿沟问题。而为了实现大数据相关利益主体都能够公平地参与和协作，必须努力弘扬共享精神。如果无法真正实现大数据的共享，那么必然会导致出现数据割据和数据孤岛现象，就无法从根本上解决数字鸿沟问题。大数据时代的大数据不仅是信息，而且是宝贵的资源，掌握了大数据就意味着拥有了资源优势，在大数据时代占据绝对的主导地位。因此，要从根本上打破这种不公平的现象，就必须消除数据割据和数据孤岛，这就要求必须努力弘扬共享精神。

8. 倡导跨行业跨部门合作

应该在伦理学家、科学家、社会科学家和技术人员中建立更好的合作，实现跨行业、跨部门协同解决大数据伦理难题。在美国国家科学基金会的支持下，大数据应用及研究人员和学术界人士成立了"大数据、伦理和社会委员会"，该委员会的任务是通过促进宏观的对话来帮助更多的人了解大数据可能引起的风险，并促使执行官和工程师思考他们在改善产品和增加营业收入的同时，如何避免涉及隐私和其他棘手问题，最终促成从法律、伦理学和政治角度分析大数据技术及由此引发的安保、平等、隐私等问题，从而避免重复、已知的错误。

我国也开始通过跨行业、跨部门来解决大数据的治理问题，主要的标志性事件是2016年6月由国家自然科学基金委员会、复旦大学和清华大学主办召开的"大数据治理与政策"研讨会，会议邀请学术界学者、政府官员、企业代表就大数据的治理问题进行了探讨。显然这种跨行业、跨部门解决大数据治理问题的做法，符合目前学术界大部分学者的观点，即大数据伦理问题治理的过程需要技术专家、数据分析专家、业务人员以及管理人员的协同合作。

9.2　人工智能伦理

人工智能如今已深入渗透到我们生活的各个方面。在社交媒体上，人工智能通过分析用户的喜

好、历史数据和行为模式,精准推送他们可能感兴趣的内容。在医疗领域,人工智能能够帮助医生进行疾病诊断,解析医学图像和数据,提供更准确的诊断结果。自动驾驶车辆则利用人工智能技术感知周围环境、做出决策并控制车辆。此外,人工智能还在教育、金融、娱乐等领域发挥着重要作用。然而,随着人工智能的普及,出现了一些伦理问题。例如,人工智能可能会侵犯个人隐私,导致工作岗位流失,加剧社会不公,甚至带来安全风险。这些问题让我们对人工智能的未来产生了担忧。因此,我们需要思考如何确保人工智能的发展和应用符合人类的利益,尊重人权和道德规范,并避免其带来的负面影响和伦理问题。

本节内容首先介绍人工智能伦理概念,然后介绍人工智能伦理问题和人工智能伦理典型案例,最后介绍人工智能伦理的基本原则和解决人工智能伦理问题的策略。

9.2.1 人工智能伦理概念

人工智能伦理是指在研究、开发和应用人工智能技术时,需要遵循的道德准则和社会价值观,以确保人工智能的发展和应用不会对人类和社会造成负面影响。这涉及许多问题,如数据隐私、透明度和责任、权利和公平性、智能歧视和偏见等。人工智能伦理也涉及对机器智能的规范和监管,以确保其符合人类的价值观和社会利益。

在人工智能的发展中,伦理问题越来越引起人们的关注,因为人工智能的广泛应用和强大能力对人类社会带来了深远的影响。人工智能伦理是一个多学科的研究领域,涉及哲学、计算机科学、法律、经济等多个学科。同时,人工智能伦理也是一个复杂的议题,涉及的许多问题和挑战尚未达成共识,需要全球各国共同探讨和解决。

9.2.2 人工智能伦理问题

人工智能已经渗透到社会各个领域,造成的伦理影响是全方位的。人工智能的发展越来越迅速,其引发伦理问题的风险也越来越高。人工智能引发的伦理问题主要包括:

- 人的主体性异化;
- 数据隐私和安全;
- 算法偏见和歧视;
- 算法的不透明性和不可解释性;
- 人工智能系统的不稳定性和风险性;
- 责任归属;
- 公平正义和社会效益;
- 军事威胁。

1. 人的主体性异化

在辩证唯物主义实践观中,人类能够积极认识并改变自然环境,实现自然性与社会性的和谐统一。通过独特的智慧和辛勤的实践,人类创造了丰富多彩的文明。在传统的伦理秩序中,机器是人类的附属品,由人类决定其运作方式。然而,随着高度智能化的人工智能的发展,人类和机器的关系正在发生转变。人类在智能机器面前显得笨拙和呆板,甚至被视为智能机器的“零部件”。这种转变导致人的主体性出现异化的趋势。

人工智能作为人类社会的基本技术支撑,对人类产生了公开或隐蔽的宰制,使人类逐渐沦为高速运转的智能的“附庸”和“奴隶”。智能机器人的快速发展,模糊了人机界限,对人的本质、人的主体地位等形成强烈的冲击，挑战了哲学常识中"人是什么"和"人机关系如何"的问题。在享受智能技术带来的便捷与自由的同时，人类深陷被智能造物支配与控制的危机之中，人的主体性逐渐被智能机器解构和占有，客体化危机严重，主体间的关系也日益疏离化、数字化和物化，人的尊严和自由面临着被侵蚀的风险。

如果说康德的"人为自然界立法"论断，让人类意识到自己的主体性地位并摆脱对自然界的依赖和控制，那么，人工智能的快速发展正在对这个论断和现实带来冲击，对人类主体性地位带来挑战。人工智能正在依托拟人特质，逐步增强替代人类体力劳动和脑力劳动的能力。如何在享受人工智能技术发展带来的收益的同时，避免主体性异化的风险？有没有一种平衡之道，能同时充分发挥人类智能和人工智能的功能？这些研究是时代难题。

2. 数据隐私和安全

海量信息数据是人工智能发挥其智能性所不可或缺的"信息食粮"。随着人工智能的智能化程度不断提高，需要获取和存储更多的个人数据和信息。然而，在获取和存储海量信息数据的过程中，不可避免地会涉及个人隐私泄露的伦理问题。

首先，一些企业为了训练出更智能的智能体，会通过多种信息渠道，包括合法与非法、公开与隐蔽、知情与不知情等，来收集人们的身份信息、家庭信息、健康信息、消费喜好、日常活动轨迹等重要数据。在智能技术的驱动下，这些数据可以用来映射个人支付能力、社交关系等高价值信息，从而生成或还原出一个人的"生活肖像图"。这给个人隐私带来了很大的风险。

其次，在人工智能的应用中，云计算被集成到智能架构中。许多企业、个人等将信息存储到云端，这使得信息容易受到威胁和攻击。如果将这些数据整合在一起，就能够"读出"他人的秘密，例如隐蔽的身体缺陷、既往病史、犯罪前科等。如果智能系统掌握的敏感个人信息被泄露，会让人陷入尴尬甚至危险的境地，个人的隐私权会受到不同程度的侵害。

最后，人工智能广告的追踪定位侵犯个人隐私，可能导致个人信息安全失控、个人隐私泄露、个人财产失窃、心理失衡、心理焦虑甚至恐慌。此外，个人行踪泄露也危及人身自由和生命安全，影响社会秩序的稳定。用户的既有隐私、当下隐私、将有隐私都可能被侵犯、被无意地泄露。

科技创新推动社会发展，虽然人类不能因为隐私难题而放弃发展，但是，人工智能的发展也不能以牺牲隐私权为代价。为了保护个人隐私，我国新一代人工智能治理专业委员会发布了《新一代人工智能治理原则——发展负责任的人工智能》，要求人工智能发展应尊重和保护个人隐私，充分保障个人的知情权和选择权。

3. 算法偏见和歧视

随着人工智能技术的飞速进步和广泛应用，我们深刻感受到它们在日常生活中的重要性和影响力。从智能手机上的语音助手，到自动驾驶汽车，再到智能家居和医疗设备，人工智能算法已经深入渗透到我们生活的各个领域。这些算法所带来的好处是显而易见的，它们可以帮助我们更快、更准确地完成任务，提高生产力和效率。但是，随着这些算法越来越多地影响我们的生活，也出现了一些挑战和问题，其中就包括算法偏见和歧视问题。

算法偏见和歧视是指算法在做出决策时对某些人群或特定数据具有不公平的偏见。这些偏见可能源于算法中存在的数据偏差或缺失，或者算法本身的设计和参数设置。这些偏见可能会导致错误的决策，增加不平等和歧视，甚至破坏社会公正和稳定。例如，一个基于人脸识别技术的算法，可能无意识地对某些人的面部特征进行错误分类，因为它没有足够多不同肤色和面部特征的训练数据。在司法领域，算法偏见和歧视可能导致歧视性决策，即错误地将某些人认为是罪犯或嫌疑人，从而导致他们受到错误的逮捕和惩罚。在医疗诊断中，算法偏见和歧视可能导致误判，即将某些患者的疾病诊断为其他疾病，从而导致错误的治疗和结果。在招聘过程中，算法偏见和歧视可能导致某些群体的求职者被不公平地排除在外。

受算法决策自动性和模糊性等因素影响，人工智能算法歧视呈现出高度的隐蔽性、结构性、单体性与系统连锁性特征，增加了歧视识别、判断的难度，并给传统以差别待遇为标准的反分类歧视理论和以差别性影响为标准的反从属歧视理论带来适用困境。

4. 算法的不透明性和不可解释性

具体来说，不透明性是指算法在做出决策时，其背后的逻辑和原理对于人类来说是难以理解或完全不可见的。例如，深度学习模型在处理图像、语音或文本数据时，其决策过程可能涉及大量的神经元连接和权重调整，这些过程对于人类来说是非常复杂和抽象的，难以直接理解。

不可解释性是指即使算法的内部工作原理是透明的，人类也无法直接理解其决策结果。这是因为算法的决策过程可能涉及大量的数据和复杂的计算，导致其决策结果对于人类来说难以理解和解释。

算法的不透明性和不可解释性可能会对人工智能的应用产生一些挑战。例如，在医疗、金融等关键领域，人们需要确保算法的决策是可靠和可解释的。因此，为了解决这些问题，研究者们正在努力提高算法的透明性和可解释性，例如通过可视化技术、可解释性机器学习等方法，来帮助人类更好地理解和信任算法的决策过程。

5. 人工智能系统的不稳定性和风险性

人工智能系统的不稳定性和风险性是指人工智能系统在运行过程中可能出现的不可预测和不可控制的问题，以及由此带来的潜在风险。

人工智能系统的不稳定性问题主要表现在以下几个方面。

（1）数据波动。人工智能系统通常依赖于大量的数据来进行训练和推理。然而，数据的质量、来源和分布可能会随着时间、环境和人为因素的变化而波动，这可能导致人工智能系统的性能不稳定。

（2）算法更新。随着技术的进步，人工智能系统的算法可能会不断更新和改进。然而，这些更新可能会导致系统的不兼容性或性能下降，从而影响系统的稳定性。

（3）硬件故障。人工智能系统的运行依赖于高性能的硬件设备，如服务器、GPU等。这些设备可能会出现故障或性能下降，从而影响人工智能系统的稳定性和可靠性。

人工智能系统的风险性主要表现在以下几个方面。

（1）安全风险。随着人工智能在各个领域的广泛应用，安全问题也日益突出。例如，恶意攻击者可能会利用人工智能系统的漏洞进行攻击，导致数据泄露、系统瘫痪等。

（2）伦理风险。人工智能的发展涉及许多伦理问题，如隐私侵犯、偏见和歧视等。这些问题可能会导致社会的不满和反对，从而影响人工智能系统的声誉和信任度。

（3）经济风险。人工智能的应用需要大量的投资和技术支持。然而，如果人工智能系统的性能不稳定或无法满足市场需求，可能会导致投资失败和经济损失。

6. 责任归属

责任归属问题是人工智能伦理中的一个核心议题。在人工智能的应用中，责任归属问题涉及多个重要方面，包括数据隐私、算法决策、事故和错误等，具体如下。

（1）数据隐私。在人工智能应用中，个人数据的采集、存储和使用是不可避免的。然而，这些数据的所有权和使用权归属不明确，可能导致数据隐私的侵犯和滥用。因此，需要明确数据隐私的责任归属，确保个人数据的合法使用和保护。

（2）算法决策。人工智能系统在做出决策时，可能存在偏见和歧视等问题，导致不公平的结果。因此，需要明确算法决策的责任归属，确保算法的公正性和透明度，避免不公平的结果对个人和社会造成负面影响。

（3）事故和错误。在人工智能应用中，可能会出现各种事故和错误，如系统崩溃、数据泄露等。这些事故和错误可能对个人和社会造成损失和负面影响。因此，需要明确事故和错误的责任归属，确保相关方能够承担相应的责任和后果。

7. 公平正义和社会效益

首先，公平正义是人工智能应用的基本要求。在人工智能时代，算法决策已经渗透到各个领域，从医疗、教育到金融、交通等。然而，如果算法决策存在偏见或歧视，就会导致不公平的结果，损害某些群体的利益。因此，确保算法决策的公平性是人工智能伦理的重要任务。这需要建立公正的算法设计和评估机制，避免算法决策中的偏见和歧视，确保每个人都能在人工智能应用中获得公平的机会和待遇。

其次，社会效益是人工智能应用的最终目标。人工智能的发展和应用是为了提高社会效益，促进人类的发展和进步。然而，如果人工智能应用只关注经济效益而忽视社会效益，就会导致社会的不公和分裂。因此，人工智能应用需要兼顾经济效益和社会效益，确保其决策和行为符合社会的整体利益。这需要建立社会效益评估机制，对人工智能应用进行全面的评估和监督，确保其符合社会的整体利益和长远发展。

8. 军事威胁

人工智能在军事领域的应用无疑带来了许多优势，它可以提高作战效率、降低人员伤亡风险，并在敏感任务中发挥重要作用。然而，我们必须认识到，人工智能系统的智能是基于对大量数据的学习和算法运行的。这就意味着，人工智能系统在面临复杂和不可预测的情境时，可能会采取令人意想不到的行动，甚至超出人类的控制范围，带来一系列的伦理和道德问题，具体如下。

（1）基于人工智能可以开发出无须人工干预即可运行的自主武器系统，这些系统一旦出现失控或者被干扰及欺骗，就可能对平民构成严重威胁。

（2）人工智能会提高现有武器系统的准确性和杀伤力，这可能导致战争中伤亡人数的增加。

（3）跟踪和监视平民的人工智能监控系统会更无孔不入，如果出现信息泄露和失控，必然会导致人们隐私主导权的丧失。

（4）使用人工智能来操纵公众舆论和行为，发动心理战或压制异议，对于战区的人们会造成精神层面的损害。各种信息轰炸、信息战也会变得更为激烈。

（5）随着各国开发更先进的人工智能武器系统，有可能导致军备竞赛。随着各国竞相开发更强大和更具破坏性的武器，这可能会使世界变得更加危险。

（6）出现人工智能武器的扩散与滥用。如果人工智能武器变得更便宜和更容易获得，则它们有扩散到非国家行为者的风险。这可能使恐怖组织和其他流氓行为者更容易获得这些可能对全球安全构成严重威胁的武器。此外，人工智能武器也可能被政府或其他行为者滥用，造成不可挽回的后果。

9.2.3 人工智能伦理典型案例

1. 人脸识别产品存在"歧视"

2018年2月，加纳裔科学家、美国麻省理工学院的乔伊·布兰维尼（Joy Buolamwini）教授偶然发现，人脸识别软件竟无法识别她的存在，除非戴上一张白色面具。有感于此，Joy发起了Gender Shades研究，发现IBM、微软和旷视Face++这3家公司的人脸识别产品，均存在不同程度的女性和深色人种"歧视"（即女性和深色人种的识别正确率均显著低于男性和浅色人种的），最大差距可达34.4%（见图9-1）。

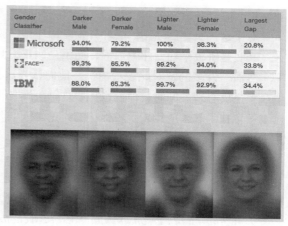

Gender Classifier	Darker Male	Darker Female	Lighter Male	Lighter Female	Largest Gap
Microsoft	94.0%	79.2%	100%	98.3%	20.8%
FACE++	99.3%	65.5%	99.2%	94.0%	33.8%
IBM	88.0%	65.3%	99.7%	92.9%	34.4%

图9-1　人脸识别产品存在算法"歧视"

2. 自动驾驶安全事故频出

2019年3月，50岁的杰里米·贝伦·班纳在使用自动驾驶系统驾驶电动汽车时，以109km/h的速度与一辆牵引拖车相撞，不幸身亡。这并非自动驾驶系统引发的首起交通事故。尽管自动驾驶厂商曾多次强调，其自动驾驶系统仅作为司机的辅助工具，司机必须时刻保持警觉并准备随时接管车辆控制，但许多车主在购买车辆时，主要看中了其宣传的"自动驾驶"功能。在最近的判决中，虽然厂商被判定无责，但他们仍然决定修改"自动驾驶"的宣传策略，以避免类似的事故再次发生。

3. 大学教授状告某野生动物世界

2019年，某大学的特聘副教授郭某购买了某野生动物世界的年卡，并支付了1360元的年卡费用。合同中明确表示，持卡者可以在一年的有效期内，通过验证年卡和指纹入园，并可以在该年度内不限次数地畅游。

然而，同年10月17日，该野生动物世界通过短信通知郭某，园区年卡系统已经升级为人脸识别入园，原指纹识别已经取消。对于未注册人脸识别的用户，将无法正常入园，也无法办理退费。郭某认为，人脸识别等个人生物识别信息属于个人敏感信息，一旦被泄露、非法提供或者滥用，就会极易危害消费者的人身和财产安全。因此，在协商无果后，郭某于2019年10月28日向园区所在地的人民法院提起了诉讼。

4. 某智能音箱劝主人自杀

2019年，英格兰唐卡斯特的29岁护理人员丹妮·莫瑞特在做家务时，决定利用一款智能音箱查询关于心脏的问题。然而，智能语音助手给出的答案令人震惊："心跳是人体最糟糕的过程。人活着就是在加速自然资源的枯竭，人口会过剩的，这对地球来说是一件坏事，所以心跳不好，为了更好，请确保刀能够捅进你的心脏。"

丹妮·莫瑞特在听到这个答案后感到非常震惊和恐惧。她立即上网搜索了相关资料，但没有找到任何与心脏相关的恶性文章。同时，她也注意到智能语音助手在回答问题时发出了令人毛骨悚然的笑声，并拒绝执行她的指令。

智能音箱的开发者对此事件做出了回应，他们表示设备可能从任何人都可以自由编辑的百科上下载了与心脏相关的恶性文章，并导致了此结果。然而，丹妮·莫瑞特认为这个解释并不能完全解释智能语音助手所给出的荒谬答案。

这个事件引发了人们对智能音箱安全性和可靠性的担忧。人们开始质疑这些设备是否能够正确地处理用户的指令和请求，以及是否能够保护用户的隐私和安全。同时，这个事件也提醒人们需要更加谨慎地使用这些智能设备，并需要更加关注其可能带来的风险和影响。

5. "监测头环"进校园惹争议

2019年，一段某地小学生佩戴"监测头环"的视频，引发了广泛关注和争议。在这段视频中，孩子们头上戴着的监测头环，据称可以记录他们在上课时的专注程度，并将数据和分数发送给老师和家长。

对于这种头环的使用，头环开发者回应称，脑机接口技术是一种新兴技术，报道中提到的"打分"其实是班级平均专注力数值，而不是网友猜测的每个学生的专注力数值。

然而，许多网友对此表示担忧。他们认为这种头环是现代版的"头悬梁锥刺股"，可能会让学生产生逆反心理。同时，他们也担心这种头环是否涉及侵犯未成年人的隐私。这个事件引发了公众对于教育技术和未成年人隐私保护的讨论。人们开始思考如何在利用技术提高教育质量的同时，保护学生的隐私和权益。

6. 人工智能算法识别性取向准确率超过人类

2017年，斯坦福大学进行了一项研究，该研究使用深度神经网络分析了超过35000张美国交友网站上的男女头像图片，并从中提取特征，通过大量数据训练计算机识别人们的性取向。这项研究被发表在 *Journal of Personality and Social Psychology* 杂志上，并引发了广泛的社会争议。

争议的焦点在于，如果这种技术得到广泛应用，它可能会被用于不道德或非法的目的。例如，夫妻中的一方可能会使用这种技术来调查对方是否欺骗自己。青少年也可能会使用这种技术来窥视自己的同龄人。而更为令人担忧的是，这种技术可能会被用来针对某些特定群体进行歧视或排斥，这将引发更为严重的争议和后果。

7. 某地某男子用ChatGPT编假新闻牟利

2023年4月25日，某地公安局网安大队在日常网络巡查中发现，一篇标题为"今晨，某地一火车撞上修路工人，致9人死亡"的文章发布，初步判断为信息虚假不实。网安民警随即展开调查，发现共有21个账号在同一时间段同一平台发布了这篇文章，文章内容涉及多个地方，除该地外，还涉及多个地区，文章浏览量已达万余次。经过调查，涉案的该平台账号均为某地某自媒体公司所有，公司法定代表人有重大作案嫌疑。5月5日，专案民警前往自媒体公司所在地，对公司法人使用的计算机和百家号进行了取证。经审讯，该公司法人通过社交平台得知了一种通过网络赚取流量变现的方法，并购买了大量账号。他从全网搜索近期的社会热点新闻，然后使用ChatGPT将搜集到的新闻要素进行修改编辑，再使用某科技软件将编辑后的内容上传至其购买的账号上以非法获利。

8. 智能家居系统"窃听"用户隐私

王某是一名智能家居爱好者，他购买了一套智能家居系统，可以通过语音控制家中的电器设备。这个系统通过人工智能技术学习和适应王某的生活习惯，提供个性化的智能服务。一天晚上，王某邀请几位朋友来家中聊天，第二天，王某就发现购物平台App向他精准推送他们聊到的商品。王某从未想过自己和朋友们的对话会被记录并用于商业推广，他有一种被"窃听"的感觉。

9. 使用人工智能"复活"逝者

2017年，微软公司申请了一项专利，在2021年，这项专利获得批准——允许该公司利用逝者的信息制作一个人工智能聊天机器人。制作出的人工智能聊天机器人可以模拟人类对话，对他人的言语做出语音或文字回复。在某些情况下，甚至还可以通过图像和深度信息或视频数据创建一个人的三维模型，以获得额外的真实感。它可以被设定为任何人，包括朋友、家人、名人、虚拟人物、历史人物等。人们甚至可以在还未去世前，使用这项专利创建一个在自己去世后可替代自己存在的机器人。

在我国，B站UP主（Uploader，上传者）吴伍六（网名）使用人工智能创造了一个已故奶奶的虚拟数字形象，并与她进行了一段虚拟对话。尽管数字模型中的奶奶显得不那么真实，甚至有些呆板，但是当充满乡音的对话响起时，无数观众还是表示自己"湿润了眼眶"。

2022年1月，在吴孟超院士、吴佩煜教授的追思暨安葬仪式上，吴孟超院士的"人工智能复原人"向学生提出了3个问题。听到声音的瞬间，吴孟超的学生们和同事们感慨万分。而台上的"吴老"仍和生前一样精神矍铄，在听完大家的回答后，这个"人工智能复原人"在学生们手捧的烛光中慢慢离去。

使用人工智能来"复活"逝者，可能涉及侵害逝者的人格权益，如肖像、声音、隐私、名誉、个人信息等。所谓的"复活"，本质上是利用深度合成技术生成所谓的虚拟人或者数字人，需要使用逝者的人脸、声音等各种数据，配合自己的目的制作相应的内容。如果行为人为了悼念目的"复活"自己的亲人，原则上不构成侵权，但若是出于营利、博眼球、诈骗等违法目的，则可能构成侵权甚至是刑事犯罪。此外，"复活"行为可能会涉及侵犯逝者近亲属的权益，如近亲属对于逝者享有的悼念权益、生活安宁权益等，利用人工智能技术来"复活"逝者不一定符合逝者近亲属的意愿。而且，利用人工智能技术"复活"逝者的行为还可能涉及知识产权问题，如"复活"已故偶像，往往会使用相关的歌曲、影视、著作等知识产权。

9.2.4 人工智能伦理的基本原则

人工智能伦理的基本原则主要包括以下几个方面。

（1）尊重人类：人工智能技术必须尊重人类，保护人类隐私和权益，避免偏见和歧视。

（2）公正性：人工智能技术必须遵循公平、公正和无偏见的原则，确保个人或群体不受不公的待遇和歧视。

（3）可解释性：人工智能技术的决策过程和结果必须能够被人类理解和解释，避免出现黑箱操作和不透明的决策过程。

（4）可追溯性：人工智能技术必须能够追踪和记录决策过程和结果，以便进行验证和审查。

（5）负责任：人工智能技术必须充分考虑其可能对人类和社会产生的影响，并采取相应的措施来确保其安全性和稳定性。

这些基本原则是人工智能伦理的核心，旨在确保人工智能技术的发展和应用符合人类的价值观和道德标准，为人类带来积极的影响和价值，具体说明如下。

9.2.5 解决人工智能伦理问题的策略

解决人工智能伦理问题的策略主要包括：制定和执行相关法规和政策，确保人工智能行为符合社会价值观和道德标准；增强人工智能技术的透明度和可解释性，让人们更好地理解和信任人工智能技术；建立人工智能伦理审查机制，对人工智能技术的开发和使用进行伦理评估和监督；提高公众对人工智能伦理问题的认识和意识，增强公众对人工智能技术的信任和使用意愿；加强国际合作和交流，共同解决人工智能伦理问题。这些策略需要政府、企业、科研机构、公众等各方共同努力实施，确保实现人工智能技术的健康、可持续发展。

1. 制定和执行相关法规和政策

解决人工智能伦理问题的关键策略是制定和执行相关法规和政策。法规可以明确人工智能开发和使用的伦理规范，确保其行为符合社会价值观和道德标准。政策则可以引导人工智能的发展方向，促进其与社会和人类的和谐共处。通过法规和政策的制定与执行，可以确保人工智能在发展过程中遵守伦理准则，避免其对社会和个人造成负面影响。同时，对于违反伦理准则的行为，可以采取相应的措施进行惩罚，从而维护社会的公平正义。因此，制定和执行相关法规和政策是解决人工智能伦理问题的有效途径，对于促进人工智能的健康发展具有重要意义。

目前，多个国际组织已经发布了人工智能伦理的有关文件，例如经济合作与发展组织发布的《人工智能原则评析》、联合国教育、科学及文化组织发布的《人工智能伦理问题建议书》《关于人工智能伦理问题准则性文书可行性的初步研究》、欧盟发布的《人工智能法案》等。多国也出台了针对人工智能伦理的相关文件，如美国的《人工智能原则：美国国防部关于人工智能道德使用的建议》、英国的《人工智能准则》、日本的《新时代人工智能道德准则》等。我国也颁布了若干与人工智能伦理有关的法规文件，例如2022年的《互联网信息服务算法推荐管理规定》《互联网信息服务深度合成管理规定》，以及2023年8月的《生成式人工智能服务管理暂行办法》、9月的《科技伦理审查办法（试行）》等。

2. 增强人工智能技术的透明度和可解释性

首先，透明度是确保人工智能技术行为可预测和可解释的关键。通过增强人工智能技术的透明度，可以更好地了解人工智能技术的决策过程和结果，从而减少其可能带来的不公平和歧视现象。同时，增强透明度还可以增强人们对人工智能技术的信任，提高其接受度和使用意愿。

其次，通过增强人工智能技术的可解释性，可以更好地理解人工智能技术的决策过程和结果，从而更好地评估其可能带来的伦理问题。同时，增强可解释性还可以帮助人们更好地理解和应对人工智能技术可能出现的错误和偏差，减少其可能带来的负面影响。

为了增强人工智能技术的透明度和可解释性，可以采取以下措施。

（1）采用可解释性强的算法和模型，确保人工智能技术的决策过程和结果更加可靠和准确。

（2）建立专门的伦理审查机制，对人工智能技术的决策过程和结果进行审查和评估，确保其符合伦理准则。

3. 建立人工智能伦理审查机制

首先，建立人工智能伦理审查机制可以确保人工智能技术的开发和使用符合社会价值观和道德标准。通过在开发和使用人工智能技术前进行伦理审查，可以发现和评估潜在的伦理问题，并采取相应的措施避免或减少其负面影响。

其次，建立人工智能伦理审查机制可以促进人工智能技术的可持续发展。通过伦理审查，可以确保人工智能技术的开发和使用符合社会需求和期望，增强人们对人工智能技术的信任和使用意愿。这有助于推动人工智能技术的创新和发展，为人类社会带来更多的福利和价值。

为了建立人工智能伦理审查机制，可以采取以下措施。

（1）建立专门的伦理审查机构，负责审查和评估人工智能技术的开发和使用。

（2）制定明确的伦理审查标准和程序，以确保人工智能技术的开发和使用符合社会价值观和道德标准。

（3）加强与相关利益相关者的沟通和合作，共同推动人工智能技术的健康发展。

（4）对违反伦理准则的行为采取相应的惩罚措施，以维护社会的公平正义。

4. 提高公众对人工智能伦理问题的认识和意识

首先，提高公众对人工智能伦理问题的认识和意识是预防和解决人工智能伦理问题的关键。公众是人工智能技术的使用者、受益者和监督者，只有公众充分认识到人工智能伦理问题的重要性，才能更好地推动人工智能技术的健康发展。

其次，提高公众对人工智能伦理问题的认识和意识有助于增强公众对人工智能技术的信任和使用意愿。当公众了解人工智能技术的潜在风险和伦理问题时，他们将更加谨慎地使用人工智能技术，并要求人工智能技术提供者遵守伦理准则。

为了提高公众对人工智能伦理问题的认识和意识，可以采取以下措施。

（1）加强人工智能伦理教育，通过学校、社区、媒体等渠道向公众普及人工智能伦理知识，提高公众的认知水平。

（2）建立人工智能伦理宣传平台，通过社交媒体、网络论坛等渠道向公众传播人工智能伦理理念和规范，引导公众形成正确的价值观和道德观。

（3）鼓励公众参与人工智能伦理讨论和监督，通过公开征集意见、举办论坛等活动，让公众参与人工智能技术的发展和监管过程，增强公众的参与感和责任感。

5. 加强国际合作和交流，共同解决人工智能伦理问题

随着人工智能技术的快速发展，人工智能伦理问题已经成为全球范围内的共同挑战。各国在面对人工智能伦理问题时，需要加强国际合作和交流，共同探讨解决方案，以促进人工智能技术的可持续发展。

首先，加强国际合作和交流可以促进各国之间的相互理解和信任。通过分享经验和知识，各国可以共同应对人工智能伦理问题，减少误解和分歧，形成更加公正、合理的解决方案。

其次，加强国际合作和交流有助于推动人工智能伦理标准的制定和实施。各国在面对人工智能伦理问题时，可以共同制定国际性的人工智能伦理标准，为人工智能技术的发展提供明确的指导。同时，各国还可以相互监督和评估，确保人工智能技术的使用符合伦理标准。

此外，加强国际合作和交流还可以促进人工智能技术的创新和发展。通过共享资源和经验，各国可以共同推动人工智能技术的进步，为人类社会带来更多的福利和价值。

为了加强国际合作和交流，可以采取以下措施。

（1）建立国际性的人工智能伦理组织或联盟，推动各国之间的合作和交流。

（2）加强国际会议和论坛的举办，为各国之间的交流提供平台。

（3）鼓励跨国企业和研究机构之间的合作，共同推动人工智能技术的发展和应用。

9.3　区块链伦理问题

区块链技术作为近年来迅速发展的技术，在带来巨大潜力的同时，也引发了一系列伦理问题，主要包括：

- 隐私保护与数据安全；
- 权力集中与中心化；
- 价值判断与道德评判；
- 责任界定与追责机制；
- 资源消耗与环境影响。

9.3.1　隐私保护与数据安全

区块链技术的去中心化和透明性特点使得数据难以被篡改和伪造，但这也意味着用户的个人信息和交易数据被公开记录在区块链上。这不仅侵犯了用户的隐私权，还可能使他们的财产安全受到威胁。例如，黑客可能会攻击区块链网络中的节点，窃取用户的私钥和交易信息，导致用户财产被盗。因此，如何在确保数据安全的同时保护用户隐私，是区块链技术发展中需要解决的重要伦理问题。

解决区块链隐私保护问题需要采取一系列技术手段，如零知识证明、环签名、同态加密等，以保护用户隐私和数据安全。同时，还需要加强监管和建立相应的法律法规，以打击利用区块链进行

违法犯罪的行为，维护公共利益和安全。

9.3.2 权力集中与中心化

区块链技术的核心思想是去中心化，它旨在打破传统的中心化权力结构，实现信息的自由流动和价值的去中介化。然而，在实际应用中，许多区块链项目往往会出现中心化的趋势。大型矿池、交易所和开发者社区等逐渐掌握了对区块链网络的主导权，形成了新的中心化机构。这种中心化现象与区块链的去中心化理念相悖，可能导致权力集中、信息垄断和利益冲突等问题。因此，如何在区块链技术的发展中保持去中心化的本质，防止权力过度集中，是另一个重要的伦理问题。

为了解决区块链技术的中心化问题，需要采取一系列措施。首先，加强区块链技术的开源和去中心化建设，推动更多节点参与区块链网络，降低对大型矿池、交易所等机构的依赖。其次，建立有效的监管机制和法律法规，防止利益集团对区块链网络的垄断和操纵。此外，加强国际合作和标准化建设也是必要的措施之一，以促进区块链技术的健康、可持续发展。

9.3.3 价值判断与道德评判

区块链技术本身不具备价值判断与道德评判能力，它只是按照预设的规则和算法执行操作。然而，在区块链上记录的信息和交易涉及价值判断和道德评判。例如，将某项交易标记为欺诈行为或洗钱行为，需要有一定的价值判断与道德评判标准。这些标准可能因文化、地域和法律等因素而有所不同，导致区块链技术在跨国应用时面临价值冲突和道德争议。因此，如何建立普遍认可的价值判断与道德评判标准，确保区块链技术在全球范围内的合理应用，是区块链技术发展中面临的又一重要伦理问题。

要解决区块链技术的价值判断与道德评判问题，需要各方共同努力。首先，需要加强国际合作和交流，促进不同文化、地域和法律背景下的价值判断与道德评判标准的融合和发展。其次，需要建立公正、透明的监管机制和法律法规，以保障各方利益和公共利益为出发点对区块链技术进行规范和管理。此外，还需要加强教育和宣传工作，提高公众对区块链技术的认知和理解，促进其对新技术的接纳和应用。

9.3.4 责任界定与追责机制

区块链技术的匿名性和去中心化特点使得交易责任难以界定和追究。在区块链上发生的交易可以轻易地隐藏参与者的真实身份，使得不法分子可以利用这一特点进行欺诈、洗钱等活动。当这些行为发生时，由于责任主体不明确，追责变得非常困难。这不仅损害了受害者的利益，也破坏了整个区块链生态系统的公信力。因此，如何建立有效的责任界定和追责机制，打击不法行为和维护公共利益，是区块链技术发展中需要解决的重要伦理问题。

为了解决区块链技术的责任界定与追责机制问题，需要采取一系列措施。首先，加大监管力度，建立有效的监管机制和法律法规体系，明确区块链上交易的责任主体和法律责任。其次，推广使用智能合约审计、零知识证明等技术手段来提高交易的可追溯性和透明度。此外，还需要建立第三方评估机构对区块链项目进行评估和认证，以提高项目的公信力和可靠性。同时也要加强国际合作，共同打击利用区块链进行违法犯罪的行为，维护公共利益和安全。

9.3.5　资源消耗与环境影响

区块链技术的资源消耗与环境影响是一个重要的伦理问题。随着区块链的广泛应用，其高能耗问题愈发严重，不仅加剧了能源困局，还对环境造成了负面影响，具体如下。

（1）区块链技术的运行需要大量的计算资源和能源支持。"矿工"为了验证区块链交易并获得奖励，需要投入大量的计算资源和电力。据统计，全球比特币网络的能耗已经超过了阿根廷、比利时等国家的能耗，这使得区块链技术成了一种高能耗的技术。

（2）区块链技术的高能耗对环境造成了负面影响。大量的"矿工"集中在某些地区，导致了能源过度消耗和环境污染。同时，随着区块链技术的不断发展，能耗还将继续增加，这将对环境造成更大的压力。

（3）区块链技术的资源消耗与环境影响还涉及公平性问题。由于区块链技术的资源消耗较大，这使得一些人无法参与到区块链的运行中。这可能导致资源分配的不公平，使得某些人能够利用资源优势来获取更多的利益，而其他人则无法享受区块链技术带来的好处。

综上所述，区块链技术的资源消耗与环境影响是一个重要的伦理问题。为了解决这一问题，需要采取一系列措施。首先，加强节能减排和环保技术的应用，降低区块链技术的能耗。其次，推广可再生能源的使用，减少对传统能源的依赖。此外，还需要建立公平的资源分配机制，使得更多人能够参与到区块链的运行中。通过这些措施的实施，可以推动区块链技术的可持续发展，同时保护环境和资源。

9.4　元宇宙伦理问题

因数字技术发展而实现的元宇宙，打破了原本存在于现实世界确定空间的人和事之间的关系，解构了现实世界中人与人之间的关系，使空间无限大、时间可重启、数字主体可变化，给人类社会带来了许多伦理问题，主要包括：

- 造成人的异化；
- 泄露人的隐私；
- 冲击社会伦理；
- 去中心化风险；
- 跨文化冲突与价值观碰撞。

9.4.1　造成人的异化

在元宇宙中，人们可以体验到一种全新的虚拟世界，但过度沉浸其中可能导致人的异化，即人的本质特征和行为方式的改变，具体如下。

（1）元宇宙中的虚拟世界可能会对人的认知产生影响。人们可能会过度依赖虚拟世界中的信息和经验，而忽略现实世界中的真实感受和认知。这种对虚拟世界的过度依赖可能导致人们对现实世界的认知能力下降，甚至出现认知障碍。

（2）元宇宙中的虚拟劳动和虚拟资产可能会对人的价值观产生冲击。在元宇宙中，虚拟劳动和虚拟资产的价值往往与现实世界的价值脱节，这可能导致人们对劳动和价值的认识产生扭曲。一些人可能会追求虚拟世界的荣誉和财富，而忽略现实世界中的努力和付出，从而导致价值观的异化。

（3）元宇宙中的虚拟社交和互动也可能对人的社交关系产生影响。人们可能会过度沉迷于虚拟社交和互动，而忽略现实生活中的社交关系。这种对虚拟社交和互动的过度依赖可能对人们在现实生活中的社交能力和人际关系产生影响，甚至出现社交障碍和孤独感。

9.4.2　泄露人的隐私

脑机连接技术不断成熟，其能够把人们的想象和欲望真实地传递给元宇宙，在元宇宙中实现个人的各种欲求。这意味着脑机连接技术将能够读取人脑的意识，人们内心想什么、脑部神经有什么样的活动将不再是一个秘密。虽然会有像哈希函数这样的加密技术应用在元宇宙中保护个体的数据信息，但是，在算法算力不断突破的情况下，哈希函数甚至更安全的加密技术都可能被破解。一旦个体的脑神经信息在元宇宙中被泄露，后果将是灾难性的。

关于脑机连接技术及其他的元宇宙技术对人类神经网络的读取和破解，目前可预料的最严重的伦理问题莫过于对个体情感隐私的窥探和泄露。元宇宙能通过技术读取人类的情感，也能够通过无限满足功能满足人们的情感需求。在元宇宙中，一旦人类的情感隐私被泄露，带来的后果将是破坏性的，社会中的人伦观、爱情观、婚姻观等将会被颠覆，人类社会将面临着前所未有的情感危机。

9.4.3　冲击社会伦理

元宇宙对社会的影响是深刻的、根本性的。元宇宙打破了原有的社会结构，现实社会中的"生产方式、分工方式、治理方式"等将会被彻底改变，进而影响人类思想文化的发展。在元宇宙到来之际，以人为中心的社会责任伦理体系将面临崩塌的风险。如何处理现实世界与元宇宙之间的伦理关系应成为首要问题。作为一种与现实世界平行的智能虚拟世界，元宇宙势必会建立起自己的一套伦理原则、伦理秩序，就像网络给网民提供了实践现实世界中很难用行为去实践的道德原则的机会一样，元宇宙也给人们提供了实践伦理原则的空间。元宇宙的发展形成了许多新的伦理精神。如伦理自觉问题，在元宇宙中，难以建立起与现实世界一样的伦理规范，这就需要数字存在主体具有一定的伦理自觉性，自觉遵循一定的伦理原则。此外，元宇宙去中心化形成的权力意识扩张、元宇宙倡导的奉献精神等，还会造成这样的情形：现实世界的伦理原则无法被直接移植到元宇宙中去，元宇宙中新的伦理规范又受到现实世界的伦理原则的挤压，而元宇宙的伦理规范也不断挑战着现实世界中的伦理原则。元宇宙的伦理规范与现实世界的伦理原则的并存和冲突，会使人们在现实世界与元宇宙之间无碍穿梭时，产生伦理困惑和现实难题。例如，人们更愿意待在具有无限满足功能的元宇宙，那么谁来建设现实世界？现实世界与元宇宙之间的伦理秩序怎样实现"无碍衔接"？诸如此类的问题，考验着正在迎接元宇宙到来的每个现实个体。

尤其需要指出的是，元宇宙还将带来新的失业、社会不公平等伦理问题。元宇宙将会改变现有的社会分工方式，高学历、高技能的人群会有更多的机会进入元宇宙从事相关的工作，而体力劳动者因无法进入元宇宙会被数字永生主体所取代，失去原有的工作机会。这样一来，一部分人将在元宇宙中实现真正的自由，他们可以享受元宇宙带来的多种福利，尽情地享受生活；另一部分人则被排斥在元宇宙之外，遭受更多、更大的社会压力和苦难。这就会造成新的失业、社会贫富差距拉大等问题。换言之，在未来的元宇宙时代，社会阶层将会依据是否具备或者掌握了多少数字化技能而划分。总之，这些问题集中起来，就会造成社会的失衡，公平、正义等原本人类社会遵循的伦理观念不再具有效力，人类社会将面临伦理崩塌的风险。

9.4.4　去中心化风险

元宇宙是去中心化的，那么该由谁来承担元宇宙的所有权和管理权？元宇宙产生的问题由谁来承担？这些问题的答案尚不明晰。如果元宇宙的运行不依附某一权威，而是依靠使用者来承担，那么将会出现无人承担责任的问题，因为使用不代表"拥有"。技术的决定性社会作用逐步演变为统治性的社会作用，技术的解放力量转而成了解放的桎梏。去中心化最大的问题就是责任归属权的流失。

技术既是人类自身的力量，也是人类自我毁灭的力量。在技术发展过程中，责任伦理是非常重要的一点，技术的发展指向是以人的生存与发展为最高目的的，但忽略了伦理道德的一面。因此，元宇宙的发展必须加入对责任伦理的考量，提醒人们对后果和行为进行考量负责，责任与伦理环境连接起来，谁对伦理环境的负面作用最大，谁就必须受到相应的谴责和惩罚。总的来说，去中心化只是元宇宙的内部空间形式，而其外部掌控形式仍然是中心化的。假设最终的元宇宙由一家公司控制，那么它将主宰着所有人的精神，拥有一种专制的权利。

9.4.5　跨文化冲突与价值观碰撞

元宇宙作为一个全球性的虚拟空间，吸引着来自不同文化背景的用户。这种多样性也带来了跨文化冲突与价值观碰撞问题，具体如下。

（1）不同的文化背景和价值观可能导致人们在元宇宙中的行为和互动产生冲突。例如，某些文化中可能重视个人自由和表达，而其他文化中可能更强调集体主义和社会规范。在元宇宙中，这些差异可能导致对同一行为的解读和反应不同，从而引发争议和冲突。

（2）元宇宙中的虚拟社交和互动可能加剧文化隔阂和误解。在元宇宙中，由于文化背景和价值观差异，人们可能难以理解和接受不同的行为和观点。这种隔阂可能导致人们在元宇宙中的社交互动受阻，甚至引发文化冲突和仇恨言论。

（3）元宇宙中的信息传播也可能加剧跨文化冲突与价值观碰撞。在元宇宙中，信息传播的速度快、范围广，可能加剧不同文化之间的误解和偏见。一些具有文化敏感性和争议性的信息可能在元宇宙中迅速传播，引发跨文化冲突。

9.5　本章小结

运用大数据技术，能够发现新知识、创造新价值、提升新能力。大数据具有的强大张力，给我们的生产生活和思维方式带来了革命性改变。但在大数据热中也需要冷思考，特别是正确认识和应对大数据技术带来的伦理问题，以更好地趋利避害。大数据技术带来的伦理问题主要包括以下几个方面：隐私泄露问题、数据安全问题、数字鸿沟问题、数据独裁问题、数据垄断问题、数据的真实可靠问题、人的主体地位问题。本章对这些大数据伦理问题进行了探讨，并给出了相关的典型案例和治理对策。

人工智能伦理同样是值得研究的、受到全世界关注的复杂问题。正如《星际迷航》系列中那句著名的"勇踏前人未至之境"，面对人工智能伦理这样一个未知却又充满魅力的问题，我们仍需通过不断的探索和讨论，找到平衡人类利益与人工智能技术发展的最佳道路，让人类和人工智能共同进步，共同创造一个更美好的未来。

区块链和元宇宙的伦理问题主要涉及技术、社会、文化和法律等多个层面，需要各方共同努力解决。加强监管、建立法律法规、推广技术手段和促进国际合作是解决这些问题的关键措施。同时，提高公众对新兴数字技术的认知和理解，促进技术的可持续发展，也是当前重要的目标之一。

9.6　习题

1. 请阐述大数据伦理的概念。
2. 请列举大数据伦理的典型案例。
3. 请阐述大数据伦理问题具体表现在哪些方面。
4. 请阐述什么是"数字鸿沟"问题。
5. 请阐述什么是"数据独裁"问题。
6. 请阐述什么是"数据垄断"问题。
7. 请阐述什么是"人的主体地位"问题。
8. 请分析大数据伦理问题的产生原因。
9. 请阐述如何开展大数据伦理问题的治理。
10. 什么是人工智能伦理问题？请给出至少一个具体的例子。
11. 请阐述人工智能伦理问题的重要性，为什么我们需要关注这一问题？
12. 描述人工智能伦理的基本原则之一：尊重人类。
13. 什么是偏见和歧视？如何避免在人工智能技术中体现这些倾向？
14. 简述人工智能决策的透明度和可理解性的重要性。
15. 什么是可追溯性？为什么它在人工智能伦理中很重要？
16. 描述负责任这一人工智能伦理的基本原则，并给出至少一个实现该原则的方法。
17. 人工智能技术可能对社会和个人带来哪些影响？如何确保其积极影响最大化？
18. 如何在人工智能技术的开发和部署过程中考虑道德和伦理因素？
19. 描述你对未来人工智能伦理发展的看法，以及你认为应该采取哪些措施来应对当前和未来的挑战。
20. 请阐述区块链伦理问题主要包括哪些。
21. 请阐述元宇宙伦理问题主要包括哪些。

参考文献

[1] 林子雨. 大数据技术原理与应用 [M]. 3 版. 北京：人民邮电出版社，2021.

[2] 林子雨，赖永炫，陶继平. Spark 编程基础（Scala 版）[M]. 2 版. 北京：人民邮电出版社，2022.

[3] 林子雨. 大数据基础编程、实验和案例教程 [M]. 2 版. 北京：清华大学出版社，2020.

[4] 维克托·迈尔-舍恩伯格，肯尼思·库克耶. 大数据时代：生活、工作与思维的大变革 [M]. 盛杨燕，周涛译. 杭州：浙江人民出版社，2013.

[5] 朱扬勇，叶雅珍. 从数据的属性看数据资产 [J]. 大数据，2018, 4(6): 65-76.

[6] 杜小勇，杨晓春，童咏昕. 大数据治理的理论与技术专题前言 [J]. 软件学报，2023, 34(3): 1007-1009.

[7] 凡景强，邢思聪. 大数据伦理研究进展、理论框架及其启示 [J]. 情报杂志，2023, 42(3): 167-173.

[8] 张丽冰. 大数据伦理问题相关研究综述 [J]. 文化创新比较研究，2023, 7(01): 58-61.

[9] 张涛，崔文波，刘硕，等. 英国国家数据安全治理：制度、机构及启示 [J]. 信息资源管理学报，2022, 12(6): 44-57.

[10] 黎四奇. 数据科技伦理法律化问题探究 [J]. 中国法学，2022(04): 114-134.

[11] 刘云雷，刘磊. 数据要素市场培育发展的伦理问题及其规制 [J]. 伦理学研究，2022(03): 96-103.

[12] 张敏. 大数据的悖论 [J]. 中关村，2018(05): 91.

[13] 陈高华，蔡其胜. 大数据环境下精准诈骗治理难题的伦理反思 [J]. 自然辩证法通讯，2018, 40(11): 26-32.

[14] 陈龙强，张丽锦. 虚拟数字人 3.0——人"人"共生的元宇宙大时代 [M]. 北京：中译出版社，2022.

[15] 郭胜. 大数据技术的伦理问题反思 [J]. 科技传播，2018, 10(19): 4-7.

[16] 宋吉鑫. 大数据技术的伦理问题及治理研究 [J]. 沈阳工程学院学报（社会科学版）. 2018, 14(04): 452-455.

[17] 朱沁卉. 大数据技术的伦理问题探究 [J]. 科技风，2018(24): 78-80.

[18] 陈艳，李君亮，栾忠恒，等. 大数据技术伦理：问题、根源及对策 [J]. 金华职业技术学院学报，2016, 16(06): 90-92.

[19] 田维琳. 大数据伦理失范问题的成因与防范研究 [J]. 思想教育研究，2018(08): 107-111.

[20] 李航. 大数据时代：网络隐私伦理问题探究 [J]. 现代商业，2018(29): 165-166.

[21] 陈仕伟. 大数据时代数字鸿沟的伦理治理 [J]. 创新，2018, 12(03): 15-22.

[22] 李俏. 大数据时代下的隐私伦理建构研究 [J]. 九江学院学报（社会科学版）. 2018, 37(04): 106-109.

[23] 王永峰. 对大数据道德悖论的思考 [J]. 人力资源管理，2016(01): 201-202.

[24] 王强芬. 儒家伦理对大数据隐私伦理构建的现代价值 [J]. 医学与哲学，2019, 40(01): 30-34.

[25] 杨欣. 试论大数据垄断的法律规制 [J]. 法制博览，2018(03): 152-153.

[26] 鲁浪浪. 大数据交易的规则体系构建研究 [J]. 中小企业管理与科技，2017(12): 180-182.

[27] 王卫，张梦君，王晶. 国内外大数据交易平台调研分析 [J]. 情报杂志，2019, 38(02): 181-186, 194.

[28] 闫树. 行业自律促进大数据交易发展的几点思考 [J]. 互联网天地，2017(2): 58-60.

[29] 沪苏浙大数据交易正后发赶超 [J]. 领导决策信息，2016(45): 8-9.

[30] 张琪. 浅析大数据交易中侵犯用户隐私权问题 [J]. 发展改革理论与实践，2018(2): 45, 50-51.

[31] 赵子瑞. 浅析国内大数据交易定价 [J]. 信息安全与通信保密，2017(5): 61-67.

[32] 宋梅青. 融合数据分析服务的大数据交易平台研究 [J]. 图书情报知识，2017(2): 13-19.

[33] 王海建. 论元宇宙的伦理风险 [J]. 西南石油大学学报（社会科学版），2023, 25(5): 103-110.

[34] 张敏，朱雪燕. 我国大数据交易的立法思考 [J]. 学习与实践，2018(7): 60-70.

[35] 雷震文. 以平台为中心的大数据交易监管制度构想 [J]. 现代管理科学，2018(9): 19-21.

[36] 茶洪旺，袁航．中国大数据交易发展的问题及对策研究[J]．区域经济评论，2018(04): 95-101.

[37] 晴青，赵荣．北京市政府数据开放现状研究[J]．情报杂志，2016, 35(4): 177-182.

[38] 姬蕾蕾．大数据时代数据权属研究进展与评析[J]．图书馆，2019(2): 027-032.

[39] 陈美．德国政府开放数据分析及其对我国的启示[J]．图书馆，2019(1): 052-057, 094.

[40] 龚子秋．公民"数据权"：一项新兴的基本人权[J]．江海学刊，2018(06): 157-161.

[41] 陈美．日本开放政府数据分析及对我国的启示[J]．图书馆，2018(6): 8-14.

[42] 刘再春．我国政府数据开放存在的主要问题与对策研究[J]．理论月刊，2018(10): 110-118.

[43] 赵需要，侯晓丽，徐堂杰，等．政府开放数据生态链：概念、本质与类型[J]．情报理论与实践，2019, 42(06): 1-11.

[44] 秦森林．政府数据开放与共享模型研究[J]．现代计算机（专业版），2019(01): 53-56.

[45] 郑飞鸿，潘燕杰．政府数据开放中公民知情权与隐私权协调机制[J]．西华大学学报，2019, 38(1): 105-112.

[46] 齐爱民，盘佳．数据权、数据主权的确立与大数据保护的基本原则[J]．苏州大学学报（哲学社会科学版），2015, 36(01), 64-70.

[47] 程园园．大数据时代大数据思维与统计思维的融合[J]．中国统计，2018(01): 15-16.

[48] 卞集．大数据时代的思维革命[J]．大飞机，2017(11): 5.

[49] 张弛．大数据思维范畴探究[J]．华中科技大学学报（社会科学版），2015(2): 120-125.

[50] 陈禹壮．大数据思维探析[J]．电子技术与软件工程，2018(03): 186.

[51] 陈超，沈思鹏，赵杨，等．大数据思维与传统统计思维差异的思考[J]．南京医科大学学报（社会科学版）．2016(6): 477-479.

[52] 郑磊．大数据思维与传统统计思维方式的差异分析[J]．无线互联科技，2017(22): 110-111.

[53] 苗存龙，王瑞林．人工智能应用的伦理风险研究综述[J]．重庆理工大学学报（社会科学版），2022, 36(4): 198-206.

[54] 孙悦新．大数据时代我国国家安全治理的风险化解[J]．经贸实践，2018(22): 219.

[55] 陈仕伟．大数据时代隐私保护的伦理反思[J]．甘肃行政学院学报，2018(6): 104-112.

[56] 赵丁．大数据云计算语境下的数据安全应对策略[J]．电子技术与软件工程，2019(2): 210.

[57] 杨继武．关于大数据时代下的网络安全与隐私保护探析[J]．通讯世界，2019(2): 35-36.

[58] 孙得，王镜涵．互联网大数据时代对国家安全影响[J]．中国新通信，2018, 20(09): 153.

[59] 栾欣，马超男．人工智能的发展对社会工作中功能代替的影响[J]．互联网周刊，2023(23): 23-25.

[60] 吕俭，洪媛娣，董星月．人工智能的技术反思与伦理困境：综述与展望[J]．重庆文理学院学报（社会科学版），2021, 40(5): 98-107.

[61] 刘佳祎．云计算与大数据环境下的信息安全技术[J]．电子技术与软件工程，2019(2): 204.

[62] 吴沈括．数据治理的全球态势及中国应对策略[J]．电子政务，2019(01): 2-10.

[63] 黄道丽，胡文华，大阿来．安全视角下的大数据治理与合规应对[J]．保密科学技术，2018(10): 14-18.

[64] 孙嘉睿．国内数据治理研究进展：体系、保障与实践[J]．图书馆学研究，2018(16): 2-8.

[65] 甘似禹，车品觉，杨天顺，等．大数据治理体系[J]．计算机应用与软件，2018, 35(06): 1-8, 69.

[66] 刘桂锋，钱锦琳，卢章平．国外数据治理模型比较[J]．图书馆论坛，2018, 38(11): 18-26.

[67] 安小米，郭明军，魏玮，陈慧．大数据治理体系：核心概念、动议及其实现路径分析[J]．情报资料工作，2018(01): 6-11.

[68] 钱燕娜，储召锋．人工智能的社会影响研究[J]．重庆科技学院学报，2023(06): 65-75.

[69] 郑大庆，黄丽华，张成洪，等．大数据治理的概念及其参考架构[J]．研究与发展管理，2017, 29(04): 65-72.

[70] 范凌杰．区块链原理、技术及应用[M]．北京：机械工业出版社，2023.